高等职业教育优质校建设轨道交通通信信号技术专业群系列教材

通信电源系统

主　编　郭小婧　朱　锦
副主编　谢　丹
主　审　陈享成

西南交通大学出版社
·成　都·

图书在版编目（C I P）数据

通信电源系统 / 郭小婧，朱锦主编. —成都：西南交通大学出版社，2019.11（2023.8 重印）
高等职业教育优质校建设轨道交通通信信号技术专业群系列教材
ISBN 978-7-5643-7081-7

Ⅰ. ①通… Ⅱ. ①郭… ②朱… Ⅲ. ①通信设备－电源－高等职业教育－教材 Ⅳ. ①TN86

中国版本图书馆 CIP 数据核字（2019）第 185691 号

高等职业教育优质校建设轨道交通通信信号技术专业群系列教材
Tongxin Dianyuan Xitong
通信电源系统

主　编/郭小婧　朱　锦　　　责任编辑/梁志敏
　　　　　　　　　　　　　封面设计/吴　兵

西南交通大学出版社出版发行
（四川省成都市二环路北一段 111 号西南交通大学创新大厦 21 楼　610031）
发行部电话：028-87600564　028-87600533
网址：http：//www.xnjdcbs.com
印刷：四川森林印务有限责任公司

成品尺寸　185 mm × 260 mm
印张　16.75　　字数　418 千
版次　2019 年 11 月第 1 版　　印次　2023 年 8 月第 2 次

书号　ISBN 978-7-5643-7081-7
定价　42.00 元

课件咨询电话：028-81435775
图书如有印装质量问题　本社负责退换

前　言

通信电源是通信系统的“心脏”，是保证通信系统正常运行的关键。通信电源不可靠，势必导致通信系统的瘫痪。“通信电源”是通信专业领域中非常重要的必修课程之一，通过这门课程的学习能够为其他专业课程的学习打下一定的基础。

目前有关通信电源方面的教材很多，但对于高职类学生的教学的针对性不强，本教材比较能够适应高职学生的特点。

《通信电源系统》介绍了通信电源系统的结构、供配电原理、不间断供电、动力环境监控、防雷接地等内容，共分为 9 章，第 1 章现代通信电源概述主要让大家对通信电源系统结构及用电安全有整体的了解；第 2 章交流供电系统主要阐述了交流供电原理及供电过程；第 3 章直流供电系统主要阐述直流供电系统原理及过程；第 4 章高低压变配电系统主要阐述交流配电过程；第 5 章整流电路阐述了交变直的原理；第 6 章不间断电源（UPS）阐述交流不间断供电原理；第 7 章蓄电池技术及其应用阐述蓄电池的原理和具体应用；第 8 章动力环境监控系统主要阐述如何监控及维护电源系统的正常工作；第 9 章防雷接地系统主要讲解防雷接地等保证通信电源系统安全的措施。

本书由郑州铁路职业技术学院郭小婧、朱锦担任主编，郭小婧编写第 1 章～第 3 章，朱锦编写第 4 章～第 6 章，郑州铁路职业技术学院谢丹编写第 7、8 章，郑州铁路职业技术学院刘成编写第 9 章。

鉴于编者学识水平有限，书中不妥之处在所难免，敬请读者批评指正。

编　者

2019 年 6 月于郑州

目 录

第 1 章　现代通信电源概述

1.1　通信电源基本概念

通信电源作为通信系统的核心部分之一，在通信工程中具有无可比拟的重要地位。它包含的内容非常广泛，不仅包含常用的开关电源、UPS 电源、通信用蓄电池和油机发电机组，还包括太阳能电池等绿色通信电源。通信电源的核心基本一致，都是以功率电子器件为基础，通过稳定的控制环设计，再加上必要的外部监控，最终实现能量的转换和过程的监控。现代通信设备需要稳定、可靠的电源设备来提供电源，电源的安全、可靠是保证通信系统正常运行的重要条件。

1.1.1　现代通信对通信电源的要求

现代通信设备由于其自身的工作特性，对通信电源的保障提出了越来越高的要求。

1. 可靠性高

一般的通信设备发生故障影响面较小，是局部性的。但电源系统发生直流供电中断故障，其影响几乎是灾难性的，往往会造成整个电信局、通信枢纽的通信中断。数字通信设备对电源的要求则更高，电源电压即使有瞬间的中断也不被允许。

在数字程控交换局中，信息存在存储单元中，重要的存储单元都是双重设置的。若电源中断，两套并行工作的存储器会同时丢失信息，信息需通过磁带、软盘等重新输入程序软件，导致通信将长时间中断。因此，通信电源系统需要在各环节多重备份，配置“多路、多种、多套”（简称“三多”）的备用电源。在暂时还没有条件达到“三多”配置的地方，至少应有后备电池，以保证通信设备电源的稳定供给。

2. 稳定性好

各种通信设备都要求电源电压稳定，不允许超过容许的变化范围，尤其是计算机控制的通信设备。数字电路工作速度高、频带宽，对电压波动、杂音电压、瞬变电压等非常敏感。所以，供电系统必须有很好的稳定性。

3. 效率高

能源是宝贵的，电信设备在耗费巨资完成设备投资后，在日常的费用支出中，电费是一笔比重很大的开支。尤其随着通信容量的增大，一个局的各种设备有上百、上千安培的用电量已是司空见惯，这时效率问题就显得特别突出。因此，电源设备（主要指整流电源）应有较高的转换效率，即要求电源设备的自身功耗要小。

4. 低压、大电流、多组供电电压需求

低压、大电流、多组供电电压需求增多，功率密度大幅度提升，供电方案和电源应用方案设计呈现出多样性。

5. 模块化

模块化为设备自由组合扩容、互为备用、提高安全系数提供了保障。模块化有两方面的含义：一是指功率器件的模块化，二是指电源单元的模块化。实际上，由于频率的不断提高，致使引线寄生电感、寄生电容的影响愈加严重，对器件造成更大的应力（表现为过电压、过电流毛刺）。为了提高系统的可靠性，常把相关的部分做成模块。把开关器件的驱动、保护电路也装到功率模块中去，构成“智能化”功率模块（IPM），这样既缩小了整机的体积，又方便了整机设计和制造。

多个独立的模块单元并联工作时，采用均流技术，所有模块共同分担负载电流，一旦其中某个模块失效，其他模块再平均分担负载电流。这样，不但提高了功率容量，在器件容量有限的情况下满足了大电流输出的要求，而且通过增加相对整个系统来说功率很小的冗余电源模块，极大地提高了系统可靠性。即使出现单模块故障，也不会影响系统的正常工作，而且还为修复提供了充分的时间。

现代通信要求高频开关电源采用分立式的模块结构，以便于不断扩容、分段投资，降低备份成本。它不像习惯上采用的 1+1 全备用（备份了 100%的负载电流），而是要根据容量选择模块数 N，配置 $N+1$ 个模块（即只备份了 $1/N$ 的负载电流）即可。

6. 实现集中监控

现代通信运行维护体制要求动力机房的维护工作通过远程监测与控制来完成。这就要求电源自身具有监控功能，并配有标准通信接口，以便与后台计算机或与远程维护中心通过传输网络进行通信、数据交换，从而实现集中监控，提高维护的及时性，减小维护工作量和人力投入，提高维护工作的效率。

7. 自动化、智能化

现代通信设备要求电源能进行电池自动管理、故障自诊断、故障自动报警等，自备发电机应能自动开启和自动关闭。

8. 小型化

现在各种通信设备的日益集成化、小型化，要求电源设备也相应地小型化，作为后备电

源的蓄电池也应向免维护、全密封、小型化方面发展，以便将电源、蓄电池随小型通信设备布置在同一个机房，而不需要专门的电池室。

9. 采用新的供电方式

对应于电源小型化，供电方式应尽可能实行各机房分散供电，设备特别集中时才采用电力室集中供电，大型的高层通信大楼可采用分层供电（即分层集中供电）。集中供电和分散供电各有优点，因条件不同应斟酌选用。

对于集中供电，电力室的配置包括交流配电设备、整流器、直流配电设备、蓄电池。各机房从电力室直接获得直流电压和其他设备、仪表所需的交流电压。这种配置有它的优点，如集中电源于一室，便于专人管理，蓄电池不会污染机房等。但它有个致命的缺点，传输损耗大，线缆投资大浪费电能。因为直流配电后的大容量直流电流由电力室传输到各机房，传输线的微小电阻也会造成很大的压降和功率损耗。

对于分散供电，电力室成为单纯交流配电的部分，而将整流器、直流配电和蓄电池组分散装于各机房内。这样，将整流器、直流配电、电池化整为零，使它们能够小型化，相对减小容量。但有个先决条件，蓄电池必须是全密封型的，以免腐蚀性物质挥发而污染环境、损坏设备（现行的全密封型的电池已经能达到要求了）。

分散供电最大的优点是节能，因为从配电电力室到机房的传输线上，以前传输的大直流电流转变为 380 V 的交流。计算表明，在传输相同功率的情况下，380 V 交流电流要比 48 V 的直流电流小得多，因传输线上的压降造成的功率损耗只有集中供电的 1/49 ~ 1/64。

1.1.2　现代通信电源技术的应用比较

随着半导体工艺技术的不断升级，电路板上的元器件运行速度越来越快、体积越来越小，设备要求也越来越多，如更低的供电电压和更大的供电电流。最终系统的功能不断增加，而平均售价却不断下降。此外，用户对电源的故障修复时间、电源运行状态的感知与控制的要求越来越高，电源设计人员不再满足于实时监控电流、电压、温度，还提出了诊断电源供应情况、灵活设定每个输出电压参数的需求。这些需求对于目前的模拟解决方案已难以满足。因此，作为电源管理发展新思路的数字电源应运而生，其目标就是将电源转换与电源管理架构用数字方法集成到单芯片中，实现智能、高效的转换、控制和通信。

1. 数字电源的定义

数字电源是采用数字方式实现电源的控制、保护回路与通信接口的新型电源技术。可编程、响应性好和数字环路控制是数字电源的 3 个主要特征。数字电源有几种不同的定义，实现方式也各不相同。

第一种定义是数字检测，包括监视开关电源的状态，如温度、输入/输出电流、输入/输出电压、开关频率（占空比）等，并根据需求向主机报告。故障状态信息、时间标记等信息可存储在非易失性存储器中，并在将来某个时间上报这些信息。

第二种定义是在数字检测的基础上通过数字接口控制开关电源，一般是通过I^2C或类似的数字总线控制输出电压、开关频率、多通道电源的（上/下电）排序、上升斜率、跟踪、（软）启动、裕度控制、故障保护等。实际上，目前市场上很多电源管理集成电路都以这种方式工作。

第三种定义是用数字电路彻底取代开关电源中的所有模拟电路，这是真正的原生数字电源。只需编写几行简单的代码，一个核心数字电源集成电路就可以配置成升压稳压器、降压稳压器及负输出、SEPIC、反激式或正激式转换器。它将使开关电源更容易设计、配置，而且更稳定。但要实现这点从目前看来是相当困难的，因为从物理定律上来说，电流是模拟信号，即使数字开关电源用 ADC（模数转换器）和 DSP（数字信号处理器）取代误差放大器和脉冲宽度调制器，但它仍然需要电压基准、电流检测电路和 FET（场效应管）驱动器，这些组件目前只有模拟形式的产品。此外，电感器、变压器以及电容器等模拟元器件在实现数字电源时也是不可缺少的。

传统的模拟电源是以模拟控制环路为基础的，如果在模拟控制环路外添加模拟量采样和量化电路，并辅以通信电路，即可构成上面第一种定义中所指的带数字检测的比较初级的数字电源。

目前的数字电源大都是按照上面第二种定义（即数字控制+数字检测）实现的，电源内部的模拟控制环路由数字控制环路替代。未来是属于数字电源的，但数字化是个渐进的过程，其发展很可能由使用模拟和数字技术的混合系统开始，进而演进到全数字实现。以前，数字化是以采用高成本的复杂多芯片电路方案为代价的。例如，一个具有电压、电流监视及控制能力的应用可能需要很多集成电路，如高稳定度基准源、高精度多通道 ADC（模数转换器），DAC（数模转换器）和专用微控制器等，此外还需要不小的软件开发工作量。如果再考虑成本、复杂性、线路板空间限制和严苛的产品上市时间要求，以数字方式管理电源的确需要付出不菲的代价。

随着电源系统性能和功率的不断提高，实现电源性能指标所必需的元件数量和成本也随之增加，越来越多的控制需要通过具有成本效益的数字电路实现。一般认为，在设计 DC-DC 变换器时，通常 100 W 以上的系统中会采用数字控制技术；而在设计 AC-DC 变换器时，250 W 以上的系统会采用数字技术，这样电源的经济性会更高一些。因此，在未来的电源系统中，模拟与数字技术将共存相当长的一段时间。以前，电源行业转向开关电源是一个很大的变化，而电源数字化趋势将会是一个更大的变化。

2. 模拟电源的优势与不足

目前，除了一些专门用于微处理器的转换器外，市场上大多数砖形转换器、中间总线转换器及负载点（PoL）转换器仍采用模拟控制。这是因为许多模拟电源系统经过了多年的检验，可靠性还是很高的。

当前，尽管模拟电源解决方案的成本、性能（如负载变化时的电源响应时间）、占板面积等指标都优于数字电源解决方案，但对开发人员来说，它完全是一种固定模式的黑盒应用，抑制了开发人员创造力的发挥，使得开发人员对电源进行同步跟踪、电压排序、故障诊断及适应环境变化的能力还是比较差的。

许多高性能的 DC—DC 转换器仍通过简单的无源器件产生的模拟信号进行设置和控制。

即使是具有最先进拓扑结构的高性能转换器，也还需要使用外部电阻、电容来确定诸如启动时间、输出点值及开关频率等参数。这些电阻、电容的值都是设计调试时确定的，制造完成后不可轻易更改。因此，自适应的电源管理方案还不可能实现。而且，为实现更多功能，就要设计更多的直接反馈电路，所以模拟控制环路会变得非常复杂。

传统的模拟控制架构已经使用多年,模拟控制电路因为使用许多元器件而需要很大空间，这些元器件本身的值还会随使用时间、温度和其他环境条件的变化而变动，从而对系统稳定性和响应能力造成负面影响。模拟控制的控制-响应特性是由分立元器件的值决定的，它总是面向一个范围狭窄的特定负载，因此无法为所有电压值或负载点提供最优化的控制响应。换句话说，如果需要一个可以在很多产品中重复使用而不必更换部件的设计平台，模拟方案难以胜任。除此之外，模拟系统的测试和维修都非常困难。

3. 数字电源的应用优势比较

数字电源正是为了克服现代电源的复杂性而提出的，它实现了数字和模拟技术的融合，提供了很强的适应性与灵活性，具备直接监视、处理并适应系统条件的能力，能够满足几乎任何电源要求。数字电源还可通过远程诊断确保持续的系统可靠性，实现故障管理、过电压（流）保护自动冗余等功能。由于数字电源的集成度很高，系统的复杂性并不随功能的增加而过多增加，外围器件很少（数字电源的快速响应能力还可以降低对输出滤波电容的要求），减小了占板面积，简化了设计制造流程。同时，数字电源的自动诊断、调节的能力使调试和维护工作变得轻松。

数字电源管理芯片易于在多相及同步信号下进行多相式并联应用,可扩展性与重复性好，能轻松实现负载均流，减少 EMI（电磁干扰），并简化滤波电路设计。数字控制能把电源灵活地组合成串联或并联模型，形成虚拟电源。而且，数字电源的智能化可保证在各种输入电压和负载点上都具有最优的功率转换效率。

相对模拟控制技术，数字技术的独特优势还包括在线可编程能力、更先进的控制算法、更好的效率优化、更高的操作精确度和可靠性、优秀的系统管理和互联功能。数字电源不存在模拟电源中常见的误差、老化（包括模拟器件的精度）、温度影响、漂移、补偿等问题，无须调谐、可靠性好，可以获得一致、稳定的控制参数。数字电源的运算特性使它更易于实现非线性控制（可改善电源的瞬态响应能力）和多环路控制等高级控制算法，更新固件即可实现新的拓扑结构和控制算法，更改电源参数也无须变更板卡上的元器件。

数字控制还能使硬件平台重复使用，通过设计不同固件即可满足各种最终系统的独特要求，从而加快产品上市，降低开发成本以及元器件库存与风险。

数字电源已经表现出相当多的优点，但仍有一些缺点需要克服。例如，模拟控制对信号状态的反应是瞬时的，而数字电源需要一个采样、量化和处理的过程来对负载的变化做出反馈，因此它对负载变化的响应速度目前还比不上模拟电源。数字电源的占板面积要大于模拟电源，精度和效率也比模拟电源稍差。虽然数字控制方法的优点在负载点（PoL）系统中非常明显，但模拟电源在分辨率、带宽、与功率元件的电压兼容性、功耗、开关频率和成本（在简单应用中）等方面仍然占有优势。不过，如果考虑到数字电源解决方案具有的优点，使用模拟电路搭建功能相似的电路，成本并不一定就比数字电源低。

数字电源中包含的技术无疑是复杂的，但它的使用并不一定复杂。它要求设计人员具有一定的程序设计能力，而目前的电源设计人员普遍都是以模拟设计为主，缺乏编程方面的训练，这对数字电源的推广也造成了一定的障碍。

人们对数字电源还有一个担心，就是它还不像模拟电源那样经过了多年应用的考验，因而可靠性不高。但就像数字电路在概念上优于模拟电路一样，可靠性是设计的问题，而不是数字化的问题。成本显然也是约束数字电源广泛应用的一个主要因素。由于数字实现方式的成本看似高于相似的模拟实现方式，而且人们对于数字电源产品的使用存在顾虑，从用户的角度来说，只有当数字电源的成本等于或低于模拟电源（因为成本是市场考虑的第一因素），同时又能提供模拟电源无法实现的先进功能的时候，数字电源才会被考虑。

综上所述，在简单易用、参数变更不多的应用场合，模拟电源产品更具优势，因为其应用的针对性可以通过硬件固化来实现。而在可控因素较多、需要更快的实时反应速度以及管理多个电源的复杂系统应用中，数字电源则具有优势。

4. 数字电源的发展

最近出现的数字电源产品的集成度和易用性已经达到一个更高的高度。包括传统的模拟电源厂商和新兴的数字电源芯片设计厂商在内的大部分厂商都在着手解决电源转换以外的问题，包括添加监测功能、提供可与系统通信的数字接口，以及建立数字控制反馈环路，即在模拟变换器外面使用“数字外壳”。常见的方案有两种，即单芯片控制器方案和通过高性能数字芯片对电源实现直接控制的方案。

1）单芯片控制器方案

通过外接 A/D 转换芯片进行取样，取样后对得到的数据进行运算处理，再把结果通过 D/A 转换后传送到 PWM（脉冲宽度调制）芯片，从而实现单芯片控制器对开关电源的控制。这种方案的技术目前已经比较成熟，设计方法容易掌握，而且对单芯片控制器的要求不高，成本比较低。但是整套电路采用多个芯片，电路比较复杂；而且经过 A/D 和 D/A 转换等步骤，会造成比较大的信号延迟，进而影响电源的动态性能和稳压精度。有些单芯片控制器整合了 PWM 输出，但一般单芯片控制器的运行频率有限，无法产生足够高的频率和精度的 PWM 输出信号。

2）通过高性能数字芯片对电源实现直接控制

通过数字芯片（如 DSP 或 MCU）完成信号采样、处理和 PWM 输出等工作。由于数字 PWM 输出的信号功率不足以驱动开关管，一般还需增加一个驱动芯片，即数字控制器与功率级之间的接口由 MOSFET（金属氧化物半导体场效应晶体管）驱动器提供。由于这些数字芯片有较高的取样速度(DSP 片内的 A/D 转换器完成一次 A/D 转换只需数百纳秒，相较之下，一般 8 位 MCU 控制器要数微秒之久）和指令周期，输出的 PWM 信号的分辨率仅数百皮秒，过流检测和关闭电源仅需数十纳秒，可以快速有效地实现各种复杂的控制算法，使设计具备较高的动态性能和稳压精度。此外，在微处理器的支持下添加 RS-232/RS-485、DSP、以太网等扩展通信手段也非常方便。数字控制的电源产品能够实现大部分数字电源的功能需求，但如果不添加一些额外部件，还实现不了全部功能需求。

这种“数字外壳”的架构存在以下问题：为了保证电源有较高的稳压精度，A/D 转换器必须有较高精度的取样，但高精度的取样频率需要更长的 A/D 转换时间，造成回路的实时反应能力变差。而且，高速的采样和运算将产生巨大的运算量，能达到实时要求的核心处理器还是很少的。虽然在要求比较高的场合一般都会用 DSP 芯片，其运算和取样速度快，功能强大，但 DSP 芯片结构复杂，成本比较高，而且 DSP 控制技术较难掌握，对设计者要求比较高。通用 DSP 芯片不是专门作为电源控制芯片使用的，一般的电源应用对通用 DSP 芯片资源的利用率不高。不过，目前以 DSP 为主要处理单元的数字电源芯片厂商，都在优化其作为数字电源核心的 DSP 的结构，同时努力降低成本，并改善开发手段（提供评估板、IP 模块等），以帮助开发人员轻松地完成开发。除了 DSP 的方案，有的厂商还提供基于 MCU 或状态机的方案，MCU 控制功能强大，而状态机的优点是低功耗。鉴于 DSP 和 MCU 两种方案各有长处，现在有的厂商开始将硬件 DSP 和辅助 MCU 同时集成到芯片中，使系统性能最优，效率已经可以与模拟电源相媲美。

软件设计对数字电源设计人员而言是另一个挑战。为降低数字电源的设计门槛，很多半导体厂商推出了不需要进行软件编程或者支持图形用户接口（GUI）的数字电源解决方案，设计人员通过 GUI 界面就能设定电源特性参数，而不需要任何编程技能。此外，还可根据具体系统的情况，设定每个输出电压的跟踪、升压时间和延时等。有的数字电源管理芯片允许设计人员通过芯片引脚配置电源特性参数。许多数字电源芯片允许在系统运行中通过电源管理总线来实时更改电源输出特性。系统控制算法的设计通常是在专用的集成开发环境（IDE）中进行。

目前，数字电源芯片的集成度已经达到较高的水平，适合复杂系统（如服务器、通信设备等）使用。芯片中一般集成了数个同步控制器和自适应驱动器，有的还集成了 MOSFET 或功率驱动模块、LDO、电荷泵及电源管理（包括热管理）模块，提供可编程中断输出、看门狗等其他功能。

先进的半导体制造工艺在数字电源芯片上也得以利用，其中数字电路应用 0.18 ~ 0.25 μm VLSI（超大规模集成电路）工艺，而模/数混合电路应用高压 BiCMOS 工艺也比较常见。有的厂商借鉴大功率芯片的成功设计，在数字电源芯片上采用先进的封装技术，使芯片可以在工业级的温度范围内可靠工作。

毫无疑问，随着数字控制技术的发展和市场需求的驱动，电源领域里数字电源的技术优势将会越来越明显。由于从模拟电源到数字电源的完全转换还需要很长时间，因此模拟和数字控制技术将在未来较长时间内共存。数字电源技术为电源设计领域注入了新的活力，同时也对电源设计人员提出了更高的要求。如何在传统技术的基础上不断创新，进而设计出满足未来市场需求的电源系统将成为电源设计人员必须面对的新课题。

1.2　通信电源工程的基本常识

1.2.1　通信电源工程常用术语

1. 电力网

电力网是电力系统的一部分，是由各类变电站（所）和各种不同电压等级的输、配电线路连接起来组成的统一网络，其任务是输送和分配电能到用电单位。

2. 电力系统

电力系统由发电机、配电设备、变压器、电力线路、用电设备等构成的一个发电、供电、用电的统一体。

3. 电气设备

电气设备泛指发电、变电、配电和直接用电的设备，如变压器、配电线路、电动机、电器、电气测量仪表、电气保护装置，以及电气用具等。

4. 正弦交流电

正弦交流电指电路中电流、电压及电势的大小和方向都随时间按正弦函数规律变化，这种随时间做周期性变化的电流称为交变电流，简称交流。

5. 三相交流电

三相交流电是由 3 个频率相同、电势振幅相等、相位差互差 120° 的交流电路组成的电力系统。

6. 相序

相序就是相位的顺序，是交流电的瞬时值从负值向正值变化经过零值的依次顺序。A、B、C 三相的涂色应为：A ——黄色；B ——绿色；C ——红色。

7. 电气母线

电气母线是汇集和分配电能的通路设备，它决定了配电装置设备的数量，并表明了以什么方式来连接发电机、变压器和线路，以及怎样与系统连接来完成输配电任务。

8. 电功率

电流通过电路到用电设备，用电设备通过消耗电源提供的能量而做功。单位时间内做的功叫作电功率，分为有功功率 P、无功功率 Q 和视在功率 S。

（1）有功功率：电流流经纯阻性负载产生的功率。记作 P，单位为瓦（W）、千瓦（kW）、兆瓦（MW）。

（2）无功功率：交流电路中，除 P 之外，还因电流流经储能元件产生电能—磁能的互相交换，而不实际做功，这种交换功率就是无功功率。记作 Q，单位为乏（var）、千乏（kvar）、兆乏（Mvar）。

（3）视在功率：有功功率和无功功率的几何和。记作 S，单位为伏安（V·A）、千伏安（kV·A）、兆伏安（MV·A）。

9. 功率因数 cosϕ

电压、电流之间相位差角的余弦值（ cosϕ ）称为功率因数。功率因数值为 1 时，无功功率为零。

10. 过载

电源设备有规定的负载能力，超过额定的负载即为过载。

11. 过载保护

电源设备在负载超载时进行的自我保护。

12. 过电压

电气设备在正常运行时，所承受的电压为其相应的额定电压。但由于各种原因，可能出现暂时电压升高现象，破坏电气设备的绝缘，这种对绝缘有危险的电压升高称为过电压。

13. 过压保护

当输入或输出电压超过安全范围时，电源设备自动进行断开输入或保护输出的动作。

14. 地线、零线和火线

（1）地线通过深埋的电极与大地短路连接。

（2）市电的传输以三相的方式，有一根中性线，三相平衡时中性线的电流为零，俗称“零线”。

（3）三相电的三根相线与零线有 220 V 电压，会对人产生电击，俗称“火线”。

15. 接地

在电力系统中，将设备和用电装置的中性点、外壳或支架与接地装置用导体做良好的电气连接叫作接地。

16. 接地电阻

接地装置的接地电阻为接地体对地流散电阻和接地线电阻的总和。

17. 跨步电压

就是指电气设备发生接地故障时，接地电流通过接地体向大地地面形成分布电位，这时若人们在接地短路点周围行走，其两脚之间（人的跨步一般按 0.8 m 考虑）的电位差。

18. 一次设备

直接与生产电能和输配电有关的设备称为一次设备，包括各种高压断路器、隔离开关、母线、电力电缆、电压互感器、电流互感器、电抗器、避雷器、消弧线圈、并联电容器及高压熔断器等。

19. 二次设备

二次设备是对一次设备进行监视、测量、操纵控制和保护作用的辅助设备，如各种继电器、信号装置、测量仪表、录波记录装置，以及遥测、遥信装置和各种控制电缆、小母线等。

20. 高压断路器

又称高压开关，可以切断或闭合高压电路中的空载电流和负荷电流，且当系统发生故障时，通过继电保护装置的作用，切断过负荷电流和短路电流，以防止扩大事故范围，具有相当完善的灭弧结构和足够的断流能力。

21. 隔离开关

隔离开关又称闸刀，它没有专用的灭弧装置，故不能用来接通和切断负荷电流及短路电流。但应具有足够的热稳定性和动稳定性，尤其不能因电动力的作用而自动断开，否则将引起严重事故。为了保证操作的安全，还应设置与接地闸刀、断路器等的联动装置。

22. 负荷开关

负荷开关的构造与隔离开关相似，只是加装了简单的灭弧装置。它有一个明显的断开点，有一定的断流能力，可以带负荷操作，但不能直接断开短路电流，需要依靠与它串接的高压熔断器来实现此功能。

23. 低压断路器

低压断路器也叫低压自动开关，主要用于保护交、直流电路和与之相连接的电器设备。它是用手动（或电动）合闸，用锁扣保持合闸位置，由脱扣机构作用于跳闸并具有灭弧装置的低压开关，现被广泛用于 500 V 以下的交、直流装置中，当电路内发生过负荷、短路、电压降低或消失时，能自动切断电路，保护其后的电器设备免受危害。

24. 熔断器

熔断器主要由熔体、安装熔体的熔管和熔座 3 部分组成。熔断器是一种用于过载和短路保护的电器，它主要是借助熔体使电流超出限定值而熔化来分断电路。

25. 接触器

接触器是一类通过一个小容量电磁机构，频繁地远距离自动接通和断开主电路，并控制大容量电路或电动机的电磁式操作电器。

26. 保险丝

保险丝是一种过热熔断型的小型器件，超载或负载短路时引起的过大电流会烧断保险丝。

保险丝保护电子设备不受过电流的伤害，也可避免电子设备因内部故障导致的严重伤害。

27. 电流互感器

电流互感器又称仪用变流器，简称 CT，是一种将大电沉变成小电流的仪器，用英文字母 TA 表示。它把电路中的大电流变成一定比例的小电流（一般二次绕组的额定电流是 5 A）后，再供给测量仪表或继电器的电流线圈。

28. 电压互感器

电压互感器简称 PT，也可用 TV 表示。使用电压互感器可以把高电压降低到 100 V 后，再供给测量仪表和继电器的电压线圈。

29. 电力电容器

电力电容器是全封闭结构的静止设备，在电源设备中广泛用作滤波和无功补偿。

30. 继电器

继电器是一种能根据输入物理量的变化，使其自身执行机构动作的电器。继电器由 3 个基本部分组成：检测机构、中间机构和执行机构。

31. 高压验电笔

高压验电笔是用于检查高压网络变配电设备、架空线、电缆是否带电的工具。

32. 接地线

接地线是当已停电的设备和线路上意外地出现电压时保证工作人员安全的重要工具。按部颁规定，接地线必须是由截面 25 mm^2 以上的裸铜软线制成。

33. 标示牌

标示牌用来警告人们不得接近设备和带电部分，指示工作地点，提醒采取安全措施，以及作为禁止某设备或某段线路合闸通电的告示牌。标示牌可分为警告类、允许类、提示类和禁止类等。

34. 遮拦

为防止工作人员无意碰到带电设备部分而装设的屏护，分临时遮拦和常设遮拦 2 种。

35. 绝缘棒

绝缘棒又称令克棒、绝缘拉杆、操作杆等。绝缘棒由工作头、绝缘杆和握柄 3 部分构成。绝缘棒在闭合或断开高压隔离开关、装拆携带式接地线，以及进行测量和试验时使用。

36. 交流与直流

交流指电路中电压和电流的大小、方向随时间的变化而变化；反之则为直流。

37. 整流

将交流电转变为直流电的过程称为整流。

38. 逆变

将直流电转变为交流电的过程称为逆变，把直流电变成交流电的装置叫作逆变器。

39. 整流器

把交流电变成直流电的装置叫作整流器。

40. 浮充和均充

浮充和均充都是电池的充电模式。均充是以定电流和定时间的方式对电池充电，充电较快。浮充是指当电池处于充满状态时，充电器仍会提供恒定的浮充电压与很小的浮充电流，平衡自然放电。

41. 安时数

安时数（A・h）是反映电池容量大小的指标之一，其定义是按规定的电流进行放电的时间。

42. 电池内阻

电池内阻有欧姆内阻和极化电阻两部分。电池内阻决定了电池工作电压、工作电流和输出能量，内阻愈小的电池性能愈好。同组蓄电池的内阻应大致相同，不应有较大差异。

43. 电池组循环寿命

蓄电池经历一次充电和放电，称为一次循环（一个周期）。在一定放电条件下，电池工作至某一容量规定值之前，所能承受的循环次数，称为循环寿命。

44. UPS 的旁路

当 UPS 本身故障时，借由 UPS 内部的继电器自动切换至市电，由旁路电路持续供应电力给负载设备，使 UPS 不会因此造成电力中断。由此可以延长电池的寿命，并确保电池始终维持最佳状态。

45. 接触不良

接触不良指在电气的连接部有松动、接触不好的情况，接触不良将导致电压的下降和损耗的加大。

46. 绝缘电阻

绝缘电阻指设备内部之间或电路与机壳间电气隔离的程度，通常以绝缘电阻表示。

1.2.2　通信电源的选择

在通信事业蓬勃发展的今天，通信电源制造业竞争加剧。除了一些大型企业外，还有一些中小型制造厂的产品也加入市场竞争中。竞争的焦点仍然是价格，往往有的人把价格低和性价比高混为一谈，其背后不可避免地存在一个质量问题。在选择通信电源时应注意以下几个方面。

1. 质量与服务

一般来说，正规厂家大都经过了 ISO9000 的认证，产品开发和生产都建立了严格的质量控制流程，产品质量有保证，产品的延续性也较长，今后维修和备件的供应有保障。但正规厂家的服务也是参差不齐的，某些厂家服务态度尽管非常好，但由于产品的质量欠佳，故障接连不断，这也是用户所不希望的。因此，质量与服务二者必须具备。

2. 产品的综合指标要好

提升产品的一两项指标是不难做到的，若各项指标都较好，离不开优秀的电路设计思想和元器件的质量保证，也离不开良好工艺和流程控制。综合指标对保证通信电路的正常工作有着重要意义。

3. 产品价格

价格一直是很敏感的话题。在“性价比”的概念上，切忌认为价格低就是“性价比”高。质量过硬的产品为了保证良好的综合指标，会选择优质的元器件，以及采用精良的工艺，其生产成本必然不会低于低档产品，性能和价格的综合因素才是评判产品的正确标准。用户采用电源设备的目的是为通信设备和网络提供动力和保障，尤其在重要环节和信息中心，电源故障会造成不可弥补的损失和不良的影响，建议采购电源产品时一定要全面考虑，谨慎选择。

1.2.3　通信电源性能指标

一台通信电源中的元器件和设计方案的好坏，可以用如下的主要技术指标进行衡量。

1. 效率、输入功率因数

1）效率

效率标志着电源的可靠性。设备在高温下更容易出故障，因为电路元器件理想指标的温度是 25 °C，在这个基础上每升高 10 °C，元器件的寿命就减少一半。高效率意味着本身功耗小，机内温升低，元器件服务期较长。这不仅节省能源，而且也会使设备的热设计变得简单，对设备的小型化十分有利。高频开关整流电源为减小设备质量和体积、提高动态品质，使工作频率变得越来越高，某些整流器开关频率达到了 200 kHz，开关过程功耗成为内部功耗的主要因素。近几年来得到迅速发展的软开关技术，即“零电压开关”（ZVT）和“零电流开关”（ZCT）技术得到了普遍应用，在理论上可以使开关损耗为零。目前高频开关电源的效率一般都达到 90%以上，最高的达到了 93%。

2）输入功率因数

输入功率因数高，可靠性也就高。通信中最怕干扰，这种干扰轻则使信号失真，重则使信号中断。如果对电源本身的输入整流器工作不加任何限制，电源就会产生 30%～50%的谐波电流干扰电网，使该电网变成干扰源，以传导和辐射的形式影响和破坏通信设备的功能。高频开关整流电源的功率因数由相移和波形失真两部分决定，高频开关整流电源在设备中普遍采用了功率因数校正电路，不仅降低了无功损耗，而且减小了干扰。目前电源的输入功率因数一般都在 0.97 以上，有的已达到 0.99 以上，可把谐波电流压降到 3%～5%，甚至很低，保证通信的顺利进行。

2. 电磁兼容

通信电源的电磁兼容有两方面的含义：一是抵抗外来干扰的能力，这个能力越强越好；二是对外施放干扰的强度，这个强度越弱越好。因为目前的通信电源电路多是脉宽调制（PWM）工作方式，这种方式容易产生干扰，国际上对这种干扰制定了标准，如对外辐射标准 EN50081-1 和抗干扰标准 EN50082-1，符合了这两种标准，就可使通信环境达到比较理想的状态。

3. 对环境的适用性

不同环境中，通信电源的工作条件和环境差异极大，如某些移动通信基站及偏僻地区中继站的市电交流电源工作条件恶劣，不但电网电压变化大，电压的品质也很差，工作环境的温度低的达到 – 40 °C，高的达到 60 °C 以上，这就对电源设备的适用性提出了非常苛刻的要求。

1）输入电压范围要宽

良好的适用性要求通信电源有宽范围输入电压的适应能力，即使在电网电压波动大的地区也能正常工作，这样就可减少电源输出端电池的放电次数，使电池不至于过早结束使用寿命。比如，PC1200 和 MX28B 系列通信电源就有着 ± 20%以上的输入电压适应能力，TWF0500 系列甚至可将输入电压适应能力扩展到交流 88～264 V，这就为恶劣环境下通信系统的供电条件提供了可靠的基础。

2）运行温度和湿度范围要宽

在现代化机房等条件优越的环境中，温度和湿度都被严格控制在规定范围内，但通信电源的工作环境多数情况还是不理想。为了保证正常工作，就必须要求电源有耐高温和高相对湿度的能力，工作温度达到 – 40 °C ~ +70 °C、相对湿度可在 85%以上的电源系统可适应多种环境的工作。

3）绝缘强度和安全标准

绝缘强度的指标很重要，一般要通过几个高压测试指标，比如，输入端到地加交流 1.5 kV，输出端到地加交流 500 V，以及输入输出端加交流 3 kV 等测试电压。另有一些测试如加电 1 min，漏电流小于规定值（电流小于 10 mA 等）。通过测试的产品就可以比较放心地使用。

为了机器和人身的安全，国际上各国都制定了相应的电源安全标准，如美国的 UL、加拿大的 CSA，以及欧洲的 CE 等，在没有国家标准的情况下，也应该选用有相应的行业标准的电源。如果电源没有符合这些标准的标志或说明，其质量和性能就令人担忧了。

4. 功率密度

提高电源设备的容量与体积之比（即功率密度），是通信电源发展的普遍趋势。开关工作频率的提高、效率的提高、半导体器件和电路的集成化及磁性元件与电路的集成化，都将使电源设备的质量和体积进一步减小，即功率密度越来越大。目前，一个风冷式的 48 V/50 A 的高频开关整流器，其功率密度可高达 475 mW/cm^3，质量只有 5 kg。通信电源结构和电路设计使模块智能化，也是今后高频开关电源发展的方向。

5. 其他要求

为了便于使用和维护，要求电源具有过流、过压、短路保护功能，热插拔功能，指示和告警功能，温度控制和补偿功能等。当前的电源发展应朝着高频化、小型化、智能化和绿色化的方向发展。

1.3　通信电源系统的构成

1.3.1　通信电源的可用度要求

通信电源的可用度是指在一年内正常供电时间占全年时间的百分比（如可用度为 93.9999%，表示每年的故障时间为 32 s）；通信电源的不可用度是指在一年内故障时间占全年时间的百分比（如可用度为 93.9999%，则对应的不可用度就是 1×10^{-6}）。

根据《通信局（站）电源系统总技术要求》（TD/T1051—2000）的规定，不同通信电源局（站）电源系统的不可用度的要求如表 1-1 所示。

表 1-1　不同通信电源局（站）电源系统的不可用度要求

类　别	不可用度	备　注
省会城市和大区中心通信枢纽（含国际局）、市话汇接局、电报（数据）局、无线局、长途传输一级干线站、市话端局以及特别规定的其他通信局（站）	$\leqslant 5\times10^{-7}$	每年内电源系统的故障时间应<17.8 s；平均 20 年内电源系统故障的累计时间应，5 min
地（市）级城市综合局、1～5 万门市话局、长途传输二级干线站或相当的通信局（站）等	$\leqslant 1\times10^{-6}$	每年内电源系统的故障时间应<31.5 s；平均 20 年内电源系统故障的累计时间应<10 min
县（含县级市）综合局、万门以下市话局	$\leqslant 5\times10^{-6}$	每年内电源系统的故障时间应<2.6 min；平均 20 年内电源系统故障的累计时间应<50 min

1. 高可靠性与可用性

可靠性是通信电源设备的首要指标，通信的不间断性首先要由通信电源予以保证。

可靠性反映的是设备综合技术水平，包括器件、材料、电路技术、热设计、电磁兼容（EMC）设计、制造工艺、质量控制等。我国在《通信局站电源系统总技术要求》中提出的可靠性指标是：在系统运行期间，平均无故障工作时间 T_{MTBF} 应不小于 5×10^3 h。随着通信设备的发展，该要求还应该进一步提高，因此引出了可用性的概念。可用性与可靠性的不同之处在于：可靠性 R 是指设备在规定时间内不出故障的概率；可用性 A 是指在规定时间内，设备有效工作时间的百分比，其表达式为

$$A = T_{\mathrm{MTBF}}/(T_{\mathrm{MTBF}}+T_{\mathrm{MTTR}}) \tag{1-1}$$

式中，T_{MTTR} 是平均维修时间，如果 T_{MTTR} 的取值趋于 0，那么 A 的取值趋于 1，所以缩短维修时间是提高可用性的一个主要途径。

可用性也可以用时间表示，不同的是常常利用电源的允许故障时间 t 来表示，其表达式为

$$t=\text{指定的工作时间段}\times(1-A) \tag{1-2}$$

比如，在这个例子中设 $T_{\mathrm{MTTR}}=4$ h，由式（1-1）得 $A=0.999\ 92$，于是：

$$t=5\times365\times24\times(1-0.999\ 92)=3.504\ (\mathrm{h}) \tag{1-3}$$

即当平均维修时间 T_{MTTR} 为 4 h 时，一年中机器不可用的时间为 3.5 h，缩短维修时间对系统来说非常重要。

2. 提高可用性的途径

近年来，通信技术发展速度越来越快，网络带宽不断增大，这对通信系统的可靠性、可用性和准确性提出了更高的要求。通信电源是通信的基础设施，稍有差错就会导致严重的后果。实践中的统计结果证实，造成数据丢失、硬件故障和停机的主要原因是电源和温度，因此，提高电源的可用性势在必行。其主要措施有：

（1）缩短维修时间 T_{MTTR}，为了达到这个要求，厂商一般都把通信电源做成模块结构。

（2）采取冗余并联措施。如果单台电源的可靠性只有 0.416，则 2 台电源冗余并联后总的可靠性就是 0.659，如果 3 台冗余并联，其可靠性就可以更高，依此类推。

（3）提高电源中元器件的档次。虽然采用冗余并联的办法可以提高可用性，但如果单个

电源的可靠性上去了，就可减少电源的并联个数。尽管电源中元器件的寿命或可靠性是有限的，不可能做得非常高，但如果选择高档的元器件，则可以大幅度地提高整体可靠性。

提高供电设备的可靠性和缩短平均维修时间 T_{MTTR} 是提高可用性的主要手段，二者不可偏废。

1.3.2　通信电源系统的基本结构

通信电源系统是对通信局（站）各种通信设备及建筑负荷等提供用电的设备和系统的总称。根据通信设备输入端对供电的要求是交流还是直流的不同，通信电源系统也分为交流供电电源系统和直流供电电源系统。其中，直流供电电源系统由变电站（市电）、备用发电机组、直流不间断电源设备组成，交流供电电源系统由变电站、备用发电机组、交流不间断电源设备组成。

不论是交流不间断供电系统还是直流不间断供电系统都是以交流市电或备用发电机组作为电源，再变换为不间断的交流或直流电源供给通信设备。而通信设备内部电路需要的多种电压等级的直流电源，需要通过 DC—DC 变换器或 AC—DC 整流器来获得。因此，从功能及转换层次来看，又可将整个电源系统划分为三级。

将交流市电和备用发电机组部分称为第一级电源（primary power supply），这一级保证提供能源，但不保证不间断。而上述交流不间断电源设备和直流不间断电源设备则称为第二级电源（secondary power supply），它保证通信供电的不间断。此外，通信设备内部电路需要的多种直流电压通过 DC—DC 变换器或 AC—DC 整流器来获取，这一级电源称为第三级电源（tertiary power supply），它常为插板电源或板上电源。顺便说一下，板上电源（power on board）也称为模块电源。

第三级电源通常称为机架电源，而第二级电源称为基础电源。但实际上，第一级电源又是第二级电源的基础。把第二级电源称为基础电源，则第一级电源只能称之为交流电源系统，但这样一来又将和直流供电系统相对应的交流供电系统发生混淆。虽然说名词称谓是约定俗成，但也应有它们的明确定义并讲究其科学性，最好和国际上的称谓相一致。综上所述，将通信电源系统分为交流不间断电源系统和直流不间断电源系统两大部分，并根据能量转换层次分为三级是比较合理的，如图 1-1 所示。

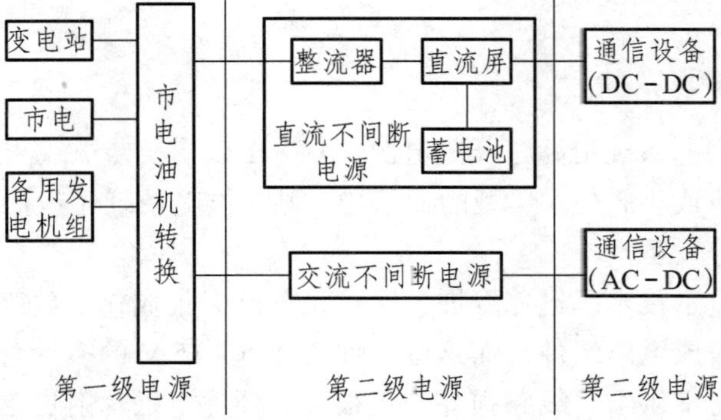

图 1-1　通信局（站）供电系统示意图

现代通信电源站主要由交流供电系统、直流供电系统和相应的接地系统、监控系统组成。

1. 交流供电系统

通信电源的交流供电系统由高压配电设备、降压变压器、油机发电机、UPS 和低压配电设备组成。交流供电系统可以有 3 种交流电源：变电站供给的市电、油机发电机供给的自备交流电、UPS 供给的后备交流电。

1）油机发电机

为防止停电时间较长导致电池过放电，电信局一般都配有油机发电机组。当市电中断时，通信设备可由油机发电机组供电。油机分普通油机和自动启动油机。当市电中断时，自动启动油机开始发电。由于市电比油机发电机供电更经济和可靠，在有市电的条件下，通信设备一般都由市电供电。

2）UPS

为了确保通信电源不中断、无瞬变，可采用静止型交流不停电电源系统，也称 UPS。UPS 一般由蓄电池、整流器、逆变器和静态开关等部分组成。市电正常时，市电和逆变器并联给通信设备提供交流电源，而逆变器是由市电经整流后为其供电。同时，整流器也给蓄电池充电，蓄电池处于并联浮充状态。当市电中断时，蓄电池通过逆变器给通信设备提供交流电源，逆变器和市电的转换由交流静态开关完成。

3）交流配电屏

交流配电屏的用途是输入市电，为各路交流负载分配电能。当市电中断或交流电压异常时（过压、欠压和缺相等），低压配电屏能自动发出相应的告警信号。

4）连接方式（交流电源备份方式）

大型通信站交流电源一般都由高压电网供给，自备独立变电设备。而基站设备常常直接租用民用电。为了提高供电可靠性，重要通信枢纽局一般都由两个变电站引入两路高压电源，并且采用专线引入，通常是一路主用，一路备用，然后通过变压设备降压供给各种通信设备和照明设备，另外还要有自备油机发电机，以防不测。一般的局（站）只从电网引入一路市电，再接入自备油机发电机作为备用。一些小的局站、移动基站只接入一路市电（同时配备足够容量的电池），油机为车载设备。

2. 直流供电系统

通信设备的直流供电系统由高频开关电源（AC—DC 变换器）、蓄电池、DC—DC 变换器和直流配电屏等部分组成。此外，典型的通信局（站）供电系统还包括：稳压器、市电/油机自动转换柜、逆变器等设备。

近年来，由于微电子技术的迅速发展，通信设备已向集成化，数字化方向发展。许多通信设备采用了大量的集成电路组件，而这些组件需要 5 ~ 15 V 的多种直流电压。如果这些低压直流电压直接从电力室供给，线路损耗一定很大，环境电磁辐射也会污染电源，供电效率会很低。为了提高供电效率，大多通信设备装有直流变换器，通过这些直流变换器可以将电力室送来的高压直流电变换为所需的低压直流电。

另外，通信设备所需的工作电压有许多种，这些电压如果都由整流器和蓄电池供给，那么就需要许多规格的蓄电池和整流器，这样，不仅增加了电源设备的费用，也大大增加了维护工作量。为了克服这个缺点，目前大多数通信设备采用 DC—DC 变换器给内部电路供电。

DC—DC 变换器能为通信设备的内部电路提供非常稳定的直流电压。蓄电池电压（DC—DC 变换器的输入电压）在充、放电时会在规定范围内变化，但是直流变换器的输出电压能自动调整保持输出电压不变，从而使交换机的直流电压适应范围更宽，蓄电池的容量可以得到充分的利用。

蓄电池是直流系统供电不中断的基础条件。根据蓄电池的连接方式，直流供电方式主要采用并联浮充供电方式，而尾电池供电方式、硅管降压供电方式等基本不再使用。

并联浮充供电方式是将整流器与蓄电池直接并联后对通信设备供电。在市电正常的情况下，整流器一方面给通信设备供电，一方面又给蓄电池充电，以补充蓄电池因局部放电而失去的电量。当市电中断时，蓄电池单独给通信设备供电，蓄电池处于放电状态。由于蓄电池通常处于充足电状态，所以市电短期中断时，可以由蓄电池保证不间断供电。若市电中断期过长，则应启动油机发电机供电。

以上是最常用的直流供电方式。采用这种工作方式时，蓄电池还起到一定的滤波作用。但这种供电方式有个缺点：在并联浮充工作状态下，电池由于长时间放电导致输出电压可能较低，而充电时均充电压较高，因此负载电压变化范围较大。它适用于工作电压范围宽的交换机。

3. 接地系统

为了提高通信质量、确保通信设备与人身的安全，通信局（站）的交流和直流供电系统都必须有良好的接地装置。

1）通信机房的接地系统

通信机房的接地系统包括：交流接地和直流接地。

2）交流接地

交流接地包括：交流工作接地、保护接地、防雷接地。

3）直流接地

直流接地包括：直流工作接地、机壳屏蔽接地。

4）通信电源的接地

通信电源的接地系统通常采用联合地线的接地方式。联合地线的标准连接方式是将接地体通过汇流条（粗铜缆等）引入电力机房的接地汇流排，防雷地、直流工作地和保护地分别用铜芯电缆连接到接地汇流排上。交流零线复接地可以接入接地汇流排入地，但对于相控设备或电机设备使用较多（谐波严重）的供电系统，或三相严重不平衡的系统，交流复接地最好单独埋设接地体，或从直流工作接地线以外的地方接入地网，以减小交流对直流的污染。

通信电源系统的接地一定要可靠，否则不但不能起到相应的作用，甚至可能适得其反，对人身安全、设备安全、设备的正常工作造成威胁。

4. 通信局（站）供电系统设备及用途

1）高低压变配电设备

高低压变配电设备主要包括：高压配电设备（一套）、变压器（一台或多台）、低压配电设备（一套）等。主要完成高压市电交流电源的引入、分配、输送、降压和低压交流电源的引入、分配、输送等功能。

2）交流自动稳压器

在通信电源系统中，要求交流电压的变动范围为 – 15% ~ +10%。在市电供电电压不能满足上述规定值或通信设备有更高要求时，可通过在交流配电设备的前端配置交流稳压器，使供电质量满足要求。

3）整流设备

整流设备主要是将交流电源整流为通信设备所需的直流工作电源，其输出端与直流配电屏相连接，并通过直流屏的相应端子与蓄电池组和通信设备相连，对蓄电池组浮充电并向通信设备供电。

4）直流配电屏

直流配电屏主要用于直流电源的接入与负荷的分配，即整流器、蓄电池组的接入和直流负荷分路的分配。当直流供电异常时要产生告警或保护，如熔断器断告警、电池欠压告警、电池过放电保护等。

5）蓄电池组

蓄电池组在通信电源中主要用于直流供电系统与交流不停电系统（UPS），是其不可缺少的重要组成部分，是系统供电的最后一道保证，亦是维持正常通信的最后一道屏障。其作用有：

（1）作为储能设备，当外部交流供电突然中断时，其作为系统供电的后备保护提供一定时间的不间断电源，以维持正常的通信。

（2）中、小型柴油发电机组采用蓄电池作启动电源。

（3）在与整流设备组合为直流供电系统时，整流器处于浮充工作方式，蓄电池组还起到平消滤波的作用。

6）直流—直流变换器

直流—直流变换器（DC—DC）是一种将直流基础电源电压（ – 48 V 或+24 V）变换为各种直流电压，以满足通信设备内部电路多种不同数值的电压（ ± 5 V、± 6 V、± 12 V、± 15 V、– 24 V 等）的需要。

7）逆变器（DC—AC）

逆变器将通信用 – 48 V 直流电源再逆变为 220 V 交流电源，为通信设备提供不间断的交流供电。

8）UPS 设备

UPS 设备在主用电源意外中断或者出现故障的情况下，仍然能够通过系统所带蓄电池持续给负载提供不间断的合格的交流电源，保证通信用电设备正常工作；在主用电源正常的情况下，则起到净化、提高主用电源质量的作用，同时使电网和负载进行隔离，既避免负载对电网产生干扰，又避免电网中的干扰影响负载。

9）发电设备

发电设备是将燃料（汽油或柴油）的热能转变为机械能的一种装置，并带动发电机转化为电能。发电机组主要处于备用设备的地位，但又是很重要的组成部分。在市电长时间停电后能起到保证通信设备正常工作的作用。

10）集中监控系统

在现场无人值守的情况下，监控中心能实时掌握电源设备运行情况，及时发现故障并提示派人处理，确保通信电源系统的可靠运行。

11）机房空调设备

机房空调设备主要起到调节室内温度与湿度，以及通风换气的作用，使机房温湿度等环境能够达到通信设备的运行要求。

1.3.3　通信电源架构

现代通信设备需要高效率、低功耗、符合能效规范的电子设备，需要更高性能、更小形状因数的无线系统，这为电源和电源管理设计提出了巨大的挑战。设计人员要为各种 DSP、MCU、FPGA、ASIC、音频/视频和显示电路提供更多电压、更大电流、更高效率、更低功耗、更低噪声、更小形状因数的电源和电源管理。为此，出现了各种各样的电源架构以满足变化的电源管理要求。

1. 分布式电源架构

分布式电源架构（Distributed Power Architecture，DPA）是基站用的第一代电源架构。典型的 DPA 架构如图 1-2 所示。这种电源架构的每个电压轨由隔离（砖式）电源模块提供。当电压轨有限时，DPA 工作良好，但每增加 1 个电压轨，其成本和 PCB 面积都显著增加。电压轨时序协调也很困难，需要增加外部电路来解决电压轨时序，这又会增加成本和板面积。

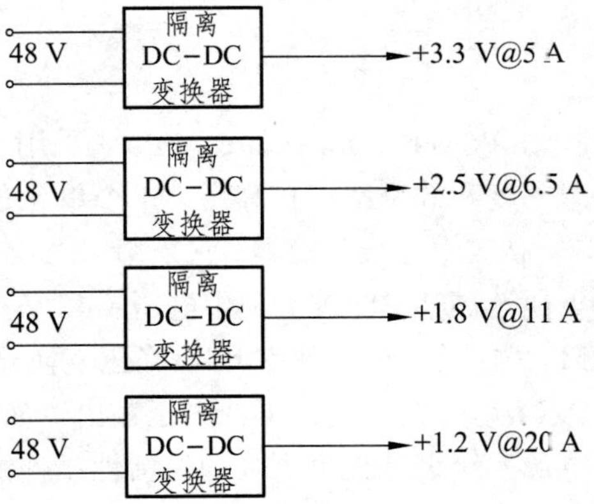

图 1-2　典型的 DPA 架构

2. 中间总线架构

为了克服 DPA 尺寸大和成本高的缺点，第二代系统用中间总线（Intermediate Bus Architecture，IBA）架构。中间总线架构有固定电压（fixed voltage）IBA、非稳压（unregulated）IBA 和准稳压（quasi-regulated）IBA 几种。图 1-3 所示的固定电压 IBA 采用单个隔离砖式电源模块和很多非隔离负载点（PoL）DC—DC 变换器。PoL 可以是电源模块（如 TI 公司的 PTH 系列），也可以是分立的降压变换器。隔音变换器的输入电压范围（36 ~ 75 V 或 18 ~ 36 V）与第一代相同。它所产生的中间总线电压稳定到 3.3 V、5 V 或 12 V，中间总线电压选择取决于系统设计人员。这种设计的好处是：较小的 PCB 面积、较低的成本和较容易的电压时序（由于有自动跟踪特性）。这种电源架构会使电源效率降低，每个电压需要两次变换。

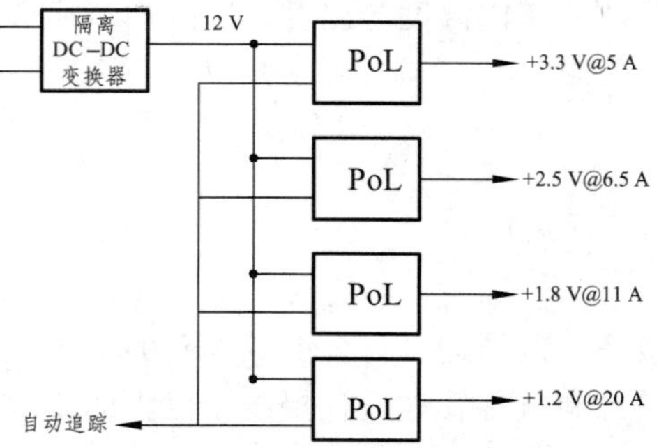

图 1-3　固定电压中间总线架构

为了满足微小区基站设计对高效率和小占位面积的要求，需增加隔离变换器效率，使其工作在固定占空比和不稳压输出，这就是非稳压中间总线结构。这种结构采用非稳压总线变换器，其输出电压与输入电压为一比值。用这种技术设计的 150 W 系统的第一变换级用 1/16 砖式变换器，效率可达 96%。这种架构的限制是总线变换器的最大输入电压范围是 36 ~ 55 V。PoL 的输入电压必须小于 12 V，才能使 PoL 产生 1 V 或小于 1 V 的输出电压。

为了满足一些无线供应商坚持要保持 36 ~ 75 V 传统宽输入电压规格的要求，电源供应商推出准稳压 IBA。这种架构与非稳压 IBA 的主要差别是输入电压范围超过 55 ~ 60 V 时，其输出电压稳定到 10 V 左右。这种架构的缺点是隔离电源模块必须增大尺寸来实现稳压电路，以及输入电压在 55 V 以上效率会降低。

3. 分比式电源架构

分比式电源架构（Factorized Power Architecture，FPA）采用 3 个灵活的单元来重新规定每个变换级的范围，使得电源密度和效率都比较高。第 1 个单元是总线变换器模块（BCM），这是一个窄范围输入、非稳压、高效率总线变换器，它采用 ZCS-ZVS 正弦幅度变换器（SAC）提供隔离和电压变换。有高电压（高达 384 V）和中电压（48 V）输入两个版本。FPA 的第 2 个单元是预调器模块（PRM），这是一个高效率升压-降压变换器。FPA 的第 3 个单元是电压变换模块（VTM），它与 PRM 组合在一起提供低电压输出（如需要可低到 0.82 V），这样 FPA 单元（图 1-4）就是为电源系统设计提供更大的灵活性、伸缩性和更高的效率。就尺寸而言，工作在 3.5 MHz 有效频率的 SAC，对于高电源变换在小封装中采用平面磁性元件，这种结构的功率密度大于 1000 W/in^3。

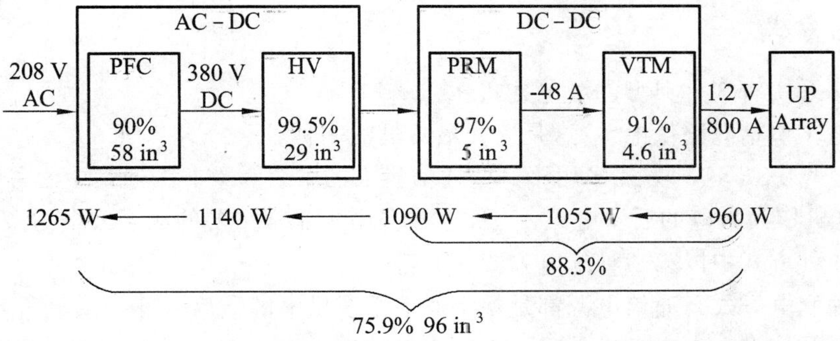

图 1-4　FPA 系统（效率和尺寸）

1.3.4　电源站的供、配电方式

1. 供电方式

供电系统有集中供电方式和分散供电方式，有时两种方式混合使用，选择哪种供电方式主要由负载用途决定。

1）集中供电

集中供电方式就是电源、传输导线、控制装置、负载等相对集中在一个区域内完成某项工作。例如：应急移动通信车，发电、输电、用电都在一个有限范围内工作。

2）分散供电

分散供电方式是相对于集中供电方式而言的，这种方式的电源与负载分散运行，供电设备有独立于其他供电设备的负载。如某地区的移动通信系统供电，电源与各机站并不在一起，特别是用电的各机站，根据需要分散安排，其特点是“散”，即电源分散，多路电源向系统供电，可归纳如下：

（1）负载分散，各种用电设备在各处用电。

（2）分散供电系统最大的好处是系统关联性小，或者说各点互相影响小，因而，系统整体可靠性高。

2. 供电系统的特点

通常通信电源站用于承担重要通信设施的电源供给任务，因此供电系统具有其自身的特点：

（1）无论是交流供电系统，还是直流供电系统，一般都采用并联冗余方式为提高可靠性的主要方式。

（2）交流系统中，市电或自行发电是供电系统的核心，为系统可靠性关键。其他电压变换型电源对其有依赖性。直流系统依靠交流系统提供电源，但直流系统可以适当补充交流系统。

（3）不间断供电（UPS）技术的广泛应用，对信息处理设备的可靠用电有着极为重要的作用。

（4）应用自动切换（ATS）技术控制负荷。

3. 配电方式

通信电源系统有 3 种典型的配电方式：

（1）市电（包括双路供电），这是以往最常见的一种。

（2）市电+UPS，这种方式多用于一些通信量大的系统和重要的通信中心等。

（3）发电机作为市电的后备电源，这种方式多用于非常重要的场合或电力条件差的地区。

目前这 3 种方式中以第二种配电方式最为普遍。

无论哪种配电方式，通信电源都是整个通信系统供电的最后一环，供电质量好坏直接影响通信质量。通信电源由市电供电时，由于市电的电压变化范围较大，尤其是低电压时间较长时，会导致电池频繁放电，即使前面有 UPS，一旦由于某种原因使供电切换到旁路时，仍然是直接由市电供电；通信电源由发电机供电时，频率和电压都不如市电稳定，也会导致电池放电，降低电池的使用寿命。

1.4 通信电源的分类

1.4.1 交流电源供电系统分类

常见的低压交流（220 V/380 V，50 Hz）供电系统有：IT、TN-C、TN-S、TN-C-S、TT 供电系统。

供电的安全性指供电配电时不能对人有伤害或损坏设备，可靠性指在一定条件和时间内连续供电的能力。这是电源系统中的一对矛盾，当人身与设备安全性受到威胁时，需要切断电源，而切断电源又对用电设备连续供电产生影响。

1. IT 供电系统及接地方式特点

IT 系统是三相三线式供电及接地系统，该系统变压器（或发电机组三相输出）中性点不接地或经高阻抗接地，无中性线（俗称零线）N，只有线电压（380 V），无相电压（220 V），电器设备保护接地线（PE 线）各自独立接地，如图 1-5 所示。图中电容 C_1、C_2、C_3 为供电线路对地分布电容。

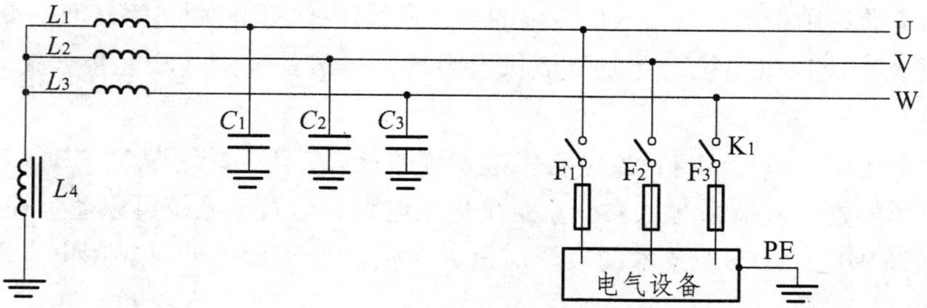

图 1-5 IT 供电系统简图

IT 系统在供电距离不很长时，供电可靠性高，安全性好。电源侧也可采取中性点经高阻抗接地。

IT 系统在一相接地时，单相对地漏电电流小，不破坏电源的电压平衡。一般用于不允许停电的场所，或是要求严格地连续供电的地方。

如果一相发生接地故障，则通过熔断器等可切断该相，其他两相可以供电。而且，由于设备进行了接地保护，当单相绝缘损坏碰到外壳，使金属外壳呈带电状态时，人员触及带电金属外壳可以避免触电事故的发生。这是因为电流将流经两条并联通路，一路为接地线→大地，另一路为人体→大地，而接地线电阻（要求不超过 4 Ω，最大不超过 10 Ω）比人体电阻（最小 1000 Ω）小得多，所以大部分电流通过接地线，只有很小部分电流通过人体，即通过人体的电流不超过人体安全电流，保护了设备和人员安全。

此时，中性点漂移，另外两相对地电压将升高为 380 V，也就是说，另外两相原来对地电压为 220 V，一相接地故障发生时，另外两相对地电压升高为 380 V，但各相间电压（线电压）仍然对称平衡，因此，三相用电设备仍可以继续运行。

为防止非接地相再有一相发生接地，造成两相短路，规程规定单相接地时继续运行时间不得超过 2 h。如果不及时排除故障，绝缘设施长时间承受过高电压将导致事故。

当中性点不接地系统单相接地电流超过规定值时，为了避免产生断续电弧，引起过电压或造成短路，应减小接地电弧电流，使电弧容易熄灭，所以中性点须经消弧线圈接地。消弧线圈，际上就是电抗线圈。

假设，C 相对地短路，由于中性点接地电抗的存在，感性对抗电流滞后 90°，而线路分布电容电流超前 90°。这样有效减小了短路电流的电弧，如图 1-6 所示。

IT 供电系统由于没有配中性线 N，不适合于有单相用电要求的通信设备。这种设备只适合有特殊要求的场所，如电力炼钢、重要的手术室、重要的实验室、地下矿井或坑道指挥所中重要的通信枢纽特定设备等，该供电系统对用电设备的耐压要求较高。

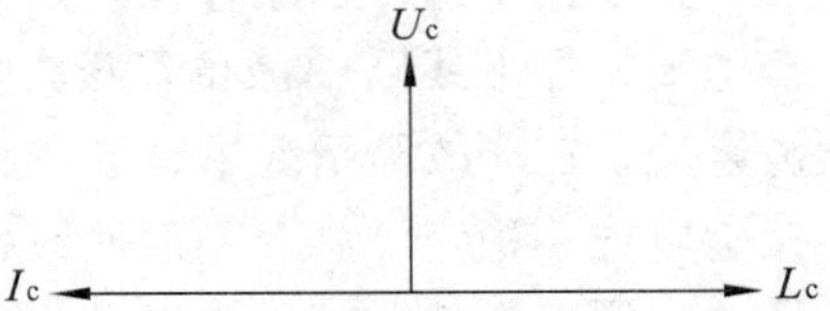

图 1-6　假设 C 相短路时接地线电流矢量图

此外，中性点直接接地系统发生单相接地时，通过接地中性点形成单相短路，产生很大的短路电流，保护动作切除故障线路，使系统的其他部分正常运行。

由于中性点直接接地，发生单相接地时，中性点对地电压仍为零，非接地的相对地电压不发生变化。

2. TN-C 供电系统及接地方式特点

TN 系统的电源中性点直接接地，并引出有中性线 N 线、保护线 PE 线或保护中性线 PEN 线，属于三相四线制系统。

（1）如果系统中 N 线与 PE 线全部合为 PEN 线，则系统称为 TN-C 系统。

（2）如果系统中 N 线与 PE 线全部分开，则系统称为 TN-S 系统。

（3）如果系统中前一部分 N 线与 PE 线合为 PEN 线，而后一部分 N 线与 PE 线全部分开，则称为 TN-C-S 系统。

TN 系统中设备发生单相碰壳漏电故障时，就形成单相短路回路，因该回路内不包含任何接地电阻，整个回路内阻抗很小，故障电流很大，足以保证在最短的时间内使熔丝熔断，保护装置或自动开关跳闸，从而切除故障设备的电源，保障人身及设备安全。

TN-C 供电系统常称为三相四线供电系统，该系统中性线 N 与保护接地线 PE 合二为一，即它的工作零线兼作保护线，通称为 PEN 线，如图 1-7 所示。

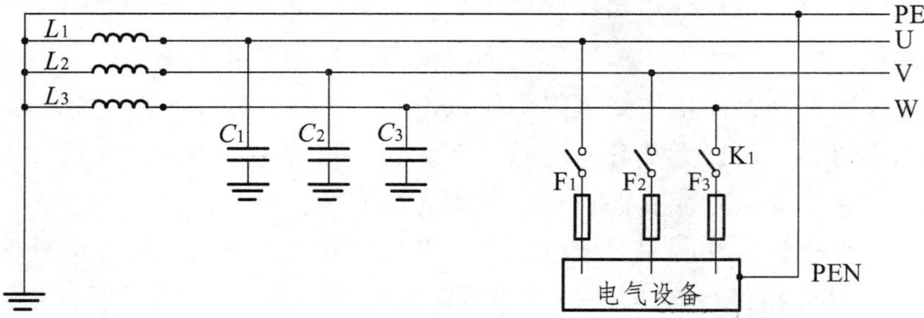

图 1-7　TN-C 供电系统简图

这种供电系统对接地故障灵敏度高，线路经济简单。在一般情况下，只要选用适当的开关保护装置和足够的导线截面面积，就能满足安全要求。目前，采用这种供电系统的比较多，适用于三相负荷比较平衡且单相负荷容量较小的场所。

使用该系统时不允许有些设备接零保护，有些设备接地保护，这是非常危险的。因为一旦接地设备发生相线绝缘损坏，而保险丝熔断电流又较大时，不能及时切断故障部分电器，接零设备的外壳将带危险电压。所以，应特别注意不能接地、接零混用。

在通信枢纽中由于存在一定数量的单相负荷，难以实现三相负荷平衡。PEN 线上的不平衡电流，加上线路中存在着开关电源或整流器产生的三次谐波电流及荧光灯等引起的高次谐波电流，在非故障情况下，会在中性线 N 上叠加，且电流时大时小，极不稳定。造成中性线接地电位不稳定漂移。不但使设备外壳带电，对人身不安全，而且由于在电位基准点上叠加了这个漂移电位，从而使以其为基准电位的电子设备受到噪声电压的干扰，增加了话音的噪声电平，使设备工作不稳定。因此，TN-C 系统不应作为通信枢纽的供电及接地方式。

3. TN-S 供电系统及接地方式特点

TN-S 供电系统有 5 根线，即三根相线（U、V，W），一根中性线（N）和一根保护接地线（PE）。电力系统仅一点接地，用电设备的外露可导电部分（如外壳、机架等）接 PE 线，如图 1-8 所示。

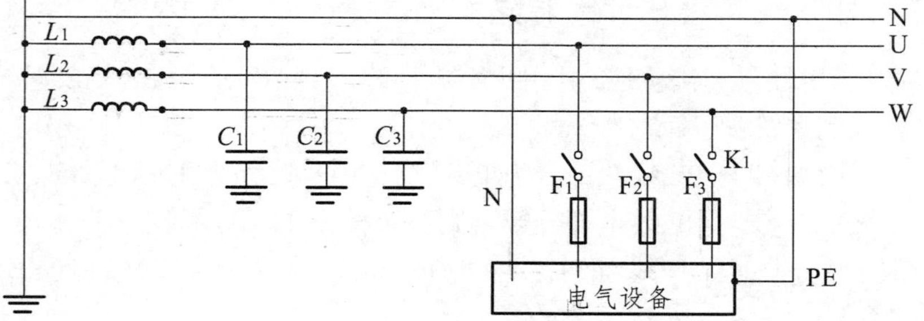

图 1-8　TN-S 供电系统简图

TN-S 供电系统的特点是：中性线 N 与保护接地线 PE 除在变压器中性点共同接地外，两线不再连接。中性线 N 在三相负荷不平衡时有电流流过，而 PN 线在正常情况下没有电流流过。该供电系统接地完全具备安全性和可靠性。在建筑物或军事设施内设有独立变配电所时常用该系统，但是多一根 PE 线，增加了工程投资费用。此外，由于 PE 线上没有电流，因而该系统有较强的电磁适应性。TN-S 系统可以作为通信枢纽等优选供电及接地系统。

4. TN-C-S 供电系统及接地方式特点

TN-C-S 供电系统由两个接地系统组成，前部分有 4 根线，是 TN-C 供电系统；后部分有 5 根线，是 TN-S 供电系统。分界点在 N 线与 PE 线的连接点处，分开后即不允许再合并，如图 1-9 所示。

这种供电系统一般用在民用建筑物中，供电由区域变电所引出的场所。进户前采用 TNC 供电系统，进户后变成 TN-S 供电系统。目前，新建通信及其他设施中也比较常见。

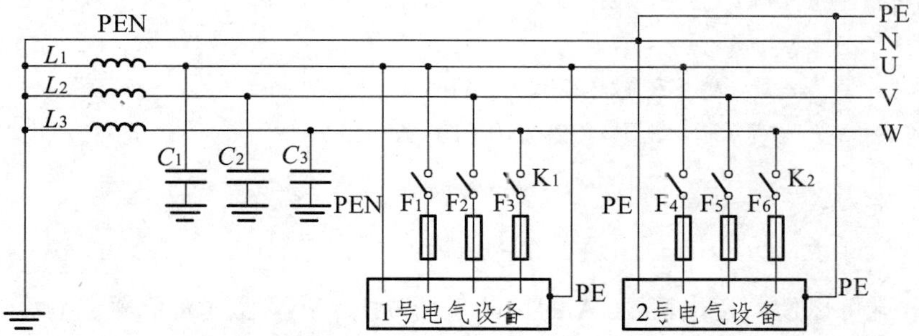

图 1-9　TN-C-S 供电系统简图

由于该系统正常工作时 PEN 线上有电流，使系统的 PE 线和接于 PE 线上的电气设备金属外壳有对地电压存在，只是该系统 PEN 线多是系统干线，阻抗小，对地电压较小。因此，这种系统接地方式不适宜作为通信枢纽最佳供电系统及接地方式。

5. TT 供电系统及接地方式

通常称 TT 供电系统为三相四线供电接地系统。该系统常用于设备供电来自公用电网的地方，在民用郊区较为常见。

TT 供电系统的特点：中性线 N 与保护接地线 PE 无电气连接，即中性点接地与 PE 线接地是分开的，因此设备的外壳与电源的接地无直接联系。即设备的外露可导电部分均通过与系统接地点无关的各自的接地装置单独接地。

设备外壳是地电位，不会产生火花或电弧，因此较为安全。但当接地发生故障时，接地电流将流过设备接地电阻 R_e 和电源中性线接地电阻 R_n，回路阻抗较大，故障电流比 TN 供电系统小，降低了线路保护装置的动作灵敏度。

该系统在正常运行时，不管三相负荷是否平衡，在中性线 N 带电的情况下，PE 线均不带电，如图 1-10 所示。

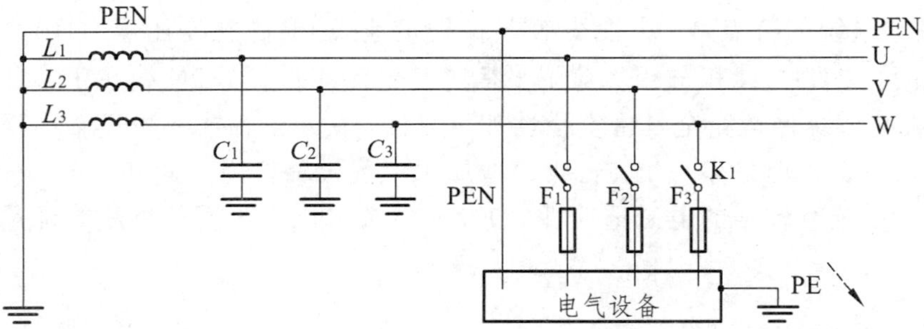

图 1-10　T 供电系统简图

当设备发生一相线路绝缘损坏时，将导致设备外壳上带有电压，此时接触中性点连接线或与此中性线相连的设备外壳都不安全。并且，其余两相对地电位也将上升至 300 V 以上。所以，这种供电系统必须特别注意合理配置高灵敏度的过流保护装置。

从图 1-10 可以看出，当火线与外壳相碰时，因为线路电阻很小，W 相电压几乎全部加在两个接地电阻（电源中线点接地电阻 R_n、保护接地电阻 R_e）上，按照接地电阻规程规定，这 2 个电阻都不得超过 43 Ω（有些地区实际上要求不超过 10 Ω），所以，接地短路电流值可由下式求得：

$$I_1 = U/(R_e + R_n) = [220/(4+4)]\text{A} = 27.5\ \text{A} \tag{1-4}$$

$$I_2 = U/(R_e + R_n) = [220/(10+10)]\text{A} = 11\ \text{A} \tag{1-5}$$

对应单相电功率为：

$$P = UI_{\cos}\varphi = (220\times 11\times 0.8)\text{W} = 1936\ \text{W} \tag{1-6}$$

27.5 A 电流可以使额定电流 10 A 的熔断丝熔断（熔断丝通过大于额定电流 3 倍以上的电流时才能迅速熔断）切断电源；11 A 电流可以使额定电流 4 A 的熔丝迅速切断电源，从而防止触电事故发生。

但是对于熔丝额定电流大于 10 A 的用电设备，短路电流不能使之迅速熔断，这样 R_n 和 R_e 上都有 110 V 的电压，即所有与该接地装置相连的电气设备的金属外壳对地都有 110 V 电压。当人体与设备金属外壳接触时就会发生触电。所以这种系统只能在小功率范围使用，如功率不超过 1 kW 时是可靠的。

另外，该系统故障电流小的不足之处可以通过加装漏电保护开关来弥补，以完善保护接地的功能。

可见，保护接地适用于中性点没有接地的电源供电系统中的电气设备，对于电源中性点接地的供电电网，保护接地有局限性。为了保护电气设备，使熔断器等保护设备可靠动作，避免触电危险，中性点接地时采用保护性接零，如 TN 供电系统。

值得注意的是，在一个地区应使用同一种供电系统，不可同时混用多种供电系统，以确保设备安全可靠地运行。

1.4.2　通信直流稳压电源的分类

交流电经过整流，可以得到直流电。但是，由于交流电压及负载电流的变化，整流后得到的直流电压通常会造成 20%～40%的电压变化。为了得到稳定的直流电压，必须采用稳压电路来实现稳压。按照实现方法的不同，稳压电源可分为 3 种：线性稳压电源、相控稳压电源和开关稳压电源。

1. 线性稳压电源

线性稳压电源通常包括：调整管、比较放大部分（误差放大器）、反馈采样部分及基准电压部分。调整管与负载串联分压（分担输入电压 U），因此只要将它们之间的分压比随时调节到适当值，就能保证输出电压不变。

这个调节过程是通过一个反馈控制过程来实现的。反馈采样部分监测输出电压，然后通过比较放大器与基准电压进行比较判断，得到输出电压的偏差量，再把这个偏差量放大去控制调整管。如果输出电压偏高，则将调整管上的压降调高，使负载的分压减小；如果输出电压偏低，则将调整管上的压降调低，使负载的分压增大，从而实现输出稳压。图 1-11 为用分立元件组成的简单线性稳压电源电路。

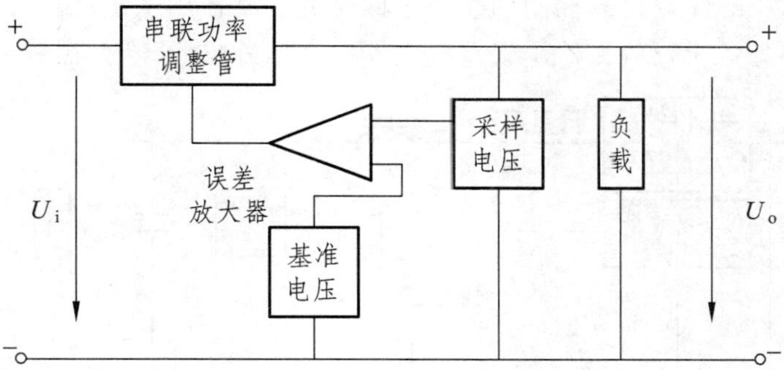

图 1-11　线性串联稳压电源原理图

线性稳压电源的线路简单、干扰小，对输入电压和负载变化的响应非常快，稳压性能非常好。

但是，线性稳压电源也有其局限：

（1）功率调整管始终工作在线性放大区，调整管上功率损耗很大，导致线性稳压电源效率较低，只有 20%～40%。

（2）发热损耗严重，所需的散热器体积大，重量大，因而功率体积系数只有 20～30 W/dm。

（3）对电网电压大范围变化的适应性较差，输出电压保持时间仅有 5 ms。

因此，线性电源主要用在小功率、对稳压精度要求很高的场合，如一些为通信设备内部的集成电路供电的辅助电源等。

2. 相控稳压电源

相控电源是指采用可控硅为整流器件的电源系统。其原理是交流输入电压经工频变压器降压，然后采用可控硅整流。为了保持输出电压的稳定，需要一套比较复杂的可控硅触发电路。

3. 开关稳压电源

高频开关稳压电源是交流输入直接整流，然后经过由功率开关器件（功率晶体管、MOS管、IGBT等）构成的逆变电路，将高压直流（单相整流约300 V，三相整流约540 V）变换成高频方波（20 kHz 以上），高频方波经高频变压器降压得到低压的高频方波，再经整流滤波得到稳定电压的直流输出。

线性稳压电源的动态响应非常快，稳压性能好，只可惜功率转换效率太低。要提高效率，就必须使图1-11中的串联功率调整器件处于开关工作状态，电路相应地做些变化成为开关型稳压电源。转变后的原理框图如图1-12所示。调整管作为开关，导通时（压降小）几乎不消耗能量，关断时漏电流很小，也几乎不消耗能量，从而大大提高了转换效率，其功率转换效率可达80%以上。

在图1-12中，波动的直流电压 U_i 输入高频变换器（即开关管Q和二极管D），经高频变换器转变为高频（≥220kHZ）脉冲方波电压，该脉冲方波电压通过滤波器（电感 L 和电容 C）变成平滑的直流电压供给负载。高频变换器和输出滤波器一起构成主回路，完成能量处理任务。而稳定输出电压的任务是靠控制回路对主回路的控制作用来实现的。控制回路包括采样部分、基准电压部分、比较放大器（误差放大器）和脉冲/电压转换器等。

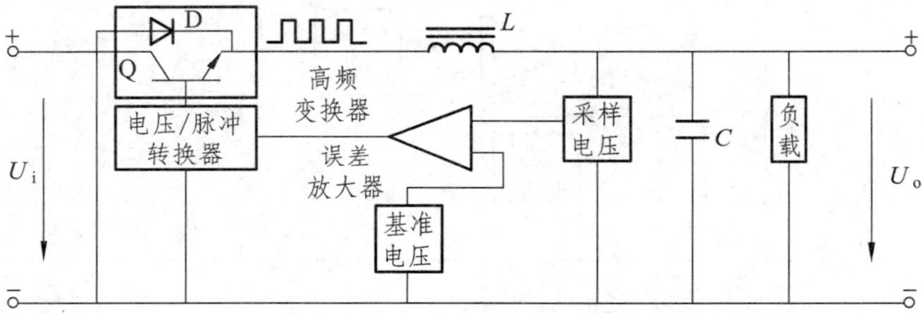

图1-12　降压型开关电源原理图

开关电源原理可以直观理解为是通过控制滤波电容的充、放电时间来实现电压的稳定输出的。具体的稳压过程如下。

当开关稳压电源的负载电流增大或输入电压 U_i 降低时，输出电压 U_o 轻微下降，控制回路就使高频变换器输出的脉冲方波的宽度变宽，即给电容多充电（充电时间加长），少放电（放电时间缩短），从而使电容 C 上的电压（即输出电压）回升，起到稳定输出电压的作用。反之，当外界因素引起输出电压偏高时，控制电路使高频变换器输出脉冲方波的宽度变窄，即给电容少充电，从而使电容 C 上的电压回落，稳定输出电压。

开关稳压电源和线性稳压电源相比，功率转换效率高（为65%～90%），发热少，体积小、重量轻，功率体积系数为60～100 W/dm^3，对电网电压大范围变化具有很强的适应性，电压/负载稳定度高，输出电压保持时间长达20 ms。但是线路复杂，电磁干扰和射频干扰大。

开关稳压电源和相控稳压电源相比，开关电源不需要工频变压器，工作频率高，所需的滤波电容小、电感小，因而体积小、重量轻、动态响应速度快。开关电源的开关频率都在20 kHz以上，超出人耳的听觉范围，没有令人心烦的噪声。开关电源可以采用有效的功率因数校正技术，使功率因数达0.9以上，高的甚至达到0.99（如安圣的HD4850整流模块）。这些特点使得开关电源的性能几乎全面超过相控电源，在通信电源领域已大量取代相控电源。

开关电源的线路复杂，这种电路问世之初，其控制线路都是由分立元件或运算放大器等集成电路组成。由于元件多，线路复杂，以及随之而来的可靠性差等原因，给开关电源的推广应用带来了严重影响。

开关电源的发展依赖于元器件和磁性材料的发展。20 世纪 70 年代后期，随着半导体技术的高度发展，高反压快速功率开关管使无工频变压器的开关稳压电源迅速实用化。而集成电路的迅速发展为开关稳压电源控制电路的集成化奠定了基础，陆续涌现出多种开关稳压电源专用的脉冲调制电路，如 SG3526 和 TL494 等，为开关稳压电源提供了成本低、性能优良可靠、使用方便的集成控制电路芯片，从而使得开关电源的电路由复杂变为简单。目前，开关稳压电源的输出纹波已可降到 100 mV 以下，射频干扰和电磁干扰也被抑制到很低的水平上。

总之，随着电源技术的发展，开关稳压电源的缺点正逐步被克服，其优点也得以充分发挥，尤其在当前能源比较紧张的情况下，开关稳压电源的高效率能够在节能上做出很大的贡献。正因为开关电源具有这些优点，它得到了蓬勃的发展。

1.5　通信电源技术的发展

1.5.1　通信电源技术的发展现状

随着电信技术的飞速发展，电信网络结构日益复杂，作为通信系统的动力组成部分，即通信系统的心脏——通信电源系统的重要性日益体现出来。今天，通信技术的飞速发展已使我国电信网的总体规模居于世界前列，更加需要有一个与此相适应的通信电源来支撑这个大网的安全可靠运行。近年来，我国通信网与通信业务处理、传输，以及移动、卫星、数据通信设备的技术发展很快，大多数已达到或接近世界先进水平，但通信电源设备的技术却相对落后。从全国范围看，电源系统中技术水平较低的设备还占一定比例，尤其在经济较落后的地区，技术先进的设备相对较少，而传统通信电源无论从供电制式还是从电源设备的技术性能指标方面看，都远远满足不了日新月异的电信网的技术要求。通信电源设备与各类通信装备的技术档次不仅不协调，而且技术水平差距还在继续扩大，这对今后通信网的协调发展是十分不利的。从提高工作可靠性、扩容能力等方面考虑，应采用分散式供电制式逐步取代集中式供电，大力推广高频开关电源等一批新电源设备以取代传统的晶闸管相控电源。

最近几年，我国通信网技术装备发生了很大的变化，数字程控交换机、移动通信、光传输、高频开关通信电源等当代国际最新通信技术得到了广泛的应用，技术装备的自动化、数字化比重大大提高。中国的电信网已经成为世界上最大的电信网之一。伴随着通信事业的迅猛发展，国内通信开关电源市场形成了许多的新的特点，无论从技术上，还是从质量上对厂家提出了更高的要求。通信电源市场的变化首先体现在其技术的进步，产品的更新换代打破了个别厂家一统天下的局面，涌现出了一批产品性能优良、技术领先的新型企业，提高了通信供电能力和通信保障能力。

目前，在电话网、移动网、互联网高速发展的带动下，通信电源（含动力设备及环境监控系统）的产品品种、规格、系列、质量及产品新技术的应用，都有了长足的进步，与 20 世纪 90 年代相比发生了显著的变化。

（1）大批应用新技术、新器件的低耗节能产品完全替代了过去的高能耗产品，体积也缩小了。

（2）产品的适用性、完整性、配套性更符合国内通信局（站）的需要。

（3）产品的自动化程度更高，监控能力更强，正快速实现无人或少人维护和值守。

根据《通信局（站）电源系统总技术要求》行业标准，局（站）电源系统将由市电交流（含自备交流电源）、高压配电、直流电源与蓄电池组、低压配电、UPS（不间断电源）、动力与环境集中监控等 6 大分系统组成，在通信技术的牵引下都获得了长足的进步。

1. 整流、交/直流配电与监控设备

整流、交/直流配电与监控设备是局（站）电源系统的核心部分，担负着将交流电转换成通信设备基础电压所需的直流不间断电源的任务。由新一代高频开关整流模块、监控模块、交流配电柜、直流配电柜组成的大容量电源系统，单整流架满装 15 个整流模块可以实现 1500 A 输出，除柜内并机扩容外还可柜外并机扩容，输入为三相工作模式，缺一相时输出仍可达到 50%，适应特大型、大型通信枢组或交换局需要。其整流模块为维护方便，实现了无损伤热插拔。系统的交流侧、直流侧、信号端设有完善的、全方位的智能化防雷系统与故障告警功能。新一代的整流模块内部的功率电路采用全桥 DC—DC 变换 ZVS 技术，效率能达到 93%，在系统处于缺相状态时，模块仍有 50%的额定电流输出，保证电能的可靠供应。由于采用无级限流技术，在监控模块的控制下，限流点可在 10%～110%额定电流之间连续可调。模块内有内置 CPU，用以监测和控制模块运行。

这种大容量电源系统的整流架上可安装监控模块，其最重要的特点之一是按国内运营商要求设计，可实现三级监控，能收集、处理、上送配电、模块等监控板数据，还能根据电源系统当前数据对蓄电池进行智能化管理，有温度补偿、充电电流限制、电池容量计算、在线电池测试等功能，也能通过后台实现“三遥”（遥测、遥信、遥控）功能。与整流架配套的交流配电柜、直流低阻配电柜也很有特色，它们都经过智能化设计，自带 CPU 和智能接口。前者可检测交流电压、电流、频率、防雷器状态等参数，后者可检测直流电压、负载及蓄电池电流、熔丝状态等参数，两种机柜分别有输入过欠压、频率异常、防雷器故障功能，以及输入过欠压、充电过流、熔丝断等声光告警功能。同时，在防雷、电气绝缘、EMC 等都严格按国际 IEC 标准设计。两种机柜都可独立工作，易于实现分散供电，扩容、安装、维护方便，可确保设备、人身安全。针对中型交换局、农话、接入网、移动基站、传输中继站、卫星通信站，国内已能生产与之相配的单相交流电设备，大、中、小容量规格齐全，对电网适应能力强，允许输入电压超宽范围变动（120～290 V 或 90～290 V）的电源系统。而系统所用的整流模块、监控模块、交流配电柜、直流配电柜的各项性能、功能指标都可完全达到现代通信系统的使用要求。

国内生产的野外作业柜式整体性电源系统，将整流模块、监控模块、交流配电、直流配

电均置于一个集装箱机柜内，二路市电输入，电压适应范围宽至 90 ~ 290 V，静态可长期承受 AC 380 V，可承受最大 40 kA 的雷电冲击；采用零电压软开关和无损伤热插拔技术，风冷与自然冷两种相结合的散热方式；智能化电池管理具有温度补偿、电池保护、充电电流限制、在线电池测试等功能。

目前国内已可生产微蜂窝基站等室外型设备用电源模块，AC 220 V 输入，输出有 DC 27 V 多路，DC 26 V、15 V、8 V、5 V 等规格，应用于微蜂窝基站、直放站、小容量基站和接入网，室外恶劣环境温度-45 ~ +65 °C 能正常工作，电磁兼容性达到国际通用的 B 级，具有完善的保护和电池管理功能。国内部分通信电源产品企业还能为客户定制独特需求的电源产品。

通过上面介绍，不难看到我国通信电源产品企业紧紧环绕我国通信网多元化、全方位发展的需求，针对国内城市与农村、东部与西部、南方与北方、室内与野外等用电、环境条件差异巨大的情况，设计、开发和生产出了能广泛满足这些需求的相应产品，这是通信电源产品新技术应用和产品设计与质量进步的最明显变化。

2. UPS 产品

随着我国各类通信网装备的程控化，网络管理、运营维护、计费等大幅度应用计算机，加之数据通信与互联网的大面积普及，对 UPS 类产品提出了许多特殊要求。新一代国产 UPS 就是在这种背景下产生和发展，成为通信电源的一种重要产品。可喜的是短短几年，国内已可生产出质量高、品种与规格齐全的 UPS 产品，单机容量可涵盖通信设备的各种应用要求。

根据有关生产企业提供的产品品种和数据，对互联网中心、电信交换机房、网管中心、卫星控制中心，有相应的三进三出 80 ~ 800 kV · A 系列 UPS 产品可供选用；对一般的通信、银行、航空、交通、证券的中、大型数据中心、信息中心，有三进三出 30 ~ 120 kV · A 系列、20 ~ 60 kV · A 系列 UPS 产品可供选用；对小型通信计费中心、网络控制中心、ATM 自动取款机、通信基站、室外通信与数据基站，可配置三进单出 10 ~ 20 kV · A 系列或单进单出 1 ~ 10 kV · A、1 kV · A、2 kV · A 系列的 UPS 产品。

以上品种繁多、系列齐全，特别是针对大型机房计算机群的 UPS 产品，极大地满足了现代通信发展的需要。从技术上看，国内产品大多数具有以下特点。

（1）采用 DSP 全数字控制技术，大幅度提高控制的灵活性和稳定性，使产品具有较好的一致性和可靠性。

（2）在线功能强，对用户设备提供全面彻底的电力保护。

（3）具有智能化电池管理功能，可延长 UPS 电池使用寿命。

（4）具有完善的网络监控功能，使 UPS 运行维护实现最佳化。

（5）大多数大容量 UPS 产品均允许单机或 1+1 双机并机运行，或 N+1 并机柜多机并机运行。

国内企业提供的产品资料显示，最新一代智能高频在线式三进三出 UPS 产品，采用 2 个 16 位的 40 MHz 全数字 DSP 控制，比老式产品处理速度更快，输出性能更优异，可靠性更高；同时 IGBT（绝缘栅双极性晶体管）高频智能整流、逆变技术及多重保护技术的应用，使输入功率因数可高达 0.99，输入电流谐波<3%，输出性能更优于传统产品；当需多机并机使用时，可无须并机柜而直接并机；允许输入电压为 AC 120 ~ 276 V（相压 AC 120 V 时，可有

72%额定负载）和频率范围 40 ~ 60 Hz，扩大了适用面。

目前国内 UPS 产品都具有优良的防雷装置、防浪涌冲击能力与 EMC 性能；有高强的网络管理功能，提供 RS-232、RS-485、Modem、SNMP 网卡等多种接口，监控软件具备电源事件记录和分析功能，支持 TCP/IP 协议，可灵活组网，可通过 Internet 或 Intranet 实现远程监控，操作简单可“一键开机”，具有友好人机界面，全中文大屏幕显示，可查询各项电气参数、UPS 功能设置、电源事件告警提示和故障定位。UPS 系统具备自诊断、自保护功能，当市电出现故障或电池即将用尽时，可通过监控软件自动存储用户计算机数据、退出操作系统，安全关闭计算机和服务器。

国产 UPS 产品还有一类室外型智能在线式 UPS 系列产品，适用于城市的角落，边远的公路、山区等环境较差的地区，如高温（50 °C）、严寒（ – 40 °C）、灰尘、高湿多雨、酸雾侵蚀，电网质量低劣（电压长期低至 160 V 或高于 260 V，频率异常多变）等条件。

UPS 远程网络监控管理系统是配合 UPS 群近端或远端管理设计、开发和生产的，最大监控数量可达 6 万多台 UPS 单机，这种专业化的 UPS 网络监控管理系统可有效地对网络上的所有 UPS 实时状态信息进行实时监控与集中统一管理。

系统能实时后台侦听电源故障告警，以 E-mail、手机短信、图像、声音等方式向值班人员送达告警信号，故障信息能保存在事件记录数据库中以备管理人员查询；能远程控制电源自测与开关机，并安全地进行配置修改；能对网络上的计算机进行断电保护。

SNMP 卡介于 UPS 和网络之间，通过网络实现远程监控 UPS。SNMP 卡采用热插拔设计，UPS 无须关机插卡。SNMP 卡支持 WEB 浏览和各种 NMS 管理系统，可在任何操作平台上对 UPS 实现远程监控，并形成浏览、控制、系统管理员三级安全体系，在方便管理的同时有效避免了各种误操作和恶意破坏。

目前，各类电信网络、互联网、专业数据网在运行、操作、维护、管理上使用的计算机都实现了网络化，UPS 用量很大，已成为各通信局（站）总电源系统不可缺少的组成部分，国内电源产品企业能全方位、高质量、配套完整地提供 UPS 产品，为我国通信电源系统现代化创造了条件。

3. 阀控式密封铅酸蓄电池

众所周知，蓄电池在通信电源系统中具有举足轻重、不可替代的地位，全国范围内的使用量很大，蓄电池的质量、充放电效率和耐久性（寿命）直接影响网络畅通与高效运行，具有重要的经济意义。

回顾近十年蓄电池的技术变化，市场上可供通信部门选用的蓄电池经历了固定型防酸铅蓄电池、早期阀控式密封铅酸蓄电池（VRLA，以下简称阀控蓄电池）和新一代阀控蓄电池 3 个阶段。阀控蓄电池的出现从根本上解决酸雾扩散和电解液蒸发问题。但 20 世纪 90 年代中后期，国产的阀控蓄电池产品质量问题很多。主要集中在：密封技术未完全掌握，许多蓄电池端头柱处因密封较差存在着酸雾泄漏和电解液散发问题；阀控功能由于设计或工艺不完善，时有蓄电池膨胀，甚至发生爆炸；质量参差不齐，一致性差，影响电池组整体工作效率。经过近年来国内厂家的不断努力，生产技术、设计和工艺的改进与提高，国产阀控蓄电池产品质量已有了长足进步，产品进入了成熟稳定的生产阶段。

目前市场上常见的阀控式蓄电池采用特种铅钙合金或铅钙锡铝 4 元合金板栅，具有较强耐腐蚀、抗延伸性能，同时提高了负极析氢过电位，在充电后期有效抑制氢气析出，保持电解液水分不被分解。此外，通过超细玻璃纤维作隔板，利用气体再化合技术，实现内部氧的循环复合，再加上端头柱用多层特殊密封，确保了电池密封，使蓄电池在整个寿命期间无须定期补水或补酸等维护。

目前，蓄电池的安全性有了明显改进与提高，安全阀能自动调节内压，内置的滤酸片具有阻液和防爆功能，加之安全阀、滤酸片、密封圈、密封套、隔板、密封胶等关键零部件与材料全部采用优质件，保证了电池的安全、可靠使用。国产阀控式蓄电池已可自由安装，不必要求蓄电池单体端头柱一定向上，也可面对维护人员侧置，一组蓄电池靠墙侧立，大幅度地减小了占用机房面积，为电池组以最短馈电连接至通信设备的分散供电创造了条件。目前，阀控蓄电池已有完整而详细的规格与参数数据，反映主要性能指标的电池充、放电特性曲线和电池容量速查图、循环寿命特性图、浮充寿命特征图十分完整，用户都通过这些实实在在的数据与资料去设计、应用和维护，足以说明国产阀控蓄电池的技术进步和产品成熟。

4. 备用发电机组

通常，通信局（站）必须设置备用发电机组。现在的柴油发电机组的品种规格比以往更加齐全。启动与油污都有较大改善，并配有远程智能监控系统，在屏显、并车性能上都有很大提高，可实现多台柴油发电机组联网监控。

与此同时，我国有些城市引进和应用了国产或进口燃气发电机组这一新品种，利用其功率大、体积小、重量轻、启动快、维护简单的特点，将其应用于特大城市或特大型电信枢纽局，或构成轻型车载移动电站。

5. 动力设备及环境集中监控系统

1995 年版《通信局（站）电源系统总技术要求》曾提出加快建立电源系统及设备监控和集中维护管理系统，逐步实现少人或无人值守。经过多年摸索，目前已实现高度统一和规范化，功能强大、监控完整的“通信电源集中监控系统”。并在各级通信局（站）得到普遍使用，对分散的局（站）及局（站）内的各电源设备和机房空调进行遥测、遥信和遥控，实时监视和显示其运行参数，自动监测和处理系统内各种设备故障。

监控系统在结构上可成为一个多级的分布式计算机监控网络，一般形成监控中心、监控站、监控单元三级系统。

监控系统在国内运营商的各类网络的日常维护工作中发挥了重要作用，具有良好的技术、经济的综合效益。以青岛通信为例，青岛通信公司于 1996 年开始引入动力设备及环境集中监控系统，2002 年又加以改进，进一步规范化，按维护体制和职能划分，将系统分离成动力监控和环境监控两个相对独立的应用系统，相关的监控值班班组和部门负责运行、维护和管理。动力监控负责监控辖区内 53 个局（站）（内为 18 个端局、35 个模块局）的动力设备，包括高/低压配电设备、油机、空调、整流电源模块、蓄电池组等。环境监控负责监控 79 个局（站）（内为 21 个端局、58 个模块局接入网）的门禁系统和图像系统，以及温度、湿度、红外、烟感、水浸、地湿、手动灭火等环境量。环境监控中心设有 26 台图像监视器和两台录像机组成的屏幕墙，可轮流显示各局（站）情况并将发现的异常情况进行自动或手动录像。两套系统运行的结果将全公司 20 多个市话局的近 300 人的交换、电力值班人员替换下来，各机房、电力室实现了无人值守。门禁系统中，员工进入局房采用刷卡方式，改变了以往用钥匙开门的不便，使管理更加科学化。动力设备维护不再在现场观察，当有设备告警时监控系统会及时弹出告警通知值班员，平时通过报表打印、查询各种数据进行质量分析与参考。青岛通信公司的两套监控系统的稳定、可靠运转，为动力、空调设备的正常工作运行提供了有力保障；为动力设备维护管理及机房安全管理体制改革，优化人员配置，实现无人值守提供了有力保障。技术、经济综合效益非常可观。

6. 其他配套设备

目前，通信局（站）电源系统的整体化、精细化过程还表现在国内通信电源企业提供的许多重要的系统配合设备，包括市电与市电、市电与交流备用电源之间的“自动切换开关”设备、抗瞬态浪涌抑制设备、机房专用精密空调机、大型 UPS 用的精密交流配电柜、户外一体化通信电源机柜等。有了这些装置，单相或三相、交流或直流的保护性，不间断的自动/手动切换都将得以实现，从总配电到末端负载的全过程将实现多重保护，达到高质量的供电。

总而言之，近年来通信电源产品企业依靠新材料、新技术、新设计对通信电源产品进行了更新换代，产品的门类、品种、规格都比过去有了极大改观，并以产品的完整、齐全及性能价格比赢得了市场，减少了国外产品的直接进口，为从特大型枢纽局到精干的无线通信基站、从室内型到户外型的各类通信局（站）提供了供电质量、自动化、精细化都较为理想的综合电源系统。所有这些设备都确保了我国通信行业的现代化建设。

1.5.2 通信电源技术的发展趋势

通信产业的迅猛发展，给通信电源市场带来了巨大的市场机会和挑战，同时对通信电源提出了一些新的需求。例如：多种物理设备放在一起，有电磁兼容的需求和机房面积与承重的要求；网络设备种类增多使电源的负载增大，负载种类增多，对电源效率和种类有新的要求；机房和基站数目增多，对电源的可靠性和易维护性提出了更高的要求，以满足无人值守需要。电源工作环境的差异对电源的应用环境也提出了新的需求，如更强的电网适应能力、环境适应能力等。户外电源就是这一需求的典型代表。通信电源是整个信息网络的动力心脏，新的网络需要更可靠的电源。另外，随着运营商的全球化趋势，电源设备也需要满足全球不同市场对产品的特殊要求。全球通信电源技术发展呈现以下几大趋势。

1. 高效率、高功率密度、更广泛的使用环境温度

新型高性能器件的不断涌现与应用，促进了电源产品的升级换代，使得电源的开关频率高达 300 ~ 400 MHz，小功率电源已实现 1 MHz 的开关频率，提高了电源功率密度，对电源技术进步与发展起着重要的支撑作用。

软开关技术、准谐振技术的研究趋于成熟稳定，其中具有代表性的是谐振变换、移相谐

振、零开关 PWM、零过渡 PWM 等电路拓扑新理论。研究的重点是减少过去硬开关模式下，电源设备开通时开关器件在开关过程中电压上升/下降和电流上升/下降波形交叠产生的噪声，实现零电压/零电流开关，降低损耗，提高电源系统的稳定性和效率。运营商设备的不断增多、用电量大幅增加、机房面积紧张等客观因素的存在，对电源产品提出了高效率、高功率密度、宽使用环境温度的要求。

在通信电源中，开关技术是提高电源效率的一个重要技术。随着软开关拓扑理论研究的深入及应用的普及，电源系统的损耗越来越低，效率越来越高。为了更好适应环境提高产品可靠性，AC 220 V 的通信电源一般能够工作在 AC 120 ~ 290 V，环境温度的适应能力也由传统的 45 °C 提高到 60 °C，甚至 75 °C。

2. 网络化和智能化的监控管理

随着互联网应用的日益普及和信息处理技术的不断发展，通信系统从以前的单机或小局域系统发展至大局域网系统、广域网系统，支持保护通信互联网终端设备的电源设备必须具备数据处理和通信能力，并通过 RS-232 接口实现网络化通信，实现网络化、智能化监控管理功能。

（1）具有智能型人机界面，使网络技术人员可以随时监视电源设备运行状态和各项技术参数。

（2）具有各种保护、告警和数据信息存储、处理、打印等功能。

（3）具有远程开关机功能，使网络技术人员可定时开关电源或备用电源。

3. 全数字化控制

通信设施所处环境越来越复杂，人烟稀少、交通不便都增加了维护的难度。数字化技术表现出传统模拟技术无法实现的优势。

（1）采用全数字化控制技术，有效缩小电源体积并降低了成本，大大提高了设备的可靠性和对用户的适应性。

（2）整个电源的信号采样、处理、控制（包括电压电流环等）、通信等均采用 DSP 技术，可以获得优化的、一致的、稳定的控制参数，使电源的自我监控能力普遍增强。

（3）可以实时地监控设备本身的各种运行参数和状态，预警功能和故障诊断功能有效地实现了通信动力设备的无人值守与远程监控，维护人员可远程观察电源设备的运行参数和状态，当出现故障时，可将故障信息及时上报，并可利用电话、传真、寻呼等通信手段通知值班人员，提高故障排除的效率。

4. 安全、防护性能良好的 EMC 指标

考虑到设备复杂的运行环境，电源设备须满足相关的安全、防护、防雷标准，才能保证电源的可靠运行。安全性是电源设备最重要的指标。商用设备须通过相关的安全认证，如 UL、CSA、VDE、CCC 认证等。防雷设计是保证通信电源系统可靠运行的必不可少的环节。对于通信设备而言，雷电过电压来源主要包括感应过电压、雷电侵入波和反击过电压。在一般情况下，通信电源必须采取系统防护、概率防护和多级防护的防雷原则。通信电源系统一般需

要采用三级防雷体系及三防（防潮、防盐雾和防霉菌）设计。工程上的三防设计通常选用耐蚀材料，通过镀、涂或化学处理方法对电子设备的表面覆盖一层金属或非金属保护膜（如在印制板上涂三防奈），使之与周围介质隔离，从而达到防护的目的；在结构上采用密封或半密封形式隔绝外部环境。良好的 EMC 指标使不同的电子设备能工作在一起，同时使使用者的电磁环境更加洁净，避免电磁环境对使用者的伤害，一般的 EMC 标准有：EN55022、EN30036：2001、CFR47Part15、TelcordiaGR-1089[NA requirement]。

5. 低电流谐波处理

在通信电源开发、生产早期，人们主要集中研究电源的输出特性，较少考虑电源的输入特性。例如：传统的在线式电源输入的 AC—DC 部分通常采用桥式整流滤波电路，其输入电流呈脉冲状，导通角约为$\pi/3$，波峰因数大于纯电阻负载的 1.4 倍。大量使用谐波电流大的电源将给电网带来严重的污染，使电网波形失真、降低实际负荷能力，尤其对于三相四线制的连接方式，将导致过大中性线电流，带来安全隐患。随着网络时代人们环保意识和安全意识的增强，以及电力电子技术、功率器件的发展，软件谐波处理技术逐渐成熟并得到推广应用。通信电源中采用有源谐波处理技术势在必行，该技术不但可以改善电源对电网的负载特性，减少对其他网络设备的谐波干扰，同时也大大提高了电源的源效应。

6. 绿色环保

环保指标要求：

（1）通信电源的电流谐波符合要求。降低电源的输入谐波，不但可以改善电源对电网的负载特性，减小给电网带来的污染，也可以减少对其他网络设备的谐波干扰。

（2）材料可循环利用和对环境无污染。产品须满足 WEEE（防止电子电气废弃物）、ROHS（限制使用有害物质）指令。WEEE，ROHS 指令包括两部分的内容，即涉及循环再利用的 WEEE 和限制使用有害物质的 ROHS。实施 WEEE 指令的目的，最主要的就是防止产生电子电气废弃物。其次就是实现这些废弃物的再利用、再循环使用和其他形式的回收，以减少废弃物垃圾的数量。同时也努力改进涉及电子电气设备生命周期的所有操作人员（如生产者、销售商、消费者，特别是直接涉及报废电子电器设备处理人员）的环保行为。实施 ROHS 指令的目标是：使各成员国关于在电子电气设备中限制使用有害物质的法律趋于一致，有助于保护人类健康和报废电子电气设备合乎环境要求的回收和处理。从 2006 年 7 月 1 日起，投放于市场的新电子和电气设备不允许包含铅、汞、镉、六价铬、聚溴二苯醚（PBDE）或聚溴联苯（PB）。

1.5.3 通信电源产品的发展

电源产品的发展趋势往往决定于以下两个因素：一是产品的使用者（用户）的需求的发展；二是产品的技术的发展。前者是外因，后者是内因。通信电源产品也基本遵循这样的规律，市场需求和产品技术不断推动和促进产品的发展，也决定了通信电源产品的发展速度和方向。

1. 通信电源产品的市场需求发展

通信电源作为通信网络中一种重要的基础设备，随着通信网络的发展不断地发展与演变。随着通信业的更新换代，通信电源产品市场需求呈现以下特征。

1）市场需求数量稳步增长

随着通信网络的发展，用通信直流电源供电的通信设备种类越来越多，从传统的程控交换机到第四代移动通信的各种移动通信设备，大都采用通信直流电源作为基础电源。另外，随着各国在通信网络设备上的投资规模不断扩大，带动了通信直流电源的数量稳步增长。与此同时，仍然有很多数据通信设备采用 UPS 作为基础电源，虽然 UPS 供电系统的供电安全性要低于直流电源，但是支持 UPS 应用的通信设备越来越多，UPS 类不间断交流电源的市场需求也在稳步增长。

2）市场价格不断下滑

虽然原材料的价格，特别是金属原材料的价格不断上涨，一定程度上使得通信电源产品的材料成本上升，但随着市场竞争的日趋激烈，通信电源设备的市场价格却在不断下降。市场价格的下滑一定程度上抵消了数量增长带来的规模增长，但从销售金额来看，全球通信电源的市场仍然是稳步小幅增长，并将在未来几年内保持这种增长。

3）性能要求越来越高

随着通信由语音为主的通信时代转为数据通信为主的时代，人们对通信系统的稳定性提出了越来越高的要求。相应地，对通信电源设备而言，各方面的性能要求也越来越高，否则无法满足现代通信设备的高性能要求。同时，随着人们环境保护意识的不断增强，以及能源价格的不断上涨，对通信电源产品的环境保护和节能提出了更高的要求。

4）使用环境日趋复杂

早期的通信设备局（站）都是室内型设备，在通信机房中使用。但随着移动通信的发展和对覆盖范围的要求，用户希望通信设备能满足各种应用环境和条件的需求，如能够室外使用、壁挂安装、嵌入到通信主设备机柜中、与电池共用机柜、靠墙安装等。

5）运营维护成本要求更低

通信电源产品用户在设备建设初期需要支付采购费用，在运行期间需要支付机房使用费用、电力费用、维护人员费用、维护材料费用等。用户越来越关心产品整个生命周期成本和费用，这就希望产品的运行维护各方面具有更低的成本。

2. 通信电源产品的发展特征

通信电源产品是通信电源技术的实现，涉及多个学科和领域的基础技术，如电子器件技术、电力电子变换技术、计算机技术、工艺制造技术等。这些领域的技术发展推动了电源应用技术的发展，使得通信电源产品的发展在近阶段体现如下特征。

1）产品内部各部分技术的发展存在不均衡性

以直流通信电源产品为例，直流通信电源产品一般由交、直流配电单元、整流器单元、监控单元、蓄电池系统等几部分构成，但这几部分的技术发展是不均衡的。其中发展最快的是整流器技术，而配电技术则相对发展缓慢，这就导致了整个通信直流电源系统内部各部分的不均衡发展。

2）新型器件和材料得到不断应用

新型器件和材料不断涌现，并被应用到通信电源产品中。例如，碳化硅（SiC）器件和新型磁性材料（如非晶材料）逐步开始应用到通信用整流器中，DSP 芯片也开始在整流器中得到规模应用。此外，更高性能的单片机系统在监控单元中不断得到应用，胶体电池也得到大量应用。

3）功率变换技术不断发展

作为通信电源的核心部件——整流器在技术上发展最为迅速，各种新型线路技术、开关变换器技术、谐振开关技术、新型软开关技术、功率因数校正技术、环路控制技术、均流技术都在迅速发展并在产品中得到应用。

4）监控新技术不断应用

伴随着计算机技术的发展，一些新型技术也不断在通信电源产品中得到应用，如 CAN 总线技术、IP 通信技术、USB 技术、PMBus 总线技术，以及基于因特网的组网技术等，这些技术的产生和应用推动了通信直流的智能化发展。

3. 通信电源产品的发展趋势

在需求与技术的共同推动下，通信电源产品体现了如下发展态势。

1）体系架构相当长的一段时间内维持稳定

通信电源在相当长的时间内还是维持现有的交流配电、整流器模块（并联）、直流配电、监控单元、蓄电池等为主要组成部分的架构；功率变换模式也将维持现有的高频开关模式，暂时不会出现类似从线性电源到开关电源的阶跃性的变化。

2）功率密度不断提高

通信一次电源的核心部件整流器的功率密度不断提高，推动了通信电源整机的功率密度不断提高，但配电器件、蓄电池等的功率密度基本维持稳定，一定程度制约了整机系统的功率密度的提高比率。

3）更高的可靠性

高可靠性是通信电源的最基本要求。随着器件技术、通信电源技术的成熟，以及各通信直流电源设备厂家在可靠性研究上的大力投入，通信电源产品可靠性呈不断提高的趋势。

4）低成本

市场价格的不断下滑推动生产厂家不断降低产品的成本，但过低的成本也会带来一定的负面影响，一定程度上制约性能的不断提高。

5）更高的性能

通信电源产品更高的性能体现在以下方面。

（1）转换效率越来越高，特别是实际工作情况下的转换效率。

（2）要满足更多的新标准，如 EMC、安全、环保等标准。

（3）完善的远程监控功能不断降低维护成本。

（4）更高的稳定性满足数据通信的要求。

6）应用方式更为灵活多样

在传统的机架式和嵌入式得以保持并不断发展的同时，将支持更多的不同应用方式，如室外应用、室内壁挂应用等。

7）智能化的网络管理

多层次的远程监控系统将得到大力发展，通信电源设备的网络化管理将成为主要的管理手段。

第 2 章　交流供电系统

通信局（站）电源系统的主用交流电源是市电，备用交流电源通常是柴油发电机组。通信局（站）交流供电系统一般由高压供电系统与低压供电系统两部分组成。通信局（站）用电通常接入的是 10 kV 市电电网，10 kV 高压线路及其所连接的高压变电站组成高压供电系统；而 380 V/220 V 低压馈电线路与低压配电设备组成低压供电系统。

根据市电供电条件、线路引入方式及运行状态，可以将市电根据其工作可靠性分为四类。其中一类市电的供电可靠性最高。通信局（站）电源系统一般要求引入二类以上市电作为交流主用电源，条件许可时还可从不同的市电电网引入两路市电，以提高供电可靠性。而柴油发电机组馈送至低压配电室的 380 V/220 V 电源通常作为备用电源，仅限于在电网中断或检修期间启用。图 2-1 所示为某通信局（站）交流负荷的受电过程。

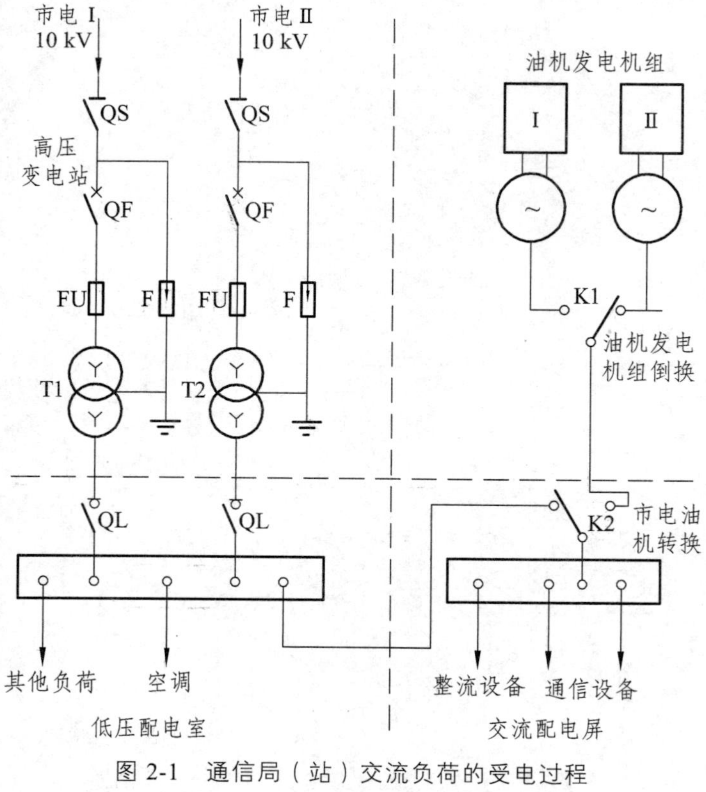

图 2-1　通信局（站）交流负荷的受电过程

由图 2-1 可知，两路 10 kV 高压市电由电缆引进局（站）内高压变电站，经高压隔离开关、高压断路器、高压熔断器，分别送至电力变压器降压后，再将 380 V/220 V 的低压电馈送至低压配电室。低压市电与备用发电机组输出的交流电源经市电油机转换分别馈送到交流配电屏，由其分配给整流器、交流通信设备。

2.1　高压交流供电系统

高压交流供电系统主要由高压供电线路、高压配电设备及变压器等组成。通常应根据通信局（站）的建设规模及用电负荷的特点建设不同类型的变电站。变电站作为通信局（站）的供电中枢，其设备的选用及系统的接线方式直接影响通信电源系统的运行质量。基本要求是：系统主接线应力求简单，能保证运行维护人员的操作安全；线路布局合理，便于在安全条件下进行维护，并适当考虑今后负荷容量的发展，

根据变压器的容量，可将高压交流供电系统划分为小容量高压供电系统和大容量高压供电系统两类。一般不含断路器的就是小容量高压供电系统；含有断路器的就是大容量高压供电系统。由于用电量不同，通信局（站）两类高压供电系统都有采用。

2.1.1　交流供电网络

通信局（站）电源系统接入的 10 kV 市电电网属于高压电网。在电力系统中，各级电压的电力线路及其所联系的变电站称为电力网。通常用电压等级的高低来区分电网的种类，如电压在 220 kV 以上者称为区域网，电压在 35 ~ 110 kV 者称为地方电网，而包含配电线路和配电变电站、电压在 10 kV 以下的电力系统称为配电网。

1. 电力系统中电能的传输过程

电力系统是指由发电厂、电力线路、变电站、电力用户所组成的供电系统。它肩负着发电、输电、变电、配电与用电的任务。图 2-2 所示为通信局（站）所需电能由发电厂经区域电网、两级降压变压器后，作为通信局（站）电源系统引入市电的全过程。

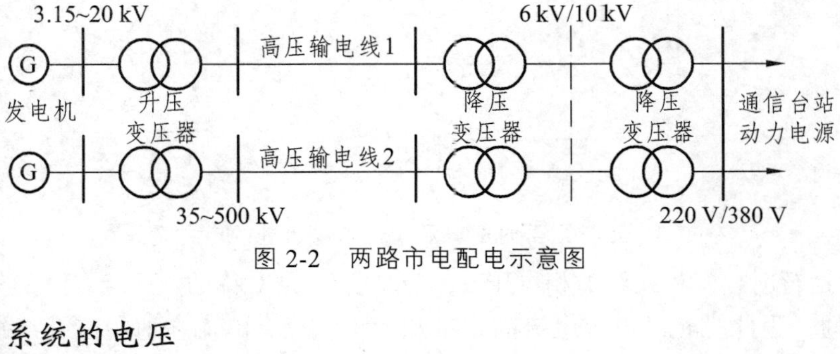

图 2-2　两路市电配电示意图

2. 电力系统的电压

电力系统中的所有电气设备都是在一定的电玉和频率条件下工作的。电力系统的电压和

频率质量直接影响电气设备的运行。可以说，电压和频率是衡量电力系统电能质量的两个基本参数。《全国供用电规则》规定，一般交流电力设备的额定频率为 50 Hz，此频率一般称为"工频"，频率偏差一般不超过 ± 0.5 Hz，频率的调整主要靠发电厂来完成。作为市电电网的一个用户节点，通信局（站）电源系统更关心的是市电电压的质量。

电气设备都是设计在额定电压下工作的。电气设备的额定电压就是设备正常运行且能获得最佳经济效果的电压，如果设备的端电压与其额定电压有偏差，则设备的工作性能和使用寿命将受到影响。

电网（电力线路）的额定电压是国家根据国民经济发展的需要及电力工业水平，经全面的技术经济分析研究后确定的，是确定其他各类电力设备额定电压的基本依据。

对于用电设备来说，其额定电压应与电网电压一致。由于同一电压线路一般允许的电压偏移是 ±5%，所以考虑到补偿负荷电流在线路上产生的压降损失，发电机的额定电压比电网电压要高 5%。对变压器的二次绕组来讲，除上述补偿外，还要考虑变压器带额定负荷电流工作时其绕组上的压降损失，一般也按 5%考虑。因此，变压器二次绕组的额定电压比电网和用电设备的额定电压要高 10%。至于变压器一次绕组，因其接线端与电网直接相连，相当于一个用电设备，故其额定电压与电网相同。

3. 电网中性点运行方式

在三相交流电力系统中，电力系统的中性点（作为供电电源的发电机和变压器的中性点）有两种运行方式：① 中性点非有效接地，或小电流接地；② 中性点有效接地，或直接按地，大电流接地。电源中性点不同的运行方式，对电力系统的运行，特别是在系统发生最常见的单相接地故障时有明显的影响，而且还关系到电力系统二次侧保护装置或监察测量系统的选择与运行，因此有必要进行讨论和关注。

1）中性点不接地

通信局（站）电源系统接入的 10 kV 市电电网多采取电源中性点非有效接地的运行方式。图 2-3 所示是其在正常运行时，电源中性点不接地的电路图和系统电压、漏电流的相量图。

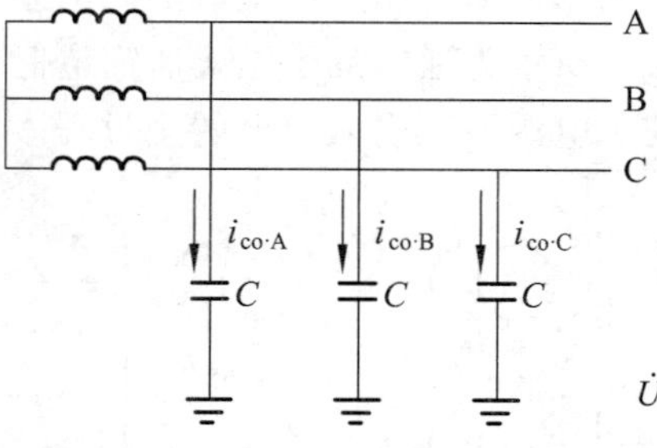

（a）电路图

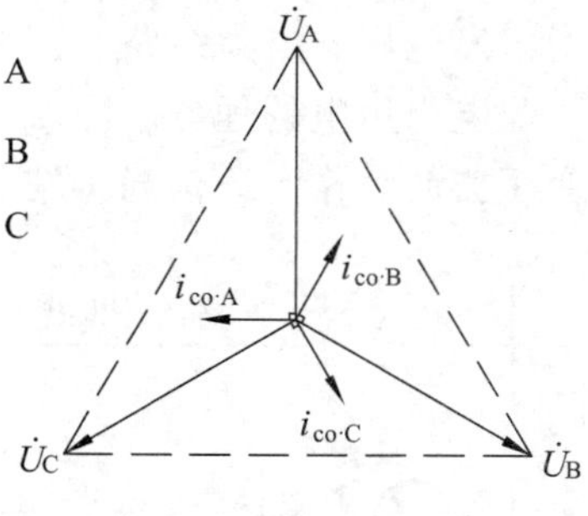

（b）相量图

图 2-3　正常运行时的电源中性点不接地的电力系统

系统正常运行时，三相线路的相电压 $\dot{U}_A$、$\dot{U}_B$、$\dot{U}_C$ 是对称的，三相线路的对地电容电流 $\dot{I}_{C0}$ 也是平衡的，因此三相的电容电流的相量和为零，没有电流在地中流动。每相对地的电压，就等于其相电压。

当系统发生某相接地故障时，如 C 相完全接地，系统电压平衡将被破坏，如图 2-4（a）所示。这时 C 相对地电压降为零，而 A 相对地电压 $\dot{U}'_{A}=\dot{U}_{A}+(-\dot{U}_{C})=\dot{U}_{AC}$，B 相对地电压 $\dot{U}'_{B}=U_{B}+(-\dot{U}_{C})=\dot{U}_{BC}$，如图 2-4（b）所示。可见，在 C 相完全接地时，完好的 A 相和 B 相对地电压都由原来的相电压升高到线电压，即升高 $\sqrt{3}$ 倍。

另一方面，当 C 相完全接地时，系统的接地电流（电容电流）$\dot{I}_{C}$ 应为 A、B 两相对地电容电流之和。按图 2-4（a）所示的电流方向，应有

$$\dot{I}_{C}=-(\dot{I}_{C\cdot A}+\dot{I}_{C\cdot B}) \quad (2\text{-}1)$$

从图 2-4（b）的相量图可以看出，$\dot{I}_{C}$ 在相位上正好超前 $\dot{U}_{C}$ 90°；而在量值上，由于 $I_{C}=\sqrt{3}I_{C\cdot A}$，又 $I_{C\cdot A}=U'_{A}/X_{C}=\sqrt{3}U_{A}/X_{C}=\sqrt{3}I_{C0}$，因此有

$$I_{C}=3I_{C0} \quad (2\text{-}2)$$

即一相接地的电容电流为正常运行时每相对地电容电流的 3 倍。

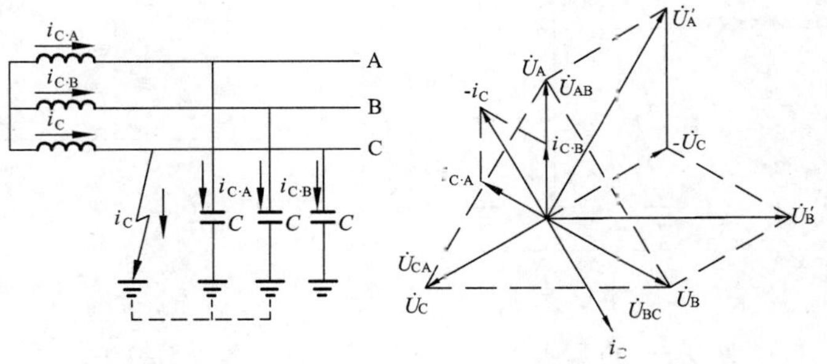

（a）电路图　　　　（b）相量图

图 2-4　一相接地时的电源中性点不接地的电力系统

当然，在发生不完全接地（即经过一些接触电阻接地）故障时，故障相对地的电压将大于零而小于相电压。而其他完好的相相对地的电压则大于相电压而小于线电压，接地电容电流也比计算值小。

应该指出的是，对上述电源中性点非有效接地的电力系统，即使发生单相接地故障，由于线路的线电压无论相位和量值均未发生变化[这可以从图 2-4（b）所示的相量图中看出]，三相用电设备仍能正常运行，这是电源中性点非有效接地运行方式电力系统最突出的优点。

当然，此系统也不允许在一相接地的故障情况下长期运行。因为如果在此期间另一相又发生接地故障的话，就形成了两相对地短路，导致系统回路间产生很大的短路电流，可能导致线路设备损坏。因此在电源中性点非有效接地的系统中，通常装设有专门的单相接地保护或绝缘监察装置，在发生一相接地故障时发出报警信号，以提醒值班人员及时处理，避免引起更大的事故。

我国电力系统运行维护规程规定：电源中性点非有效接地的电力系统发生一相接地故障时，允许暂时继续运行 2 h。运行维护人员应争取在 2 h 内查出接地故障并给予以及时修复；如有备用线路，应将负荷转移到备用线路上去。若经过 2 h 抢修后接地故障仍没有消除，则应该切除此故障线路。

2）中性点经消弧线圈接地

对于上述电源中性点非有效接地的电力系统，有一种情况是比较危险的，即在发生单相接地故障时，如果接地电流较大，在接地点出现了断续电弧，将可能引发线路的电压谐振现象，从而使线路上出现危险的过电压（相电压的 2.5～3 倍），这可能导致线路上绝缘较为薄弱地点的绝缘击穿。

为了防止单相接地时接地点出现断续电弧，引起过电压，在单相接地电容电流大于 30 A 时，10 kV 电网电源中性点必须采取经消弧线圈接地的运行方式。消弧线圈实际上就是一个铁心线圈，其电阻很小，感抗很大。

图 2-5 所示是电源中性点经消弧线圈接地的电力系统在发生单相接地时的电路图和系统参数的相量图。

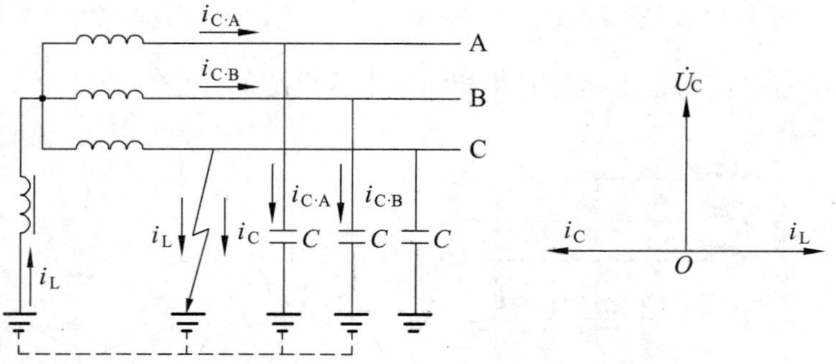

（a）电路图　　（b）相量图

图 2-5　电源中性点经消弧线圈接地的电力系统

当系统发生一相接地故障时，流过接地点的电流是接地电容电流 $\dot{I}_C$ 与流过消弧线圈的电感电流 $\dot{I}_L$ 之和。由于 $\dot{I}_C$ 超前 U_C 90°，而 $\dot{I}_L$，滞后 $\dot{U}_C$ 90°，所以 $\dot{I}_L$，与 $\dot{I}_C$ 在接地点互相补偿。当 $\dot{I}_L$ 与 $\dot{I}_C$ 的量值差小于发生电弧的最小电流（一般称其为最小生弧电流）时，电弧就不会发生，系统也就不会出现谐振过电压现象。

3）中性点直接接地

通信工程中，低压配电系统大多采用电源中性点直接有效接地的运行方式，如图 2-6 所示。这类电力系统在发生单相接地故障时，由于电源中性点直接接地，系统的单相接地故障实际上就导致了单相短路。单相短路电流 $I_K^{(1)}$ 比线路的正常负荷电流大得多，通常会使线路熔断器熔断或断路器自动跳闸，从而将短路故障部分切除，保证系统其他部分正常运行。

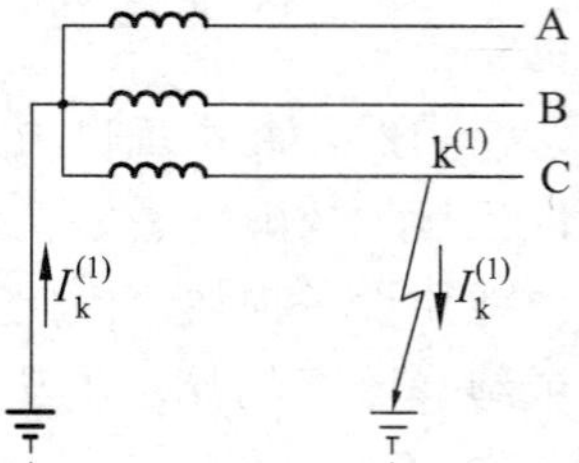

图 2-6　电源中性点直接接地的电力系统

对 220 V/380 V 低压配电系统来说，我国不仅广泛采用电源中性点直接接地的运行方式，而且从接地的中性点还引出有中性线（Neutral Wire，代号 N）和保护线（Protective Wire，代号 PE）。中性线（N 线）非常重要：① 用来接额定电压为相电压的单相设备；② 用来传导三相系统中的不平衡电流和单相电流；③ 减少负荷中性点电位偏移。保护线（PE 线）的功能主要是防止发生触电事故，保障人身安全。通过公共 PE 线，将设备的外露可导电部分（指正常情况下不带电，但故障时可能带电又可被触及的导电部分，如金属外壳、金属构架等）连接到电源的接地点。当系统中设备发生单相碰壳接地故障时，也会形成单相短路，使设备或系统的保护装置动作——熔断器熔断或断路器跳闸，切除故障设备，从而确保运行维护人员的人身安全。

2.1.2　小容量高压供电系统

1. 小容量高压供电系统的接线

1）一般小容量高压供电系统的接线

一般小容量高压供电系统负荷较小（750 kV · A 以下），有条件且有必要接引高压市电的通信局（站），一般应引接一路 10 kV 高压市电；如无 10 kV 市电，也可以采用 35 kV 的高压市电（选用 35 kV 变 400 V 的变压器）；有可能时再引一路 400 V 低压市电。变电站设置一般为露天式，条件不允许时也可以为室内式。高压设备一般为分散安装，露天式的也有密闭式组合设备可以选用。这样的高压供电系统一般由高压熔断器、避雷器、电力变压器以及相关操作、计费装置组成。

在室外有避雷器和跌开式高压熔断器时，室内变电站的高压熔断器和隔离开关可用负荷开关代替。

为了使小容量通信局（站）的高压供电系统结构简化，电流、电压和电能等电参数一般都放在低压侧进行测量和计量。

2）有高压计费要求的小容量高压供电系统的接线

当供电局要求高压计费时，应设计有高压计费要求的小容量高压供电系统。可以在一般小容量高压供电系统的基础上，加装高压计费装置，如在一次回路中加装高压电压互感器和电流互感器，在二次回路中加装计费表等。

小容量高压供电系统大多安装在室外，系统中没有更多的控制和保护设备，多是手动操作。因此，在工程设计中只需完成设备或各种高低压电器等的安装设计。当设备安装在室内时，还要提出对土建的具体要求。

2. 小容量高压供电系统的运行

对于采用高压市电作为主用电源的小容量高压供电系统的通信局（站），一经投入运行，只在故障或检修需要时由相关部门的维护人员进行开、合操作。高压市电停电时，有低压市电作为备用的电源的局（站），由维护人员进行倒换，使备用低压市电投入运行；没有低压市电作为备用电源的，维护人员启动备用油机发电机发电供给通信局（站），以保证负荷使用，直到高压市电恢复供电为止。

2.1.3　大容量高压供电系统

大中型通信局（站）的交流供电都由大容量高压供电系统组成，一般引入一路 10 kV 或 35 kV，甚至是 110 kV 的高压市电。对于负荷较大（容量在 800 kV · A 以上）、地位重要的进信局（站），必要时接引两路高压市电（一般从不同电源引进两路高压市电）。变电站设置一般为室内（含进楼）安装。高压设备一般为成套设备，这样的高压供电系统一般由成套高压柜（含进线、计量、测量、出线及联络柜）和电力变压器组成。成套高压设备的断路器操作机构有电磁、弹簧、液压、气动、电动机等多种类型，其中应用较为广泛的是电磁操作机构和弹簧操作机构。弹簧操作机构所需功率较小，其操作电源可由装在进线外侧的电压互感器或变电站用变压器提供交流电源。电磁操作机构所需功率较大，其操作电源应采用直流电源柜（含蓄电池柜）提供直流电源。

1. 一路市电供电的大容量高压供电系统

（1）对于仅有一路高压市电的大容量高压供电系统，该路市电就是主用电源；如无另引的低压市电，则以油机发电机组作为备用电源。主用高压市电电源故障或检修时，启动备用油机发电机发电给通信局（站）供电，以保证负载供电需求，直到市电恢复供电为止。

（2）对于一路高压市电引入、又有另引一路低压市电的大容量高压供电系统，该路高压市电就是主用电源，另引的低压市电作为高压市电备用电源。油机发电机组作为市电的备用电源。主用高压市电故障或检修时，备用低压市电给通信局（站）的负载供电。当备用低压市电也停电时，则启动备用油机发电机发电给通信局（站），以保证负载供电，直到其中一路市电恢复供电为止。

2. 两路市电供电的大容量高压供电系统

两路市电供电系统高压一次接线如图 2-7 所示。

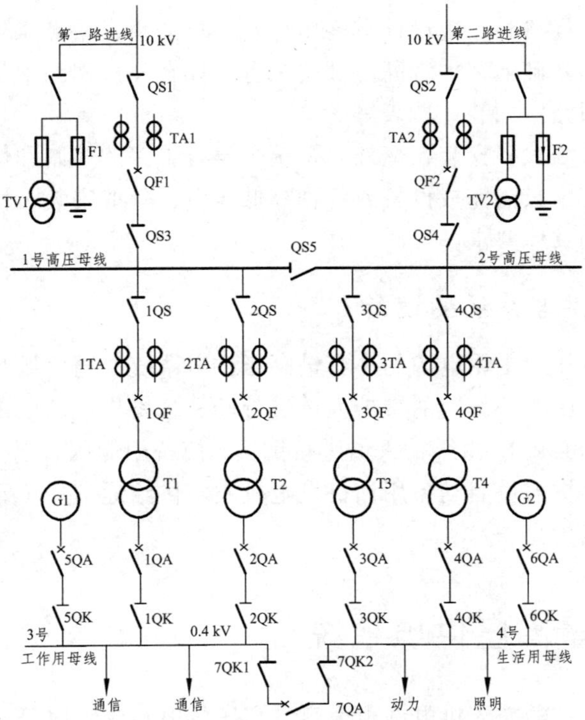

图 2-7　大容量通信局（站）双路进线时交流一次主接线图

图 2-7 中两路 10 kV 高压进线分别引自两个变电站或两个供电区域，以保证在大多数情况下两路市电不会同时停电。每路进线都设有避雷器 F1 及 F2，用以吸收雷击过电压，并设有电压互感器 TV1 及 TV2，以便分别测量进线电压。

各路进线分别经油断路器 QF1 及 QF2 来操作切换，油断路器的前后级都设置有隔离开关 QS1、QS2 和 QS3，QS4，以保证维护油断路器时工作人员的安全。各路进线都设有两个或三个电流互感器，以便测量各路进线的电流的大小和消耗的电能。

两路进线分别通过各自的油断路器，接至各自的高压母线分段（1 号及 2 号）上。分段母线之间设有联络开关 QS5，各分段高压母线接至相应的电力变压器 T1、T2 及 T3、T4。各变压器的高压侧也装设有电流互感器 1TA ~ 4TA 等，用以测量一次电流。其二次低压（0.4 kV）电能经大容量空气断路器 1QA、2QA、5QA 和 3QA、4QA、6QA 及闸刀开关 1QK ~ 6QK 接至 3 号及 4 号低压母线上。分段低压母线之间用空气断路器 7QA 实现联络，其两侧装设有闸刀开关 7QK1、7QK2 作为隔离开关使用。

两台油机发电机组 G 及 G2 分别由低压断路器 5QA，6QA 和闸刀开关 5QK，6QK 接至各自的低压母线（3 号和 4 号）上。

这种大容量通信局（站）双路市电高压进线系统可以有多种运行方式。

1）主备用工作方式

（1）一主一备。

一主一备是指平时通信局（站）的全部负荷都由某一路市电供电，如将 QS1、QS3、QS5 及 QF1 闭合，而 QF2 分断时，全部负荷由第一路进线供电。该路市电称之为主用市电，而另一路进线平时只是处于备用状态。当主用的市电进线停电时，立即断开 QF1 并合上 QF2，此时通信局（站）全部负荷将转由第一路进线供电。

这种运行方式有两大特点：① 两路市电各自先后独立供电，即使它们电压相位不等也不会互相影响；② 在操作切换过程中会出现短时间停电。此外，操作切换时还须注意操作顺序：应先断开 QF1 再合上 QF2，否则 QF1 及 QF2 将有很短的时间处于同时合闸的状态，并通过联络开关 QS5 使两路进线并联起来，会在进线回路间形成较大环流。

（2）互为备用。

互为备用即两路电源互为主、备用方式。当主用电源停电后，备用电源采用自动或手动合闸方式投入运行；当主用电源恢复正常时，系统供电方式不转换，此时主用线路充当备用电源功能。主备用的系统运行方式有两大特点：① 两路市电各自先后独立供电，即使它们电压相位不同也不会互相影响；② 在操作切换过程中会出现短时间的停电现象。

2）两路进线同时使用，各带部分负荷的工作方式

这种方式下，高压母线联络开关 QS5 及低压母线联络开关 7QA 处于断开状态，高压油断路器 QF1 及 QF2 均合闸引入两路市电同时供电，第一路进线向台站内通信负荷及通信保证负荷供电，第二路进线向台站内生活用电负荷供电。这种供电方式的优点是：两路进线都担负局（站）的一定比例负荷，平时都在使用，互为热备用，因故需要切换供电回路时转移的负荷较小，系统负荷变化比较平稳。

3）在低压母线上并联的工作方式

这种方式下，两路进线同时使用，高压母线的联络开关 QS5 断开，而低压母线的联络开关 7QA、7QK1 和 7QK2 闭合，使两路进线在低压母线上并联在一起工作。

当某一路进线（如第一路）停电时，系统立即断开该路的油断路器 QF1（当然这里需要有专门的保护电路），于是局（站）的全部用电由第二路进线保证，这一切换过程中间没有瞬间停电的现象，供电可靠性较高。

必须注意的是，在低压侧并联的供电方式中，当两路进线的相位和电压数值不同时，变压器中将流过附加的均衡电流。例如，当第一路进线电压较第二路高时，均衡电流自第一路进线流经变压器 T1、T2，经联络开关 7QA，再经变压器 T3、T4，流至第二路进线。这种均衡电流加大了变压器的绕组电流，使变压器的损耗有所增大，从而削弱了其承载负荷的能力。因此必须限制这种接线运行方式，限制两路电压间的矢量差。只有两路电压相差不大，均衡电流也在系统允许范围内时，才允许使用这种接线运行方式。

4）在高压母线上并联的工作方式

两路进线同时使用，并合上高压母线上的联络开关 QS5，这时两路高压进线直接并联工作，把两路进线变成闭合电力网的组成部分，提高了通信电力网的可靠性。

但必须意识到，通信局（站）的容量相对于供电电网而言是很小的。当两路进线电压和相位差别比较大时，产生的均衡电流可能早已超出保护设备动作的数值，从而使油断路器 QF1 及 QF2 跳闸断开。因此，采用这种工作方式的高压系统对其保护电路有特殊的要求，在实际工作中较少运用这种工作方式。

3. 其他规定

（1）用于中性点直接接地系统的电压互感器，其剩余绕组额定电压应为 100 V；用于中性点非直接接地系统的电压互感器，其剩余绕组额定电压应为 $100\sqrt{3}$ V。

（2）电磁式电压互感器可以兼作并联电容器的泄能设备，但此电压互感器与电容器组之间不应有开断点。

（3）火电厂和变电站的电压互感器选择还应符合《火力发电厂、变电所二次接线设计技术规程》（DL/T 5136—2001）的要求。

2.2 低压交流供电系统

低压交流供电系统是由低压市电交流供电系统、备用（柴油或汽油）发电机组交流供电系统、电力机房的交流供电系统，以及变配电设备的工作及保护接地系统等组成的，其中市电作为主用交流电源，发电机组作为通信供电的备用电源。

根据通信局（站）的容量大小、重要程度及所建局（站）地理位置的不同，通信局站）的市电供电类别及市电的引入电压等级（高压或低压）也有所不同。

通信局（站）所需的交流电源宜利用市电作为主用电源，且一般要求引入二类以上市电。低压交流供电系统电源大多采用中性点直接接地方式，系统中电力设备及接地均采用 TN-S 三相五线制的配线形式。

2.2.1　低压交流供电系统的类型

通信局（站）通信设备对供电的基本要求是可靠、优质和不间断。通信供电的交流供电种类一般包括下列几种：交流市电供电（主用电源，必备），备用油机发电机组供电（必备），不间断电源（UPS）设备供电，风能、太阳能等自然能发电。其中，交流市电及备用油机发电机组作为所有通信局（站）交流用电负荷的必备电源。只有极特殊的通信局（站），由于市电引入困难，且用电负荷小，适宜于风能、太阳能或其他自然能发电的地区，可以考虑用风力或太阳能发电作为主用交流电源。

交流不间断电源（UPS）设备主要用于对通信系统的计算机网络管理、集中监控系统等重要交流通信负荷供电。

在形式上，低压交流供电系统有以下两种类型。

1. 简易交流供电系统

简易交流供电系统由一台交流配电屏（箱）组成，或由交流配电箱和组合开关电源的交流配电单元组成。一台交流配电屏（箱）作为变压器的受电及配电。该种形式的供电系统适用于小型站，如微波站、光缆郊外站、干线有人站及移动通信基站等。交流配电屏（箱）电源的输入端通常有两路电源引入（市电、油机电源）。

2. 装有成套低压配电设备的交流供电系统

规模较大、地位重要的通信局（站）一般安装有由成套低压配电设备组成的交流供电系统。成套配电设备的数量根据通信局（站）的建设规模、所配置的变压器数量、用电设备的供电要求，以及预期的负荷发展规模等因素确定。

2.2.2　低压交流供电系统的切换

低压交流供电系统的自动切换应包括三种类型，即两路市电电源在低压供电系统上的切换、市电与备用发电机组供电系统的切换，以及通信楼电力机房交流引入电源的切换。

1. 两路市电电源在低压供电系统上的切换

两路市电电源在低压供电系统上的切换是根据通信局（站）的建设规模大小而采用的不同切换方式。但无论采用何种切换方式，两路电源切换的开关间应具有机械和电气的连锁功能，以确保设备、供电及人身的安全。

两路市电电源在低压供电系统上的切换针对通信局（站）有一路或两路市电引入，配置两台或以上变压器。

用电负荷较大的通信局（站）一般配置两台以上变压器。每两台变压器的低压配电系统间设有母线联络断路器。在低压交流供电系统中，两路市电电源的切换通常有以下两种类型。

（1）两路市电在高压侧采用分段运行方式时（在高压供电线路及变电站容量受限的情况下），系统不允许设母联开关。在低压侧两路市电配电母线间设有母联开关，当其中一路市电电源检修或故障停电时，两路市电在低压侧通过低压母联开关进行联络，以确保通信负荷的用电（此时的保证供电负荷应不允许超过每路市电电源的供电容量）。

（2）变压器故障时的低压系统供电电源的切换：配置多台变压器的低压供电系统，每两台变压器的低压配电系统间设有母线联络断路器，当其中任一台变压器发生故障时，通过母联开关来保证故障变压器所带负载的供电。

2. 市电供电电源与备用电源的切换

1）规模较小的通信局（站）

市电与备用发电机组电源的切换一般在油机室或电力机房的交流配电屏上进行，如微波站、干线有人站、移动基站等。因两路交流电（通常是一路市电和一路油机电）均引至一台交流屏（或交流配电箱）内，其交流电源的切换采用手动或自动方式。早期产品大多采用手动切换方式，仅在无人值守站采用自动切换方式。目前，由于通信局（站）电源正在逐步实施计算机集中监控管理，电力机房正逐步向无人或少人值守方向发展。为此，两路电源的切换设备应尽量实现自动切换并兼有手动切换功能。

2）大中型的通信局（站）

市电与备用发电机组电源的切换一般在低压配电室或电力机房的总交流配电屏上进行。

在通信枢纽楼的实际工程设计中，无论是建筑负载还是通信负载的保证供电电源，其市电供电电源与备用电源的切换均在低压配电室相关配电屏上进行人工或自动切换。采用该种切换方式后，通信楼各相关楼层的电力室的交流供电电源有以下两种配电方式。

（1）从低压配电房的两段不同母线上各引一路电源至各电力室交流配电屏的两路进线端。正常供电的电源切换在低压配电室进行，交流配电屏两路电源中的一路作为低压配电室某配电设备检修时的应急备用电源，这种配线方式可以确保通信供电的可靠性。

（2）通信负载的市电供电电源与备用电源在各相关楼层的电力室交流配电屏上进行人工或自动切换；而建筑负载的市电供电电源与备用电源在低压配电室或油机配电屏上进行人工或自动切换。目前，在大面积的高层通信枢纽楼电源工程的设计中均设多层电力机房及分散供电方式，同时建筑需油机保证供电的设备负荷较大，这样势必使油机供电电源的馈电分路增加许多，需增加多台油机配电电源的配电设备，同时也要相应地增加电力机房的面积。因此，通信用电的市电供电电源与备用电源在各相关楼层的电力室交流配电屏上进行人工或自动切换对于大面积的高层通信枢纽楼不太合适。从供电的可靠性、经济性、高层大面积通信枢纽楼供电的适用性及便于维护方面考虑，通信枢纽楼市电供电电源与备用电源的切换应在低压配电室进行。

3. 电力室交流供电系统供电电源的切换

电力室交流供电系统由总交流配电设备和各套直流设备、UPS 供电系统的交流配电设备组成。

为保证电力机房交流供电的可靠性，尽量减少低配馈电分路、有利于楼内电源通道的规划、及时掌握电力机房的通信交流用电情况，建议电力机房配置总交流配电设备，该设备应有两路电源供电，两路电源可互为备用。

这种配电方式对于高层大面积通信枢纽楼的多层及分散小容量供电的电力机房比较适宜。采用这种配线方式后，分散电力机房交流配电屏的供电电源从相邻电力室的总交流配电屏上引入。

2.3　交流供电系统的质量及其改善

衡量电能质量的主要指标是电网频率和电压质量。频率质量指标为频率允许偏差；电压质量指标包括允许电压偏差、允许波形畸变率（谐波）、三相电压允许不平衡度，以及允许电压波动和闪变等。

2.3.1　交流供电系统的质量

通信交流供电的标称电压为 220 V/380 V，标称频率为 50 Hz。

1. 交流电源直接供电的通信设备和电源设备供电电压要求

（1）通信设备由交流电源供电时，在通信设备的输入电源端子处测量的电压，允许变动范围为额定电压值的 – 10% ~ – 5%。

（2）通信电源设备由交流电源供电时，在设备的输入电源端子处测量的电压允许变动范围为额定电压值的 – 15% ~ +10%。

（3）当市电电压不能满足上述规定电压，或通信设备对电压有更高要求时，应采用调压或稳压设备以达到电压允许范围的要求。

（4）交流电源的供电频率允许变化范围为额定值的 ± 4%；电压波形畸变率应≤5%。

2. 通信局（站）建筑用电设备端子处电压允许偏差值

（1）一般电动机：额定的电压的 ± 5%。

（2）电梯电动机：额定电压的 ± 7%。

（3）照明：一般工作场合电压允许偏差为±5%；视觉要求较高的屋内为额定电压的 – 2.5% ~ +5%；其他难以满足的场合为 – 10% ~ +5%。

（4）其他用电设备：当无特殊要求时，电压允许偏差为±5%。

3. 计算机供电电源的电能指标

通信局（站）计算机供电电源的电能指标应满足国家标准《计算机场地通用规范》（GB/T 2887—2011）的相关要求。

2.3.2 交流供电系统质量的改善

为了满足系统交流供电质量指标的要求，应对供电系统的运行方式做适当调整。

1. 尽量减小电压偏差

根据通信局（站）引入市电供电线路电压的波动范围，合理选择变压器的变压比和电压分接开关。

通过对通信局（站）引入市电供电电压波动范围的调查可知，由一、二类市电供电的通信局（站），其市电供电电压及频率的变化大多在允许的范围内，选用常规的无载调压变压器即可满足通信供电的质量要求。

对于比较偏远的通信局（站），由于市电供电的电压波动较大，因此需采取必要的调压措施，如配置有载调压变压器、三相电力稳压器或调压器等。

在实际工程中，通常采取的措施是配置三相电力稳压器，该类设备占地面积小，便于维护，故障率低；输入电压范围宽，允许偏差可达±30%；输出电压稳压精度高，可以实现无级调压。选用调压设备时应注意以下问题。

1）无载调压

（1）对于油浸式变压器，应选用三级无载分接调压开关。这类调压开关有 3 个可调位置：0、+5%、－5%。变压器在出厂时，调压开关设置在 0 位，用户需根据市电电压的高、低进行相应的设置。

（2）对于干式变压器，应选用五级无载分接的调压开关。这类调压开关有 5 个可调的位置，即在 10 kV 的基础上+5%、+2.5%、－2.5%、－5%，另加零位。变压器在出厂时，调压开关设置在 0 位，用户需根据市电电压的高、低进行相应的设置。

对于配置多台变压器的通信局（站），各台变压器的无载分接调压开关应调在同一级上，以防并联运行的变压器由于其线电压、变压比不同，产生很大的环流而烧损变压器。

2）有载调压

有载调压变压器有油浸和干式两种，两种有载调压变压器的选用应根据变压器的安装场所确定，选型时应考虑以下问题。

有载调压变压器的分接调压开关有 9 个可调位置，即在 10 kV 的基础上+10%、+7.5%、+5%、+2.5%、－2.5%、－5%、－7.5%、－10%，另加零位。

某些通信局（站）站址偏远，受地方供电部门建设专线供电容量限制，站用市电电源只能从公用的架空线路上 T 接引入，低谷供电期电压性能指标严重超标，供电质量差。即使采用有载调压变压器，也很难满足通信设备的供电要求。为此，电压过高的通信局（站）可将有载调压开关的调压范围改为 $10\ \text{kV}\times(1-5\%)\sim10\ \text{kV}\times(1+15\%)$，或将变压器的调压范围由 $10\ \text{kV}\times(1\pm10\%)$ 改为 $9.5\ \text{kV}\times(1\pm10\%)$。即将有载开关的 0 位设定在 9.5 kV，以达到降低电压的目的。

虽然供电系统加装调压设备后使系统损耗增加，效率变低，但对某些市电供电质量很差的通信局（站），采用二级调压减小电压偏差还是提高交流供电质量的有效途径。

2. 尽量使三相负荷平衡

低压三相交流配电线路中单相负荷较多时，如果三相负荷分配不平衡，系统电能损耗会变大，变压器的容量也将得不到充分利用。为降低电能损耗，提高供电质量，除低压供电系统采用三相五线制配电外，还应对站内的单相负荷进行合理的分配，尽量做到三相均衡。

3. 合理补偿系统无功功率

提高系统功率因数可以减小线路导线截面面积和电源容量，减少线路中的电压损耗及电压波动，从而提高供电质量。

国家标准《全国供用电规则》中明确要求：无功电力应就地平衡。高压供电装有带负荷调整电压装置的电力用户，功率因数应达到 0.9 以上。电力用户应在提高用电自然功率因数的基础上，设计和装置无功补偿设备，并随其负荷和电压的变动及时投入或切除，防止无功电力倒送。

1）无功补偿措施

无功补偿的措施主要有两类：一是通过降低各用电设备所需的无攻功率，以提高自然功率因数，在选用电源设备时，应选用效率及功率因数较高的产品；二是采取无功功率补偿的方式提高功率因数。无功功率补偿通常采用静电电容器作为补偿装置，一般分为个别、分组和集中三种方式。

个别补偿通常用于低压回路，电容器直接并接在用电设备近端。其优点是设备的无功功率得到了充分的补偿，同时减少了配电线路及变压器的无功负荷，提高了线路及变压器有功功率的利用。无功功率的个别补偿效果最为理想。个别补偿的不足之处在于投资大、利用率低，个别场所环境比较恶劣，为此个别补偿只适用于运行时间较长、容量较大、负荷平稳、供电线路远的设备。

分组补偿的电容器并接在各用电机房低压配电屏的配电母线上，采用这种补偿方式，其静电电容器的利用率较高，但只能减少供电线路及变压器中的无功负荷，而配电线路中的无功负荷没有得到补偿。

集中补偿是将静电电容器并接在通信局（站）变压器的低压侧。由于这种补偿能使通信局（站）主变压器的视在功率减小，从而使主变压器的容量可以选得较小，具有相当的经济性。而且这种补偿的低压电容器柜就安装在低压配电室内，运行维护方便。因此，这种补偿方式在通信局（站）供电系统中普遍应用。

在变压器高压侧进行的集中无功补偿方式，在通信局（站）通供电系统中应用极少，一方面是高压集中补偿占用机房面积大，需串接电抗器减少合闸冲击浪涌电流，维护不便；另一方面高压电容对过电压很敏感，油浸式电力电容器很容易引起爆炸。

2）无功补偿的安装容量

无功补偿电容器的安装容量 AQ（kvar）可按下式计算。

$$\Delta Q = P\left(\sqrt{\frac{1}{\cos^2\varphi_1}-1}-\sqrt{\frac{1}{\cos^2\varphi_2}-1}\right) \tag{2-3}$$

式中　p——负荷容量；

$\cos\varphi_1$、$\cos\varphi_2$——补偿前和补偿后的功率因数值。

选用无功功率补偿装置时，应先按上式求出所需的补偿电容器组的容量，选取容量与计算值相近的产品。

3）成套无功补偿装置

无功功率补偿装置是能根据系统负荷的功率因数值、以 10 ~ 60 s 的时间间隔自动地投切电容器组、使系统的无功功率消耗维持在最低值的一种电工装置。采用无功功率补偿装置一般可以使电网的功率因数长期保持在 0.95 以上，从而降低变压器乃至整个供电系统的功率损耗，最终达到节约能源、降低成本和提高电网供电质量的目的。

目前，成套无功补偿装置的代表产品主要是 PGJ1 型无功功率自动补偿屏。它主要由控制器、电容器组及其投切装置等组成。控制器中的相位检测单元测量主电路的电压与电流之间的相位差，后者与设定的功率因数值进行比较，通过比较取出的信号经放大后，输送到延时电路，然后再由执行单元输出“投”“切”指令，使主电路（见图 2-8）中的投切装置（一般为接触器）相应地动作，投入或切除部分电容器组。

针对电容器组投入时将出现较大涌流的情况，在主电路中设有电抗器（使用专用 CI16 系列交流接触器时，可不设电抗器）。线路中的灯泡是供电容器放电用的。整个装置还设有过电压保护和过载（包括短路）保护，而接触器又可以提供失压保护功能。

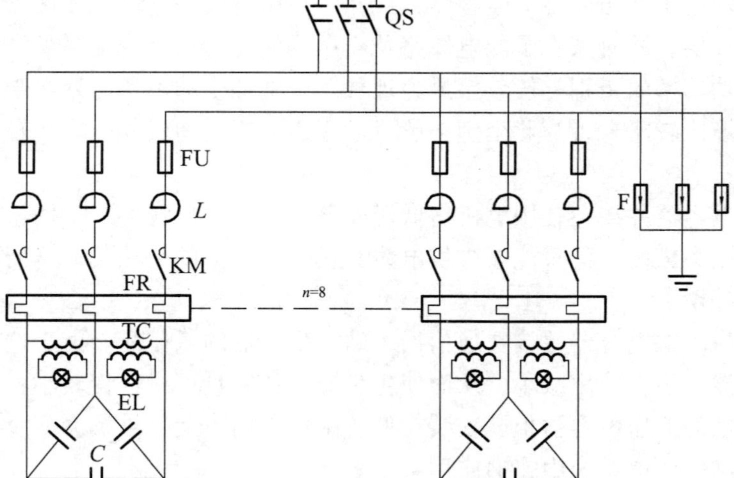

图 2-8　无功功率补偿装置中的主电路

根据需要，装置可以采用手动或自动两种控制方式。电容器组的投切采取循环方式，以保证各接触器、电容器操作次数均衡，从而延长其使用期限。

PGJ 系列无功功率自动补偿屏有主屏和辅屏两种形式。主屏含有控制器，一台主屏可与 1 ~ 3 台辅屏组合，其总容量为 84 ~ 480 kvar。投切方式有 6 步及 8 步两种，每步投入 14 ~ 84 kvar 不等。产品的额定电压为 400 V（50 Hz），当电网电压超过 1.1 倍额定电压时，由氧化锌避雷器吸收过电压，同时将电容器切除。当电容器电路电流超过额定电流的 130%时，装置能可靠地切除电容器，而在采用电抗器时，能将涌流限制在 50 倍额定电流以下。电容器放电装置在放电 60 s 后，其剩余电压小于 50 V。

自动补偿屏的屏体有 1 000 mm × 2 200 mm × 600 m 和 800 mm × 2 200 mm × 600 mm 两种规格，其顶部装设母线。屏面上部为仪表部分（装有电能表、转换开关和控制器等），中间为操作部分（装有开关操作手柄），下部前面是保护电器和控制电器、后面为电容器组。

4. 抑制谐波的产生

为保证供电质量，防止谐波对电网及各种电力设备的危害，除对发、供、用电系统加强管理外，还须采取必要措施抑制谐波。这应该从两方面来考虑：① 产生谐波的非线性负荷；② 受危害的电力设备和装置。二者应该相互配合，统一协调，作为一个整体来研究。实际措施的选择要根据谐波达标的水平、效果、经济性和技术成熟度等综合比较。

第3章　直流供电系统

在通信局（站）中，一般把交流市电或发电机组产生的电能作为输入能源，经整流后向各种通信设备及二次变换电源设备/装置提供直流电能的电源称为直流电源。直流电能也可以由太阳能电池、化学电池（电源）和热电装置等设备产生。

3.1　直流供电基础

通信局（站）直流供电系统主要由整流设备、直流配电柜（屏）和蓄电池组等按要求组合而成，为通信设备提供直流电能。目前，直流供电系统输出电压主要为 – 48 V，只有一些长途光缆中继站和少数进口设备还采用 – 24 V 供电，240 V 和 380 V 高压直流供电系统正在中国电信、中国移动、中国联通等部分通信局（站）试运行。

3.1.1　电压等级

直流电源的电压等级有很多，如 3 V、5 V、12 V…440 V 等。一般 3 V、5 V 和 12 V 电压用于集成电路的供电；24 V、48 V、60 V、240 V 和 380 V 等用于通信设备供电；110 V 和 220 V 用于变电室高压开关合闸电源；270 V 和 440 V 用于为 UPS 逆变器供电。

按照传统的使用方式，通信设备供电电压大都采用 48 V、24 V 和 60 V 三种。通常将直接向通信设备供电，同时又可以对直流换流设备供电的直流电源称为直流基础电源。48 V、– 24 V 和 – 60V 是三种常用的直流基础电源电压等级，其中 – 24 V 和 – 60 V 制式已趋于淘汰。

《通信局（站）电源系统总技术要求》（YD/T 1051—2010）规定，通信局（站）用直流基础电源的首选电源电压为 – 18 V，如有其他直流电压要求的，应设置直流—直流变换器。过渡期暂时保留的电源电压为 – 24 V，该电压等级的电源一般不再扩容，直至这些设备停止使用。对于新建的通信局（站），原则上只提供 – 48 V 的直流基础电源，进入通信网的交换设备必须采用 – 18 V 的电源电压。对于传输设备，若没有特殊情况，也应采用 – 48 V 的电源。这种带“ – ”号的基础电压，是指电源正馈线接地，作为 0 V 参考电位，负载线接熔断器后，与机架电源或负载连接。为了提高供电系统的可靠性，240 V 高压直流供电系统正在逐步推广应用。

3.1.2　系统组成

组成直流基础电源的设备主要包括整流器、蓄电池组、直流配电柜等。

除直流基础电源外，通信电源还有一次变换电源、直流逆变电源等形式。一次电源其实就是直流—直流变换器，它把直流基础电源的电压变换为交换机或其他通信设备适用的电压等级（如+24 V、±12 V、±5 V、±3 V 等）。直流—交流逆变器则给需要提供交流电源的通信设备提供多种电压等级的交流电源。

典型的直流供电系统框图如图 3-1 所示。

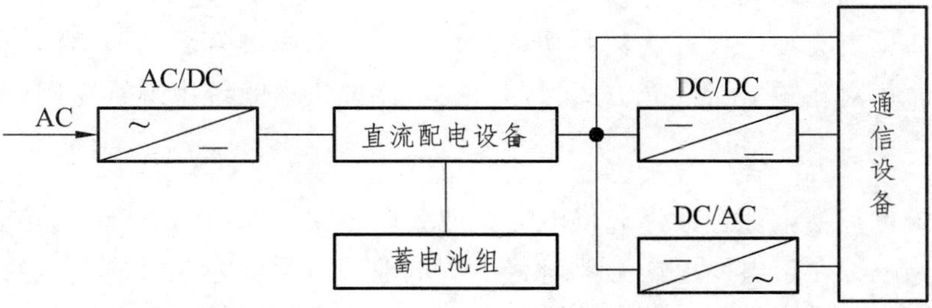

图 3-1　通信用直流供电系统框图

3.1.3　供电方式

不同的通信局（站）情况不同，条件各异，其直流供电系统的组成也不尽相同。但要保证通信不中断，就必须确保连续优质的电能供给，蓄电池组因其特有的保障作用，几乎成为直流供电系统必不可少的组成部分。直流供电系统的供电方式主要有以下几种形式。

1. 整流器独立供电

整流器独立供电方式，也称为没有蓄电池通信设备的直流供电方式。通信系统经过整流器从市电电网直接获得直流电能。当市电或整流器出现故障时，直流供电将中断。这种直流供电方式适用于通信允许中断的小容量通信系统。

2. 整流器-蓄电池供电

整流器-蓄电池供电方式是在整流器独立供电方式的基础上，增加了备用蓄电池组的供电系统，这是当前通信局（站）供电的主要方式。根据蓄电池使用方法的不同，此种供电方式又可分为充放电、半浮充及全浮充三种运行方式。

1）充放电方式

充放电方式是在整流器独立供电方式的基础上，增加两组蓄电池交替进行充放电的供电方式。早期通信电源设备落后、浮充供电技术未得到推广时，曾广泛使用充放电方式。这种供电方式的电源稳定性好，但效率低，需要设置两组大容量的蓄电池，充电用整流器容量也要加大，充放电维护工作繁重。随着通信电源设备技术性能的提升和市电供电可靠性的不断提高，这种供电方式现在已基本淘汰。

2）半浮充方式

半浮充充电方式是在充放电方式基础上，采用能浮充和充电的整流器，由一组或两组蓄电池与整流器并联对通信设备供电，部分时间由蓄电池单独放电供电。例如，白天采用浮充供电，夜间采用蓄电池放电供电，由蓄电池放电或自放电引起的容量损失在浮充供电时得以补充。这种供电方式可以减轻维护人员的夜间工作量，特别适用于白天负荷重、夜间负荷轻和负荷变动比较大的通信局（站）。这种供电方式同充放电方式相比其优点是蓄电池的容量小，还能减少蓄电池反复充放电循环次数和功率损耗，延长蓄电池寿命。但蓄电池仍然要进行充放电，使用寿命相对较短。半浮充方式目前仅在太阳能供电系统中继续使用。

3）全浮充方式

全浮充方式也称蓄电池连续浮充供电方式或并联方式。它由蓄电池与整流器并联对通信设备昼夜连续供电，在市电停电或必要时，由蓄电池放电供电。蓄电池放出的电量或自放电的容量损失在浮充时进行补充。蓄电池平时保持在完全充满电的状态，从以前直接提供通信设备电能变为备用能源。

全浮充方式下的蓄电池比在充放电或半浮充方式下工作的蓄电池充放电循环次数大为减小，因而电能利用率高。同时，蓄电池使用寿命更长，维护工作量更小，蓄电池经常处在满容量状态，能更可靠地起到备用电源的作用。蓄电池投入系统运行，不需附加任何转换设备，因而能连续地对通信系统供电。此外，与负荷并联的蓄电池组对负载中的浪涌现象还有一定的吸收作用，可以有效提高通信供电的质量。

蓄电池浮充电压值是否合适，直接影响到蓄电池的寿命，特别是 VRIA 蓄电池。所以，配套的整流设备应具有高精度的自动调压功能，现代高频开关电源能满足这一要求（见表 3-1）。

表 3-1　系统对蓄电池的充电期

市电故障时间/min	>2	>4	>6	>10	>14	>18	>24
充期（2.33 V/只）/h	2	4	6	10	14	18	24

4）VRIA 蓄电池充电方式

（1）在线充电方式。由于整流器具有限流恒压功能，因此蓄电池对通信负载放电后，进行正常充电可以采用在线充电方式，即整流器在向负载供电的同时又对蓄电池进行充电。其充电方法有以下三种。

浮充充电：当整流器恢复工作后，以限流恒压方式对电池充电，即充电前期整流器以恒流方式输出，充电电流被限制在 $0.15C_{10}$（A）左右。当整流器输出电压上升至浮充电压设定值后，继续浮充，使蓄电池内电流降至浮充电流值即为充足。

限流恒压充电：将限流点适当提高为 $0.15C_{10}$（A）至 $0.25C_{10}$（A），恒压值也适当提高为 2.30 V/只～2.35 V/只（25 °C），充电结束后，整流器自动将输出电压降为浮充电压并继续保持全浮充。

递增电压充电：充电方法与限流恒压充电方法基本一致，只是在充电快结束时，将电压递增 1，目的是使电池在充电末期获得足够的充电电流。前期恒压值 U_1 取 2.25 V/只（25 °C）左右，后期恒压值 U_2 取 2.35 V/只（25 °C）左右。

（2）离线充电方式。为了达到快速充电的目的，可将 VRLA 蓄电池脱离供电系统，以快速充电的方法在较短的时间补足其电量。快速充电方法仍然是限流恒压方式，只是将恒压值提升至 2.45 V/只～2.50 V/只（25 °C），充电可在 12 h 甚至更短的时间内完成。

3. 直流—直流变换器供电

通信系统电源电压种类繁多，而且有的需要远距离传递，采用蓄电池组成的直流供电系统难以完全满足要求。为此，必要时可利用集中或分散的直流—直流变换器，以提升或降低直流供电电压，如图 3-2 所示。

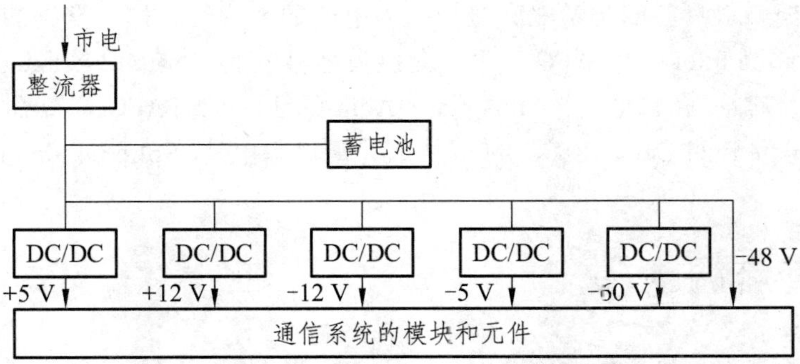

图 3-2　直流—直流变换器供电方式

4. 自然能-蓄电池供电

可直接用于发电的自然能有太阳能、风能、水力（能）、潮汐能等，但目前用于通信系统直流供电的主要是太阳能和风能，它们可以分别与蓄电池组成直流供电系统，也可以与整流器和蓄电池组共同组成混合供电系统。

以太阳能、风能-蓄电池组组合供电为例，这种供电方式适合于太阳能、风能资源比较丰富，而且随时间变化具有互补性的偏远通信局（站）。太阳能和风能通常具有季节性的或一天时间内的负相关性，这意味着在太阳光强的时候风力小，而太阳光弱的时候风力强。这不仅为太阳能和风能的组合利用创造了条件，而且还可以适当减小蓄电池组的容量，这种组合供电方式如图 3-3 所示。

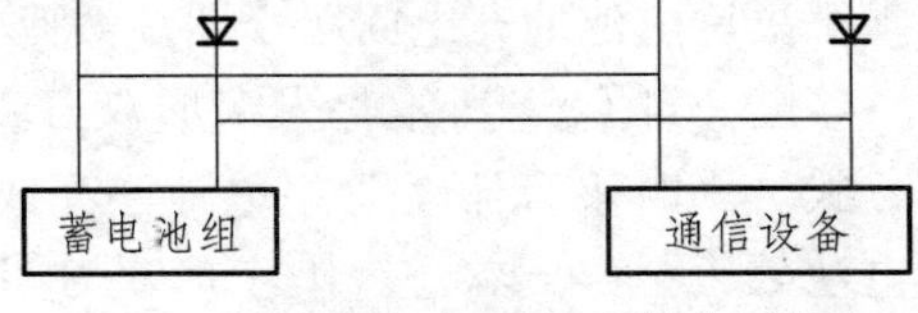

图 3-3　太阳能、风能和蓄电池组组合供电方式

对于市电供电质量较差，经常停电的通信局（站），

如果当地自然能资源丰富且利用条件较好，为了保证通信系统供电不中断，也可以采用整流器、太阳能（或风能）与蓄电池组合的综合供电方式。

5. **不间断蓄电池系统供电**

不间断蓄电池系统（Uninterruptible Battery System，UBS）又称不间断直流供电系统，其基本思想是减小备用电源蓄电池的设计容量，扩展备用时间，提高供电系统的可靠性。

不间断蓄电池系统实际是由蓄电池和直流发电机并联组成的备用电源。当市电或整流器出现故障时，由浮充的蓄电池放电供电。当蓄电池电压下降到设定值时，通过监控系统启动直流发电机，为通信系统供电，同时也给蓄电池组补充充电。当市电恢复或整流器故障排除时，在最小的工作时间（一般为 20 min）后，直流发电机自动退出运行。

由此可见，在 UBS 中蓄电池容量可以适当减小，而且在没有其他交流负载的情况下，常规的交流备用发电机组也可以取消。

UBS 适用于偏远地区由太阳能供电的通信局（站），特别对保障因飓风、暴风雪、地震、洪水等自然灾害造成的通信供电中断有重要意义。

6. **整流器-燃料电池供电**

燃料电池是把燃料具有的化学能直接变换为电能的装置的总称。常见的燃料电池有：碱性燃料电池（Alkaline Fuel Cell，AFC）、质子交换膜燃料电池（Proton Exchange Membrane Fuel Cell，PEMFC）、磷酸型燃料电池（Phosphoric Acid Fuel Cell，PAFC）、熔融碳酸盐型燃料电池（Molten Carbonate Fuel Cell，MCFC）和固体氧化型燃料电池（Solid Oxide Fuel Cell，SOFC）。

3.1.4 直流调压

直流供电系统必须满足通信设备对电源电压的要求，在浮充充电电压和放电电压状态下，必须采取一定的调压措施，始终保证通信设备进线端子上的电压值在规定的范围内。通常采用的调压方式有尾电池调压、降压调压、升压器调压和升降压补偿器调压方式等。

1. **尾电池调压**

尾电池调压方式是把蓄电池组分为主电池和尾电池。在市电或整流器出现故障时，首先由主电池放电供电，当主电池电压下降到一定值后，再接入尾电池，以提高输出电压。尾电池可以是一级或多级。尾电池调压方式具有可靠性高、输入电阻低和滤波性能好的优点，但尾电池接入时会使电压发生阶跃性变化，而且要求配置控制尾电池接入和断开装置，同时还须解决尾电池的充电问题。图 3-4 所示是两种尾电池不同的接入方式。

图 3-4（a）所示是人字形双刀四口开关接入方式。这是通信局（站）过去普遍采用的方式。平时整流器 1 给主电池浮充或充电，同时给负荷供电，整流器 2 给尾电池充电，尾电池处于全浮充状态，人字形双刀四口开关（尾电池开关）处于端子 1-2 处。当交流电中断时，尾电池开关自动动作，首先接通端子 1-2-3 处，然后断开 1 端子，接通 2-3-4，以保

证供电回路不间断供电。*R* 是为防止在开关动过程作中不致使尾电池发生短路而设的限流电阻。

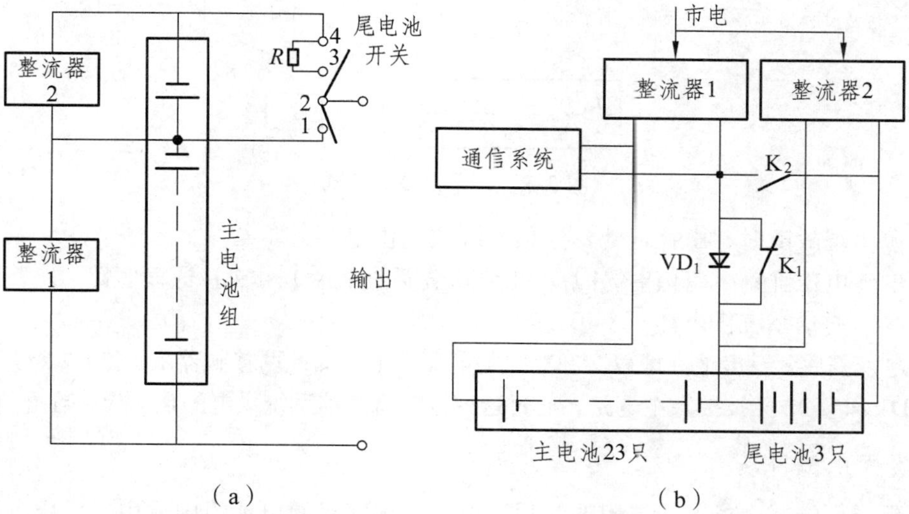

图 3-4　尾电池的调压方式

图 3-4（b）所示为尾电池调压方式的另一种形式。在正常工作中，整流器 1 给通信系统供电，与它相并联的 26 个蓄电池中的 23 个主电池经 K_1 接点（约 51.3 V）浮充充电。尾电池（3 只约 6.7 V）由整流器 2 浮充充电。市电或整流器故障时，主电池电压放电到一定值时，接触器 K_1 打开，K_2 闭合，加入尾电池继续供电。

2. 降压调压

当蓄电池组的浮充电压比负载电压高时，正常供电时需在主电路中串联接入降压元件降压后向通信设备供电。降压调压又可以分为电阻降压、二极管降压和反压电池降压等方式。

1）电阻降压

由于蓄电池组的浮充电压比负载电压高，因此通过串联在配电回路中的电阻降低蓄电池组的电压后对负载供电。当放电供电时蓄电池组的电压下降到一定程度时适时地短路部分乃至全部电阻，可以保证供电电压在通信设备允许的范围之内变动，从而延长供电时间。

2）二极管降压

在正常工作情况下，整流器给通信系统供电，对蓄电池以 2.23 V/只的电压浮充充电（假设环境温度为 25 °C，下同）。如图 3-5 所示，这一浮充电压对于通信系统而言太高（2.23 V× 电池数）。通过二极管降压，可以把电压降到所希望的值，为此利用硅二极管的正向压降来实现。接触器 K_1，K_2 断开，则降压二极管组 VD_1、VD_2 被接入主电路。这样 K_1、K_2、VD_1 和 VD_2 就构成了降压二极管对输出电压的控制。

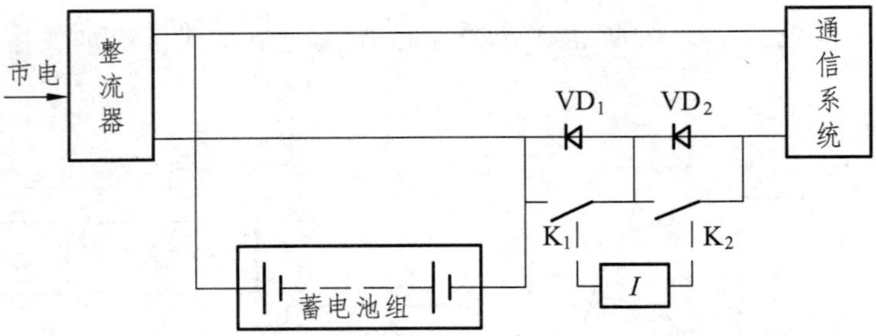

图 3-5　二极管降压方式

当电源出现故障时，由蓄电池对通信系统放电供电。

当蓄电池电压降到一定值时，VD1 和 VD2 先后通过 K1、K2 接通而短路，使蓄电池电压上升，继续对通信系统供电。

当市电恢复后，蓄电池立即以 2.33V/只的电压充电。为此两接触器 K1 和 K2 断开，则降压二极管 VD1 和 VD2 又被接入主电路。通过这种方法将通信系统供电的电压保持在允许范围内。

3）反压电池降压

把电阻降压方式中的降压电阻改为反压电池，如在铅酸电池组中改用碱反压电池，就能把铅酸电池组的电压降到负载所需要的电压范围。放电供电时，逐个切除碱反压电池，就能保持供电电压在通信设备允许的电压变动范围之内，延长供电时间。显然，这种降压方式的接入和切除机构复杂，维护较麻烦，因此，在实际工作中基本不采用此法。

3. 升压器调压

把尾电池调压方式中的尾电池换成升压（变换）器，则构成升压器调压方式。这种方式能进行电压微调，保持供电电压恒定，适合对电源电压要求严格的通信设备供电时使用。因升压器电路复杂、可靠性低、价格较贵，因而其使用受到了限制。

4. 升降压补偿器调压

在同一个电信局（站）中，如果有两种不同供电电压的电信设备，则可以采用升压和除压补偿器的调压方式。如果工作在常规直流需要的低容差工作电压下，则可以插入用于升降电压的补偿器。这个补偿器必须补偿电信系统与充电和放电蓄电池之间的电压差。

需要说明的是，随着技术的发展，现在许多通信设备工作电压允许的变化范围已经可以做到很宽(36 ~ 72 V),直流供电系统通常情况下不再需要通过上述调压方式进行小范围调压，就基本可以满足通信设备的正常工作需要。

3.2　多机架直流供电系统

通信用直流供电系统的输出电流一般较大，通常从几十到几百安不等，为了保证通信的可靠性，避免由于电源故障导致通信全面中断，采取直流分散供电方式是提高通信供电可靠性的有效措施之一。通常，将多台开关整流器在机架上并联组成整流柜，再将交流配电柜、直流配电柜、整流柜及蓄电池组组成一套直流电源系统，为一部分通信设备供电，其他通信设备由另外一套或几套直流电源系统分别供电，以此来实现直流分散供电，保证通信电源系统的不间断供电。根据通信设备的用电容量和通信设备的不同用途，一般可分为小型局（站）用单机架直流供电系统和通信枢组用多机架直流供电系统两种类型。

3.2.1　系统结构

通信枢纽用大容量多机架直流电源系统是由独立的交流配电柜、一个或几个装有整流器模块的整流柜和独立的直流配电柜按照一定的要求排列连接组成的。这种电源系统一般为大型局（站）通信设备供电，其输出电流可达数百至上千安培，因此对交流供电的可靠性有较高的要求。在电源系统的输入端一般至少要备有两路交流供电，其中一路必须配置有至少一主一备的（柴油）发电机组。

整流器模块单机输出电流一般在 50 A 以上，甚至更大些。交流输入为三相三线制，避免了三相交流不平衡时产生过大的中线电流。其直流配电柜有时需要两个并联使用，蓄电池的配置一般要求两组或更多，电池组容量一般较大。

3.2.2　配电模式

直流电源中的配电系统是通信电源系统的重要组成部分，是直流供电系统的枢纽。它承接从整流器或蓄电池送来的直流电，再将其分配和传送到通信机房的设备上去，完成对负载的分路、保护和监控，以及对整流器、蓄电池组和调压装置的控制与保护。

直流配电系统主要由直流配电设备和电力馈电导线两部分组成。通常直流配电设备具有配电、保护、检测输出电压和电流的手段及告警功能。从直流配电设备的蓄电池组端子到输出负载端子之间，流过该设备额定电流时的电压降定义为直流配电设备的电压降，这个压降应不超过 0.5 V。从蓄电池组输出端经直流配电设备、馈电导线到通信设备电源输入端子之间各部分电压降的总和即为直流配电系统的电压降。

早期机电制交换机等通信设备所采用的传统配电系统为低阻配电。程控交换机得到广泛使用后，由于部分进口交换设备对供电电压变动范围要求较为严格，要求限制瞬变电压范围，从而出现了高阻配电系统，以防止在发生短路时出现过高的瞬变电压，保证通信设备能够正常工作。直流供电系统采用什么样的配电方式，通常取决于相应通信系统的供电需求。

3.3　单机架直流供电系统

小型局（站）直流供电系统通常采用单机架直流电源形式。单机架直流供电系统的特点是功能齐全，与多机架大容量直流电源相比，其主要功能并没有多大的差异。由于其交、直流配电及整流器模块均在一个电源机架上组合而成，因而占地面积小、摆放灵活，交流输电线可以采取上进线或下进线方式。整流器模块的并联可带电热插拔，为电源系统的增容及减容使用带来很大的方便。

不过,由于这种电源由单机架组合而成,输出电流受到了一定的限制,一般设计在 1 000 A 以下。这种单机架组合的直流电源系统在通信电源行业中习惯称其为组合电源或开关电源系统，它多用于小型的通信局（站）。

3.3.1　系统结构

单机架直流电源通常由交流配电部分、若干个整流器模块、直流输出配电部分和集中监控单元（监控模块）按照一定的要求在单个电源机架上配置而成，有的 – 18 V 蓄电池组也同机配置，其整机结构外形如图 3-6 所示。各部分功能介绍如下。

1. 交流配电单元

交流配电单元将来自市电或（柴油）发电机组的三相四线交流电分为整流器模块供电和其他交流分路输出。

这种单机架电源的整流器模块一般为单相 220 V 输入，考虑到三相交流电的平衡，应尽可能将机架内所有整流器模块平均地分配到每一相上。交流分路输出为机房内其他交流用电设备提供电源，如空调、UPS、计算机等。交流分路输出的路数和每路的电流容量可以根据用户实际需要而定。

交流配电单元的另一种重要功能是实现两路输入的交流电通断互锁，即其中一路交流电源发生故障时，可手动或自动切换到另一路交流电源上，但任何时间都不允许出现两路交流电源同时接通或断开的现象。两路交流电互锁一般采用机械或电气互锁的方式。

如果电源设备安装在雷电多发地区，则通常还应在交流市电输入端安装具有一定通流量的防雷击系过电压保护装置（防雷组件）。

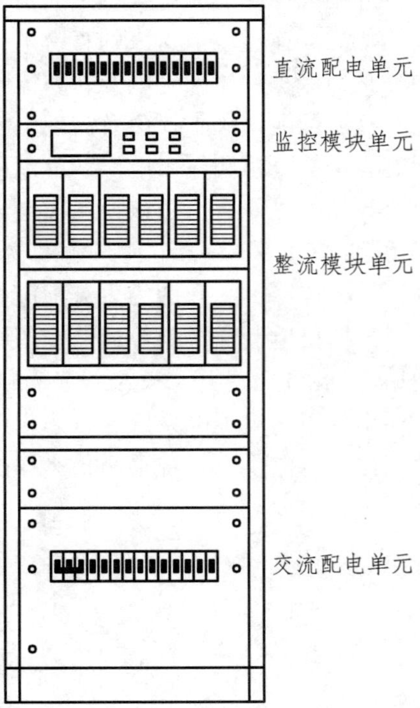

图 3-6　单机架直流组合电源结构外形

2. 整流模块单元

整流模块单元是直流电源系统的重要组成部分，电源系统供电质量主要取决于整流器模块的电气指标。整流器模块完成 AC/DC 变换并且以并联均流方式为通信设备供电，同时对蓄电池组进行限流恒压充电，为集中监控单元供电。

3. 直流配电单元

直流配电单元的功能与交流配电单元的功能相似。直流配电单元通常将整流器并联输出的 – 48 V 直流电分配为三路：第一路为通信设备供电；第二路为蓄电池组充电，当输入交流电源出现故障时整流器模块停机，这时与整流器模块并联的蓄电池组通过直流配电柜内的欠电压保护继电器和熔断器继续为通信设备供电；第三路为机房内其他直流设备供电。

直流分路输出的路数及各路的电流容量视具体情况而定。

直流配电单元还设有应急电源。当交流停电需要应急照明时，可以启动直流应急电源进行照明，能方便地进行故障处理。应急电源启动电路多用直流接触器控制，应急电源输出的最大容量一般设计为 100 A。

4. 监控模块单元

直流电源系统的监控模块单元对于独立的通信电源系统来说相当于智能控制中心，但对于通信局（站）的集中监控区域乃至更大的本地网监控中心来讲，监控模块则是一个最基本的监控单元。监控模块应具备以下几方面的功能。

1）监测功能

监控模块的监测对象包含交流配电、整流器模块和直流配电部分（包括蓄电池组）。

（1）交流配电所监测的内容有：交流输入线（相）电压、电流。

（2）整流器模块的监测内容有：模块并联输出电压值，以及每个模块的输出电流值。

（3）直流配电部分的监测内容有：系统直流输出电压、负载电流、蓄电池充放电电流、放电时电压的实时测量值，以及各分路输出电流和总电流。

2）控制及告警功能

控制功能主要包括：

（1）电源系统的开机、关机；各个整流器模块的开机、关机。

（2）直流输出电压、交流输入电压范围及直流输出电流极限值的设定。

（3）系列完整的蓄电池管理功能，如蓄电池浮充、均衡充电电压和充电电流极限值的设定。

（4）浮充、均充时间的设定及两种充电状态的相互转换。

（5）环境温度的测量，充电时环境温度系数的补偿，电池放电时的容量记录和电池欠电压保护点的设定等。

电源系统在运行期间如有某些参数达到或超过告警的设定值，监控模块将采集到的模拟量或开关量信号经过处理后发出声光告警信号，在监控模块的显示屏上显示出故障部位和故障原因。更完善的告警系统还可以将最近一次或几次的故障时间及故障原因储存记录，为查询故障和分析故障提供历史数据。

3）与上位机数据通信功能

此功能是实现通信局（站）内多套电源系统集中监控及区域监控，或更大的监控中心对更多的通信局（站）电源系统实现集中监控的必备功能。

3.3.2 原理框图

典型单机架直流电源系统原理框图如图 3-7 所示。该系统由两路交流电源供电：一路为市电三相动力电输入，另一路由（柴油）发电机组供电。经过主、备切换后，一路供给整流器模块输入分配装置，经分配装置输出给各个整流器模块供电；另一路分配到交流配电输出，供机房其他交流设备使用。交流配电单元输入按要求装有防雷过压保护器。

交流输入经整流器模块 AC/DC 变换后其直流输出汇接到直流母排，并送至直流配电柜，经过输出分流器后分到直流输出分路，供直流负载分配使用。

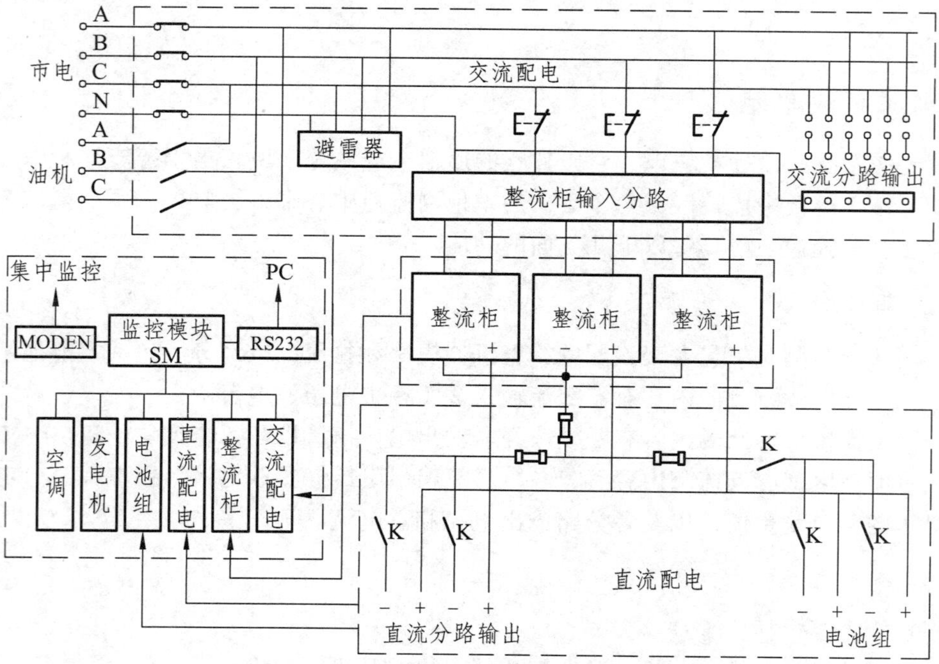

图 3-7 单机架直流电源系统原理框图

两组蓄电池通过充放电分流器、总电池开关和分路电池开关与整流器模块输出汇流排并联，两组蓄电池分别串联有欠电压切断保护继电器。当电池放电电压达到欠电压告警设定值时发出声光告警，如继续放电到欠电压关断设定值时，电池分路开关将自动断开，以保护蓄电池不致因深度放电而损坏。使用时应根据通信局（站）的地位和性质来决定是否启用这项功能。

整流器模块的工作方式一般分为两种，即内控式和外控式。内控式整流器模块内部设有独立的监控单元，可以对整流器模块的参数进行检测、设定和显示，这种整流器模块与系统的监控模块一般通过 RS-485 总线连接。外控式整流器模块内部不设独立的监控单元，其输出电压、输出电流极限受系统监控模块的控制。如果监控模块发生故障，则整流器模块转为自主工作状态，其输出电压、限流点服从初始设定值，保证系统不间断供电。这种外控式整流器模块向系统监控模块传输的信号可以是模拟量和开关量，在监控模块内完成 A/D 转换。

监控模块：所谓监控即可以用本机键盘操作对电源系统运行的参数进行检测、设定和显示，也可以通过 RS-232 通信接口与上位机连接实现局（站）内电源系统的集中监控，还可以通过调制解调器与远程上位机相连实现远程监控功能。

3.3.3　二次下电

为了更好地保护电池，以及在市电中断时尽可能地确保通信机房主要设备的供电，作为单机架直流供电系统核心的组合电源通常应具有二次下电功能，即将机房内的设备根据其重要程度的不同分为“重要负载”和“一般负载”。当市电中断后，由蓄电池进行放电，当蓄电池端电压降低到一定数值 U_1 时，在监控单元的控制下，直流配电单元切断对“一般负载”的供电，只保证对“重要负载”的供电不间断。当蓄电池电压持续下降至数值 U_2 时，为保证蓄电池不致因过度放电而损坏，此时直流配电单元将完全切断电池供电电路，机房设备供电随之中断。此处 U_1 即为所谓的一次下电电压，U_2 即为二次下电电压。这种根据负载重要程度的不同，分两次切断电池对设备的供电，以最大限度地保护电池，并尽可能地延长重要设备供电时间的电池管理功能，被称作“二次下电”功能。具体功能实现如图 3-8 所示。

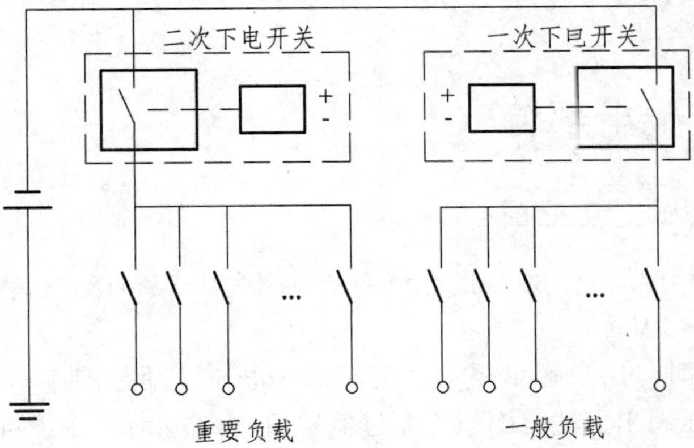

图 3-8　“二次下电”功能电气原理图

一次下电电压 U_1 和二次下电电压 U_2 的值可以根据电池特性及电池容量大小确定，U_1 一般为 45 ~ 47 V，U_2 一般为 42 ~ 43 V。

3.4　直流供电系统的技术要求

通信用直流供电系统应能够满足通信网络安全供电保障的需求，确保通信系统设备用电不中断。参考《通信用高频开关整流器》（YD/T 731—2008）、《通信用高频开关电源系统》（YD/T 1058—2015）、《通信用阀控式密封铅酸蓄电池》（YD/T 799—2010）和《通信电源设备电磁兼容性限值及测量方法》（YD/T 983—2013）的相关内容，直流供电系统应符合以下要求。

3.4.1　环境条件

1. 温度范围

工作温度范围：－10 ~ 40 °C；

储运温度范围：–40～70 °C。

2. 相对湿度范围

工作相对湿度范围：≤90%×（40 °C±2 °C）;
储运相对湿度范围：≤95%×（40 °C±2 °C）。

3. 大气压力

大气压力范围：70～106 kPa。

4. 振动

系统应能承受频率为 10～55 Hz、振幅为 0.35 mm 的正弦波振动。

3.4.2 交流配电部分

1. 交流输入电压变动范围

三相五线制或三相四线制 380 V 的允许变动范围为 323～418 V；单相三线制 220 V 的允许变动范围为 187～242 V。

当供电条件恶劣时，用户提出要求，交流输入电压变动范围应不窄于输入额定电压的±20%；交流输入电压超出上述范围但不超过额定值的±25%时，系统可降额使用。

2. 输入频率变动范围

输入频率变动范围为 50 Hz±2.5 Hz。

3. 输入电压波形畸变率

输入电压波形畸变率应不大于 5%。

4. 输入功率因数

当输入额定电压、输出满载时，系统的输入功率因数应满足表 3-2 的要求。

表 3-2 输入功率因数

输出负载	输入功率因数		
	1 级	2 级	3 级
100%额定负载	≥0.99	≥0.96	≥0.92
50%额定负载	≥0.98	≥0.95	≥0.90
30%额定负载	≥0.97	≥0.90	≥0.85

5. 输入电流谐波成分

当输入额定电压、输出满载时，系统的输入电流谐波成分应满足表 3-3 的要求。

表 3-3　输入电流谐波成分

输出负载	输入电流谐波成分（3～39 次 THDD）		
	1 级	2 级	3 级
100%额定负载	≤5%	≤10%	≤28%
50%额定负载	≤8%	≤15%	≤30%
30%额定负载	≤15%	≤20%	≤35%

6. 交流输入电源转换

当有两路交流输入电源时，系统应具有手动或自动转换装置。手动转换时，应具有机械连锁装置；自动转换时，应具有电气和机械连锁装置。

7. 事故照明功能（可选）

必要时，交流配电部分应具有事故照明功能。事故照明电路在停电时自动闭合，恢复供电时自动断开。

3.4.3　整流模块

系统的整流模块应符合《通信用高频开关整流器》（YD/T 731—2008）的要求。

3.4.4　直流配电部分

1. 直流输出电压可调节范围

（1）系统在稳压工作的基础上，应能与蓄电池并联以浮充工作方式和均充工作方式向通信设备供电。

（2）系统输出电压可调节范围：－57.6～－43.2 V 或 21.6～28.8 V。

（3）系统的直流输出电压值在其可调范围内应能手动或自动连续可调。

2. 系统稳压精度

系统稳压精度应优于±1%。

3. 系统电话衡重杂音电压

系统直流输出端的电话衡重杂音电压应不大于 2 mV。

4. 系统峰-峰值杂音电压

系统直流输出端在 0 ~ 20 MHz 频带内的峰-峰值杂音电压应不大于 200 mV。

5. 直流配电部分电压降

环境温度为 20 °C 条件下，直流配电部分蓄电池端子与负载端子之间放电回路满载时的电压降不超过 500 mV。

6. 蓄电池管理功能

（1）系统应具有蓄电池接口，3 kW 以下的系统应至少接入一组蓄电池，其他系统应能接入两组蓄电池。

（2）系统应具备对蓄电池均充充电及浮充充电状态进行手动或自动转换的功能。

（3）系统在对蓄电池进行充电时，应具有限流充电功能，并且限流值应能根据需要进行调整。

（4）系统应能根据蓄电池环境温度对系统的输出电压进行温度补偿或保护。

（5）在蓄电池放电及均充时，系统应具备对蓄电池容量进行估算的功能。

（6）系统宜具备蓄电池单体电压管理功能（可选）。

7. 并联工作性能

系统中整流模块应能并联工作，并且能按比例均分负载：负载为额定输出电流的 50% ~ 100%时，整流模块输出功率应为不小于 1 500 W 的系统，其负载不平衡度应优于 ± 5%，其他系统的负载不平衡度应优于±10%。

负载为额定输出电流的 50% ~ 100%时，监控单元若出现异常，各整流模块应仍能输出设定电压，且输出电流的不平衡度应优于 ± 10%。

当某个整流模块出现异常时，应不影响系统的正常工作，应能显示其故障并告警，必要时该整流模块应能退出系统。

3.4.5 监控性能

1. 系统应具有下列主要功能

（1）实时监视系统工作状态。

（2）采集和存储系统运行参数。

（3）设置参数的掉电存储功能。

（4）按照局（站）监控中心的命令对被控设备进行控制。

（5）系统应具备 RS-232 或 RS-485/422、IP、USB 等标准通信接口，并提供与通信接口配套使用的通信线缆和各种告警信号输出端子，符合 YD/T 1363.1 的要求。

（6）通信协议应符合 YD/T1363.3 的要求。

2. 交流配电部分

（1）遥测：输入电压、输入电流（可选）、输入频率（可选）。

（2）遥信：输入过电压/欠电压、缺相、输入过流（可选）、频率过高/过低（可选）、断路器/开关状态（可选）。

3. 整流模块

（1）遥测：整流模块输出电压、整流模块输出电流。

（2）遥信：每个整流模块工作状态（开机/关机/休眠，限流/不限流，故障/正常）。

（3）遥控：开/关机、均/浮充/测试、休眠节能工作模式/普通工作模式。

4. 直流配电部分

（1）遥测：输出电压，总负载电流，主要分路电流（可选），蓄电池充、放电电流。

（2）遥信：输出电压过电压/欠电压、蓄电池的熔丝状态、均充/浮充/测试、主要分路熔丝/开关的状态（可选）、蓄电池的二次下电（可选）。

3.4.6　其他性能要求

1. 系统外观

系统面板平整，镀层牢固，漆面匀称，所有标记、标牌清晰可辨，无剥落、锈蚀、裂痕、明显变形等不良现象。

2. 系统效率

系统效率应满足表 3-4 的要求。

表 3-4　系统效率

单个整流模块输出功率/W		≥1 500			<1 500		
		1 级	2 级	3 级	1 级	2 级	3 级
效率	50%～100%额定负载	≥94%	≥90%	≥88%	≥90%	≥87%	≥85%
	30%额定负载	≥90%	≥86%	≥82%	≥86%	≥82%	≥78%

3. 系统噪声

分立式系统噪声应不大于 65 dB（A），其他系统噪声应不大于 60 dB（A）。

4. 保护功能

1）交流输入过、欠电压保护

系统应能监视输入电压的变化，当交流输入电压值过高或过低，可能会影响系统安全工作时，系统可以自动关机保护；当输入电压正常后，系统应能自动恢复工作。

过电压保护时的电压应不低于本标准所规定的“交流输入电压变动范围”上限值的105%，欠电压保护时的电压应不高于“交流输入电压变动范围”下限值的95%。

2）三相交流输入缺相保护

整流模块交流输入为三相时，系统应具有缺相保护功能。

3）直流输出过、欠电压保护

系统直流输出电压过、欠电压值可由制造厂商根据用户要求设定，当系统的直流输出电压值达到其设定值时，应能自动告警。过压时，系统应能自动关机保护；故障排除后，分立式系统必须手动才能恢复工作，其他系统可自动或手动恢复。欠电压时，系统应能自动保护；故障排除后，系统应能自动或手动恢复。

4）直流输出电流限制或输出功率限制功能

系统直流输出限流保护功能分以下两种形式。

（1）直流输出电流限制功能：当输出电流达到限流值时，系统以限流值输出，限流值应能根据需要进行调整，限流范围应不窄于其额定值的40%～100%。

（2）直流输出功率限制功能：当系统直流输出功率达到功率限制值时，输出电流增大时系统应能自动降低输出电压以使输出功率不超过限制值，系统最大输出功率限制值应≥（系统直流输出电压标称值）×（额定电流）×120%。

5）直流输出过流及短路保护

系统应有过电流与短路的自动保护功能，过电流或短路故障排除后，应能自动或人工恢复正常工作状态。

6）蓄电池欠电压保护（可选）

直流配电部分可以在蓄电池电压低于系统设定值时，自动一次或分次切断蓄电池输出，防止蓄电池深度放电，当系统输出电压升高后应自动接入蓄电池。

7）熔断器（或断路器）保护

系统的交流输入分路应具有断路器保护装置；系统直流输出分路应具有熔断器（或断路器）保护装置；容量大于630 A的直流输出分路可以不设保护装置。

8）温度过高保护

当系统所处的环境温度超过系统保护点时，系统应自动降额输出或停机；当环境温度下降到保护点后，系统应能自动恢复正常输出。

5. 告警性能

电源系统在各种保护功能动作的同时，应能自动发出相应的可闻（可选）、可见告警信号，如警铃（或蜂鸣器）响、灯亮（灯闪烁）等。同时，应能通过通信接口将告警信号传送到近端、远端监控设备上，部分告警可通过干接点将告警信号送至机外告警设备，所送的告警信号应能区分故障的类别。

系统应具有告警记录和查询功能。告警记录可以随时刷新。告警信息应能在系统断电后继续保存，且不依赖于系统内部或外部的储能装置。

6. 防雷性能

除嵌入式系统外，其他系统的交流输入端应装有浪涌保护装置，能承受电流脉冲（8/20 μs，20 kA）的冲击。

7. 接地性能

系统应具有工作地和保护地，且应有明显的标志。接地点应用铜质导体，除嵌入式系统外，紧固螺栓的直径应大于或等于 M8，嵌入式系统接地线的截面面积不宜小于 4 mm^2，其他系统的接地线截面积应不小于 10 mm^2。

配电部分外壳、所有可触及的金属零部件与接地螺母间的电阻应不大于 0.1 Ω。

8. 安全要求

1）绝缘电阻

在环境温度为 15 ~ 35 °C、相对湿度不大于 90%、试验电压为直流 500 V 时，交流电路和直流电路对地、交流电路对直流电路的绝缘电阻均不低于 2M Ω。

2）抗电强度

（1）交流输入对地应能承受频率为 50 Hz、有效值为 1 500 V 的正弦交流电压，或等效其峰值的 2 121 V 直流电压 1 min，且无击穿或飞弧现象。

（2）交流输入对直流输出应能承受 50 Hz、有效值为 3 000 V 的正弦交流电压，或等效其峰值的 4 242 V 直流电压 1 min，且无击穿或飞弧现象。

（3）直流输出对地应能承受频率为 50 Hz、有效值为 500 V 的正弦交流电压或等效其峰值的 707 V 直流电压 1 min，且无击穿或飞弧现象。

3）系统接触电流

系统接触电流应不大于 3.5 mA，当接触电流大于 3.5 mA 时，接触电流不应超过每相输入电流的 5%，如负载不平衡，则应采用三个相电流的最大值来进行计算。在大接触电流通路上，内部保护接地导线的截面面积不应小于 1.0 mm^2。在靠近设备一次电源连接端处，应设置标有警告语或类似词语的标牌，即“大接触电流，在接通电源前必须先接地”。

4）材料阻燃性能

系统所用 PCB 的阻燃等级应达到 GB 4943.1—2011 中规定的 V-0 要求，绝缘电线的阻燃等级应达到 GB/T 18380.12—2008 中规定的要求，其他绝缘材料的阻燃等级应达到 GB 4943.1—2011 中规定的 V-1 要求。

9. 系统休眠功能（可选）

系统宜具有整流模块休眠节能工作模式，并能手动或自动开启/关闭该模式，出厂设置为关闭。

（1）系统应能根据实际负载的变化自动调整工作模块数量；当负载减小到休眠设定值后，系统自动控制部分整流模块处于休眠状态，使其他整流模块工作在较高效率区间；当负载增大到唤醒设定值后，系统自动开启部分整流模块以避免蓄电池放电。

（2）系统至少应有一个或两个整流模块工作。

（3）负载出现振荡时，系统应能正常工作。

（4）系统应使整流模块自动周期性轮换工作，且周期可设置。

（5）当整流模块自动轮换工作时，应该按照先开后关的原则，先开启连续休眠时间最长的模块，再关断连续工作时间最长的模块；当系统中不同效率模块混用时，高效率模块应优先工作。

（6）监控模块或通信出现故障时，所有处于休眠状态的整流模块应能在 3 min 内自动恢复工作状态。

（7）蓄电池欠电压、输入电压超出允许范围告警时，系统不能处于休眠节能工作模式。

（8）系统整流模块的休眠功耗应满足表 3-5 的要求。

表 3-5　休眠功耗

整流模块	1 级	2 级
单相模块	≤5 W	≤10 W
三相模块	≤10 W	≤20 W

10. 系统温升

系统额定工作状态时，常温条件下，母线排、连接导线、接线端子的温升不应超过 50 °C。

11. 系统可靠性

$MTBF \geqslant 5\times10^4$ h

可以通过整流模块并联冗余方式来提高系统可靠性，即（n+k）方式。n 为能满足通信局站供电的整流模块数，k 为增加的整流模块冗余数，且 $k\geqslant1$。

第 4 章　高低压变配电系统

4.1　高压配电

4.1.1　高压配电设备

1. 高压开关柜

高压开关柜是按一定线路方案将有关一、二次设备组装而成的一种高压成套配电装置。高压开关柜按其主要电器安装方式，分为固定式和移开式两大类。

固定式（用 G 表示）高压开关柜，其主要电器都是固定安装的，具有结构简单、制造成本低的优点，但主要电器出现故障或需要检修时，必须中断供电，直到故障排除或检修完成后才能恢复供电。

移开式（用 Y 表示）高压开关柜的主要电器装在可以拉出和推入开关柜的手车上，如 KYN-10、JYN-10 等系列。相对于固定式开关柜，移开式开关柜具有检修安全、供电可靠性高等优点。当其发生故障或需要检修时，在切断电源后将手车拉出，再推入同规格的备用手车，即可恢复供电。使用移动式高压开关柜停电时间短，大大提高了供电可靠性，但制造成本较高，主要用于负荷重要、要求供电可靠性高的场所。手车可分为落地式和中置式，中置式手车的机械稳定性及互换性更好，更便于维护操作。因此，一、二类局（站）宜优先选用装有中置式手车的中置式高压开关柜。

三类局（站）可采用环网高压开关柜。环网柜是一种固定式高压开关柜，一般由三个间隔组成：一个电缆进线间隔、一个电缆出线间隔、一个计量间隔。HXGN-12 系列环网柜一次交流供电系统方案如图 4-1 所示。由于环网柜采用负荷开关加熔断器来代替断路器，所以设备价格低、占地面积少、操作简单，近年来在中、小容量的 10 kV 高压市电用户中得到了较广泛的应用。

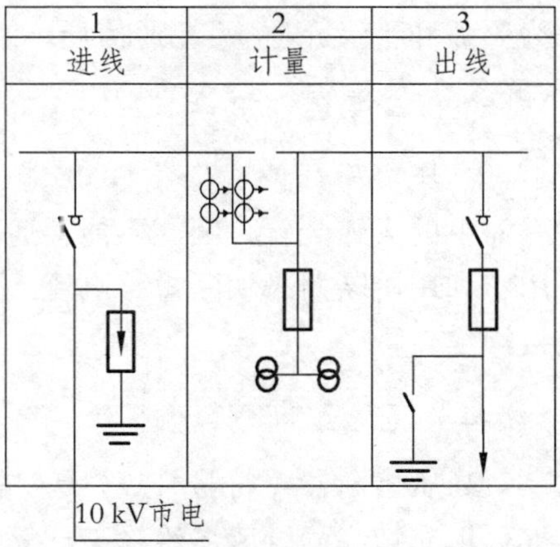

图 4-1　环网柜一次供电系统方案

高压开关柜的二次接线内容包括：高压设备的继电保护、电气测量、控制电路、事故报警和预告警信号，以及控制电源等。目前，高可靠、多功能、微机控制的综合电力继电保护装置已在广泛应用。

我国通信行业标准《通信局（站）电源系统总技术要求》（YD/T 1051—2010）中要求，采用真空断路器的高压开关柜，其继电保护装置应采用"智能综合数字继电器（综合继保）"，该装置应能设置各种继电保护参数，就地数字显示电压、电流、频率、有功和无功电度，具备 RS-232 和 RS-485 接口，具有遥测、遥信和过流保护、失压保护、变压器超温跳闸等保护功能。

YD/T 1051—2010 中要求高压开关柜的外壳防护等级为 IP4X，断路器室门打开时为 IP2x，电缆进线孔应有密封措施。

2. 常用高压电器

1）高压隔离开关

高压隔离开关（符号 QS）具有明显的分断间隙，因此主要用来隔离高压电源，保证安全检修，并能通断一定的小电流。它没有专门的灭弧装置，因此不允许接通或切断正常负荷电流，更不能切断短路电流，禁止带负荷断开、闭合隔离开关。通常它与断路器配合使用，并要严格遵守操作顺序：切断电源时，先断开断路器，再拉断隔离开关；送电时，先闭合隔离开关，再闭合断路器。工程中常用于固定式高压柜或高压电源的室内进线端。

2）高压断路器

高压断路器（符号 QF）是高压输配电线路中最为重要的电气设备，具有可靠的灭弧装置，不仅能切断和接通正常的负荷电流，还可以承受一定时间的短路电流，并能在保护装置作用下自动跳闸，切断故障电路。

高压断路器的主要参数是额定电压（kV）和额定电流（A），断路器的额定电压不应小于装置的工作电压，断路器的额定电流是指断路器在闭合状态下能长期通过的电流。此外，还有两个重要参数 ——额定短路开断电流及额定短路关合电流。

（1）额定短路开断电流（kA）：是指在断路器额定电压下，断路器能可靠切断的最大短路电流，它应符合地方供电部门的要求。

（2）额定短路关合电流（kA）：是指断路器在额定电压下所能闭合的最大短路电流峰值。采用自动重合闸装置时，断路器有可能处在短路状态下合闸，此时断路器的触头应完好无损。

常见的高压断路器有少油断路器、真空断路器和六氟化硫断路器（以 SF_6 这种惰性气体为灭弧和绝缘介质），在通信局（站）中要求高压断路器采用真空断路器。

3）高压负荷开关

高压负荷开关（符号 QL）能通断正常的负荷电流和过负荷电流，隔离高压电源。它只有简单的灭弧装置，因此不能接通或切断短路电流。高压负荷开关通常与高压熔断器配合使用，利用熔断器来切断短路电流。工程中多用于环网柜、箱式变电站，以及对变压器进行直接操作。

4）高压熔断器

高压熔断器（符号 FU）是一种结构简单、应用广泛的保护电器，一般由熔管、熔体、灭孤填充物、静触座、绝缘支柱等构成。在电路发生短路或过负荷时，它能自身熔断而断开电路，起到保护作用。室内广泛采用 RN 型管式熔断器，室外则广泛采用 RW 型跳落式熔断器。

5）电流互感器和电压互感器

电流互感器（符号 TA）和电压互感器（符号 TV）统称为互感器，它们其实就是特殊的变压器。高压供电系统运行时，电压、电流等电气参数都需要测量和监视。电压互感器用于测量电压（通常二次绕组额定电压为 100 V），电流互感器用于测量电流（通常二次绕组额定电流为 5 A）。同时，可采用互感器作为继电保护和信号装置的电源，使得控制和保护装置与高压电路隔离开。

必须注意：电流互感器二次绕组不能开路；电压互感器二次绕组不能短路；互感器二次绕组侧有一端必须接地，用以防止一、二次绕组间绝缘击穿时一次侧的高压窜入二次侧，危及人身和设备安全。

4.1.2　高压开关柜的“五防”功能及倒闸操作的技术要求

高压开关柜应装设防止电气误操作的闭锁装置，使之具备“五防”功能：防止误分、误合断路器；防止带负荷分、合隔离开关；防止带电合接地开关；防止带接地线合闸送电；防止人员误入带电间隔。

倒闸操作就是将电气设备由一种状态转换到另一种状态，即接通或断开高压断路器、高压隔离开关、高压负荷开关、跌落式熔断器等。

高压电气设备倒闸操作的技术要求如下。

（1）高压断路器和高压隔离开关的操作顺序：停电时先断开高压断路器，再断开高压隔离开关；送电时，顺序与此相反。严禁带负荷拉、合隔离开关。

（2）高压断路器两侧的高压隔离开关的操作顺序：停电时先拉负荷侧隔离开关，再拉电源侧隔离开关；送电时，顺序与此相反。

（3）变压器两侧开关的操作顺序：停电时先拉负荷侧开关，后拉电源侧开关；先停低压，后停高压；送电时顺序与此相反。

（4）单极隔离开关及跌落式熔断器的操作顺序：停电时先拉开中间相，后拉开两边相；送电时顺序与此相反。

4.2　降压电力变压器

4.2.1　降压电力变压器的结构和类型

三相电力变压器的基本结构示意图如图 4-2 所示。变压器的铁心由导磁性能良好的硅钢片叠加而成，硅钢片厚度为 0.35 ~ 0.5 mm，两面涂有绝缘漆。三相变压器的铁心一般做成三柱式，直立部分称为铁柱，水平部分称为铁轭，用来构成闭合磁路。每个铁柱上套着一相的高、低压绕组，低压绕组套在铁心上，高压绕组套在低压绕组外面，这样便于绝缘。

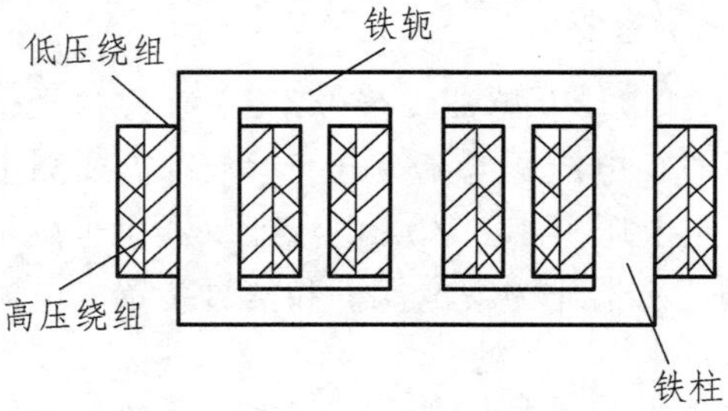

图 4-2　三相变压器结构示意图

通信局（站）一般采用油浸式变压器，如果在主楼内安装，应选用干式变压器。

1. 油浸式变压器

油浸式变压器的绕组和铁心都浸在油箱内的变压器油中，变压器油起绝缘和散热作用。绕组和铁心的热量先传递给变压器油，然后通过变压器油传递给散热管或散热片散热。应特别注意防火安全。为了变压器的运行更加安全可靠，维护更加简单，近年来油浸式变压器采用了密封结构，使变压器油与周围空气完全隔绝，从而提高了变压器的可靠性。目前全充油密封型变压器使用较广泛，它在温度变化使绝缘油体积发生变化时，由波纹油箱壁或膨胀式散热器的弹性变形做补偿。

油浸式变压器的主要部件是绕组和铁心，二者构成变压器的核心即电磁部分。此外，还有油箱及其散热装置、绝缘套管、调压和保护装置等部件。

2. 干式变压器

干式变压器是指铁心和绕组不浸在任何绝缘液中，直接以空气为冷却介质的变压器。它由铁心、绕组、风冷和温控装置及防护外壳构成。绝缘方式有环氧树脂浇注式、环氧树脂绕包式等类型，绕组温升限值为：B 级绝缘 80 °C，F 级绝缘 100 °C，H 级绝缘 125 °C。干式变压器主要用于防火要求较高的场合。

干式变压器的安全运行和使用寿命很大程度上取决于变压器绕组绝缘的安全可靠。如果绕组温度超过绝缘材料耐受温度，将使绝缘损坏。因此，对变压器运行温度的监测、控制、报警十分重要。YD/T 1051—2010 中要求通信局（站）使用的干式变压器绝缘为 H 级、变压器带温控器，并具有 RS-232 和 RS-485 接口，能实现遥测（变压器温度）、遥信（风机告警变压器超温告警）。

干式变压器的外壳防护等级通常为 IP20，为了保证冷却空气的流通，外壳的底板和顶盖用网孔板制作，网孔能防止直径 12.5 mm 的固体异物或小动物进入而造成短路等恶性故障，对水进入内部无防护。若将变压器安装在户外，则应选用 IP23 外壳，除了具有上述防止固体异物进入内部的防护功能外，还可防止与垂线呈 60°范围内的水淋入。IP23 外壳与 IP20 外壳相比，变压器的冷却能力有所下降。

4.2.2　降压电力变压器的规格

电力变压器的额定容量采用国际电工委员会（IEC）推荐的 R10 系列，按 1.26 倍递增，如 100 kV · A、125 kV · A、160 kV · A、200 kV · A、250 kV · A、315 kV · A、400 kV · A、500 kV · A、630 kV · A、800 kV · A、1000 kV · A、1250 kV · A、1600 kV · A、2000 kV · A、2500 kV · A 等。

电力变压器的额定电压，包括一次额定电压和二次额定电压，都是指线电压；二次额定电压指空载电压。通信局（站）使用的降压电力变压器的额定电压：一次绕组为 10 kV；二次绕组为 400 V（采用星形连接时，对应的相电压为 230 V）。由于满载时二次绕组内有约 5% 的电压降，用电设备受电端的电压为线电压 380 V、相电压 220 V。

4.2.3　降压电力变压器的绕组连接方式

电力变压器绕组接成星形、三角形，在高压侧分别用 Y、D 表示，在低压侧分别用 y、d 表示。有中性点引出时，高压侧用 YN 表示，低压侧用 yn 表示。

变压器原（一次）、副（二次）绕组采用不同的连接方式，形成了原、副绕组对应的线电压之间不同的相位关系，其相位差为 30°的倍数，国际上规定用时钟指针表示：原绕组线电压相量用分针表示，方向恒指 12；副绕组线电压相量用时针表示，时针指向哪个数字，这个数字就是三相变压器的接线组标号。例如，时针指向 11 点，则变压器的接线组标号为 11，表明副绕组的线电压超前原绕组对应线电压 30°。

我国通信局（站）使用的降压电力变压器，过去几乎全部采用“Y，yn0”（旧标示方法为 Y/Y-12）接线组，原、副绕组均为星形连接，副绕组中性点直接接地并接出中性线，原、副绕组的对应线电压相位差为零。近年一般采用“D，yn11”（旧标示方法为△/Y_0-11）接线组，即原绕组为三角形连接，副绕组为星形连接，中性点直接接地并接出中性线，如图 4-3 所示（图中低压交流配电为 TN-S 系统），副绕组的线电压超前原绕组对应线电压 30°。采用“D，yn11”接线组的优点是：有利于抑制由负载带来的高压电网的三次谐波等谐波电流，有利于低压单相接地短路故障时的保护与切除，变压器承受三相不平衡负荷的能力更强。因此，YD/T 1051—2010 中明确要求通信局（站）电力变压器的接线组别为“D，yn11”。

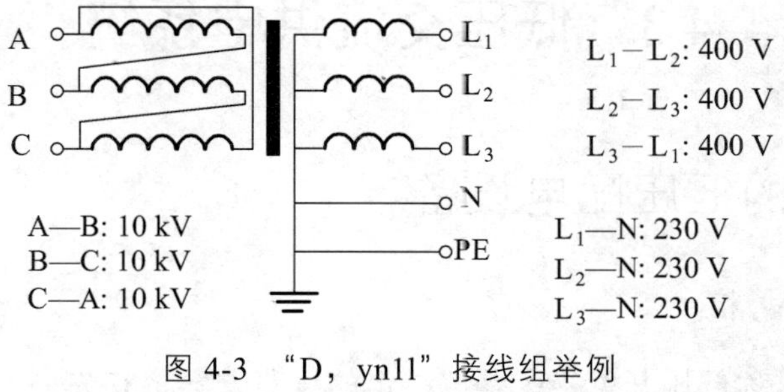

图 4-3　“D，yn11”接线组举例

10 kV 配电网为中性点不直接接地系统，不引出中性线。变压器副绕组中性点直接接地的接地电阻值，在变压器容量不超过 100 kV · A 时，应不大于 10 Ω；当变压器容量超过

100 kV · A 时，应不大于 4 Ω。

4.2.4 降压电力变压器的容量选择与配置

1. 变压器容量计算

变压器的负荷包括通信局（站）的所有交流负荷，即所有的生产用电、生活用电和照明用电。计算变压器容量时，应先收集各设备所消耗的有功功率和无功功率，以及建筑负荷所消耗的有功功率及无功功率。按下式计算所需变压器容量（kV · A）：

$$S = K\sqrt{(\Sigma P)^2 + (\Sigma Q - Q_{K1})^2} \tag{4-1}$$

式中，K 为同时利用系数，考虑到负荷的交替使用，一般取 $K = 0.9$；ΣP 为所有负荷的有功功率之和（kW），包括直流负荷折算的交流功率，但不包含备用设备的功率；ΣQ 为所有负荷的无功功率之和（kvar）；Q_{k1} 为补偿的无功功率，若没有采用无功功率补偿柜，此项不计。

根据式（4-1）的计算结果，适当选取变压器的额定容量。考虑变压器运行的经济性（高效低耗），变压器所带负载宜为额定容量的 75% ~ 80%；考虑一定的发展负荷，需要加大变压器额定容量，但变压器的经常性负载不宜小于其额定容量的 60%。

2. 变压器的配置

容量较小的通信局（站）一般配置一台变压器供全局交流负荷；当季节性负荷变化较大时，宜设置两台变压器，其中一台承担长期负荷，另一台承担季节性负荷。

为了避免变压器故障及检修时造成长时间的市电停电，地市级以上通信局（站），宜设置 2 台或多台变压器，当其中一台变压器故障或检修时，其余的变压器应能满足保证负荷用电。

变压器可以并联运行，但必须满足以下并联运行的条件：① 接线组别相同；② 变压比相同；③ 短路电压 0 相等；④ 变压器的容量比不超过 3 : 1，变压器允许并联的台数为 2 或 3 台。

4.3 低压交流供电系统

4.3.1 常见的低压配电设备

1. 低压交流配电柜

低压交流配电柜又称低压开关柜，是按一定的线路方案将有关一、二次设备组装而成的成套低压交流配电设备，由受电、馈电（动力、照明等）、联络、自动切换柜等组成，担负着低压电能分配、控制、保护、测量等任务。

低压交流配电柜的结构形式通常有两种：一种是固定式，另一种是抽屉式。二者各有利弊。从使用和维护方面看，抽屉式低压配电柜维修方便，同规格的抽屉能可靠互换；但抽屉式低压配电柜采用封闭式结构，柜内散热比固定式差，为此在选择开关时应注意环境温度的影响，需考虑降容系数。

2. 油机发电机组控制屏

油机发电机组控制屏用于发电机组的操作、控制、检测和保护，目前往往随油机发电机组的购入由油机发电机组厂商配套提供，其种类较多，通常和发电机组安装在一起。

3. ATS

自动切换开关（Automatic Transfer Switch，ATS）是将负载电路从一个电源自动换接至另一个（备用）电源的开关装置，用以确保重要负荷连续、可靠运行。在重要通信枢纽局的交流供电系统中，ATS 常担负两路低压市电之间或市电与发电机之间的自动切换工作。

ATS 一般由两部分组成：开关本体和控制器。而开关本体又有 PC 级（整体式）与 CB 级（断路器）之分。PC 级为一体式结构，它是双电源切换的专用开关，具有结构简单、体积小、自身连锁、转换速度快（通常在 0.2 s 以内）、安全、可靠等优点，但需要配备短路保护电器。CB 级为配备过电流脱扣器的 ATS，其主触头能够接通并分断短路电流，它由两台断路器加机械连锁组成，具有短路保护功能，但 CB 级的结构要比 PC 级复杂得多。PC 级 ATS 比 CB 级 ATS 具有更高的可靠性，而且体积较小，因此重要负载场合应优先选用 PC 级产品。

控制器主要用来检测两路电源的工作状况，它与开关本体进线端相连。当被监测的电源发生故障（如欠压、失压、任意一相断相或频率出现偏差）时，控制器发出动作指令，开关本体则带着负载从一个电源自动切换至另一个电源。

图 4-4 是典型 ATS 应用电路。图中，U_n 是主用电源（市 2 电），U_g 是备用电源（发电机），Q 是短路保护电器，DN 是控制器。控制器有两种形式：一种由传统的电磁式继电器构成；另一种是数字电子型智能化产品，它具有性能好、参数可调、精度高、可靠性高和使用方便等优点。

PC 级 ATS 不具备短路保护功能，因此必须配置短路保护电器、熔断器或断路器。在选择短路保护电器额定电流值时，一般的原则是短路保护电器与被保护电器（ATS）额定电流值一致（即 1∶1）。

YD/T 1051—2010 中要求：通信局（站）使用的 ATS 应配置智能控制器；开关极数为 1 极，3 相+N；中性线（N）转换方式为“具备中性线过渡转换、延时切换功能”，即 ATS 切换过程中相线的动触头是“先离后接”，而 N 线的动触头是“先接后离”，两路电源的 N 线先重叠连接，待相线切换完成以后再将两路电源的 N 线分离，使得负载在任何时候都不失去 N 线，如图 4-5 所示。

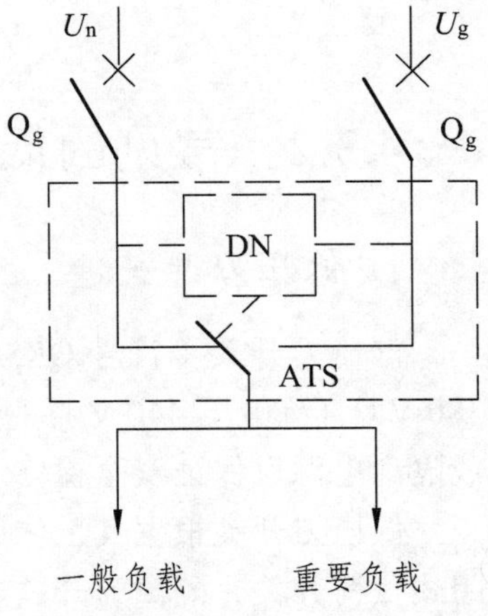

图 4-4　典型 ATS 应用电路

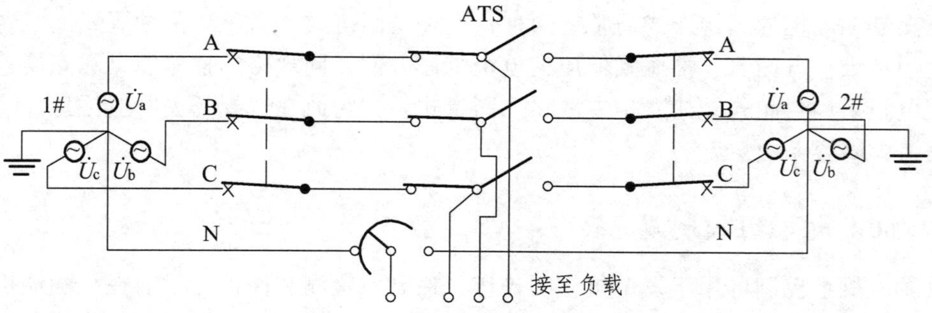

（a）切换前

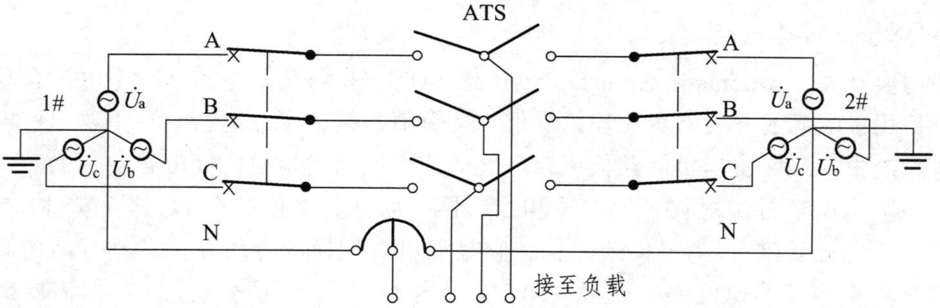

（b）切换中

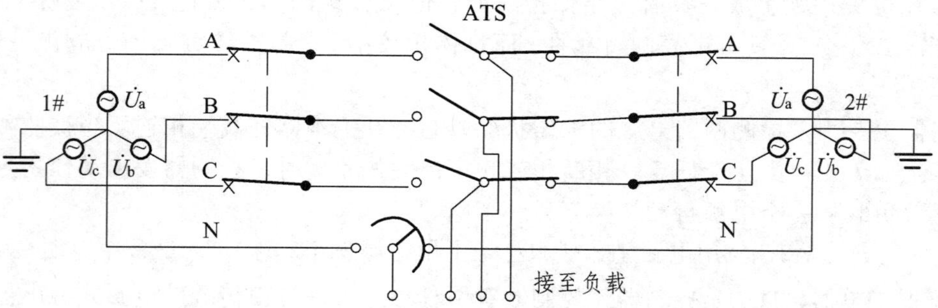

（c）切换后

图 4-5　ATS 相线与中性线切换过程示意图

4.3.2　常见的低压配电电器

1. 低压刀开关

低压刀开关（符号 QK）是最普通的一种低压电器，适用于交流 50 Hz、额定交流电压 380 V（直流电压 440 V）、额定电流 1 500 A 以下的配电系统，作不频繁手动接通和分断电路或隔离电源以保证安全检修之用。

低压刀开关根据其工作原理、使用条件和结构形式的不同可分为：开启式负荷开关、封闭式负荷开关、隔离刀开关、熔断器式刀开关和组合开关。

2. 低压熔断器

熔断器（符号 FU）是一种最简单的保护电器，在低压配电电路中，主要用于短路保护和过负荷保护。它串联在电路中，当通过的电流大于规定值时，以它本身产生的热量使熔体熔化而自动分断电路。它的主要缺点是熔体熔断后必须更换，会引起短时停电。

低压熔断器种类很多，如 RTO 系列有填料封闭管式熔断器，RM10 系列封闭管式熔断器，RL 系列螺旋式熔断器，NT 系列熔断器以及引进的 aM、gM 系列熔断器等。

其中 NT 系列熔断器是引进技术生产的一种高分断能力的熔断器，现广泛应用于低压配电装置中。该系列熔断器的熔管为高强度陶瓷管，内装优质石英砂，熔体采用优质材料制成。这种熔断器的主要特点是体积小、质量轻、功耗小、分断能力强、过载保护特性好。

1）熔断器的结构和主要参数

熔断器主要由熔体和安装熔体的熔管或熔座以及底座等部分构成。熔体是熔断器的主要部分，常做成丝状或片状。熔体的材料有两种：一种是低熔点材料，如铅、锌、锡，以及锡铬合金等；另一种是高熔点材料，如银和铜。熔管是熔体的保护外壳，在熔体熔断时兼有灭弧的作用。

每一种熔体都有两个参数，即额定电流与熔断电流。额定电流是指长时间通过熔体而不熔断的电流值。熔断电流通常是额定电流的 2 倍。一般规定，通过熔体的电流为额定电流的 1.3 倍时，应在 1 h 以上熔断；为额定电流的 1.6 倍时，应在 1 h 内熔断；达到熔断电流时，应在 30 ~ 40 s 熔断；当达到 9 倍额定电流时，熔体应瞬间熔断。熔断器的这种保护特性称为反时限特性。

熔管有三个参数：额定工作电压、额定电流和断流能力。额定工作电压是从灭弧角度提出的，当熔管的工作电压大于额定电压时，在熔体熔断时可能出现电弧不能熄灭的危险。熔管的额定电流是由熔管长期工作允许温升所决定的电流值，所以熔管中可装入不同等级额定电流的熔体，但所装入熔体的额定电流不能大于熔管的额定电流值。断流能力是表示熔管在额定电压下断开故障电路时所能切断的最大电流值。

2）熔断器的选用原则

（1）根据配电系统可能出现的最大故障电流，选用具有相应分断能力的熔断器。

（2）在电动机同路中用做短路保护时，为避免熔体在电动机启动过程中熔断，对于单台电动机，选取熔体额定电流 ≥ (1.5 ~ 2.5) × 电机额定电流；对于多台电动机，选取总熔体额定电流 ≥ (1.5 ~ 2.5) × 容量最大一台电动机的额定电流+其余电动机的负荷电流。

（3）对于照明回路，熔体的额定电流值按等于或稍大于负载额定电流配置；对于其他回路，熔体的额定电流值按不大于最大负荷电流的 2 倍配置。

（4）各级熔断器应相互配合，上一级应比下一级的熔体额定电流大。对于 NT 型熔断器，前后级熔断器的额定电流比为 1.6：1；对于 RTO 型熔断器，前后级熔断器的额定电流比为（2 ~ 2.5）：1。

3. 接触器

接触器（符号 KM）适用于频繁接通和分断交、直流主电路及大容量控制电路。可分为交流接触器和直流接触器两种。接触器由主触头、灭弧系统、线圈及电磁系统、辅助触头和支架等组成。交流接触器主要有 CJ0、CJ1、CJ12、C12B 系列，以及众多的合资品牌。直流接触器主要有 CZ0 系列。

接触器不具备过电流保护功能，因此在电路中要与断路器或熔断器配合使用。

交流接触器的额定电流应根据被控制设备的运行情况来选择：对连续运行的用电设备，一般按实际最大负荷占交流接触器额定容量的 67% ~ 75%来选取；对于间断运行的用电设备，一般按实际最大负荷占交流接触器额定容量的 80%来选取。

用于低压无功功率补偿投撤电容的交流接触器，应选用专用电容接触器，其主触头经过特殊设计和处理，能可靠地投撤电容。

4. 低压断路器

低压断路器（符号 QF）又称低压自动开关、自动空气开关或空气开关，习惯上简称空开。它既能带负荷接通和切断电源，又能在短路、过负荷时自动跳闸，保护电力线路和设备，在故障排除后可重新合闸恢复供电而不需更换，因此维护简单，恢复供电快，寿命长。它被广泛用于配电线路的交、直流低压电气装置中，适用于正常情况下不频繁操作的电路。

低压断路器按用途可分为配电用断路器、电动机保护用断路器、照明用断路器和漏电保护断路器等。

配电用断路器按其结构形式，可分为塑料外壳式（装置式）断路器和万能式（框架武）断路器两大类，塑料外壳式为 DZ 系列，框架式为 DW 系列，均由触头系统、灭狐装置、传动机构、自由脱扣机构及各种脱扣器等部分组成。

低压断路器有以下几个关键电气指标。

（1）额定电压 U_e：指断路器在规定条件下能正常长期运行的最大工作电压，通常指线电压。

（2）额定电流 I_n：指断路器在规定条件下能长期通过的最大电流，又称脱扣器额定电流。

（3）额定运行短路分断能力 I_{cs}：指规定条件下分断短路电流的能力，在分断动作后，断路器能继续承载它的额定电流。

（4）额定极限短路分断能力 I_{cu}：指规定条件下分断短路电流的能力，但在分断动作后，不考虑断路器继续承载它的额定电流。

选择低压断路器的一般原则是：U_e 不小于电源和负载的额定电压；I_n 不小于线路实际工作电流，或不小于线路可能出现的最大预期短路电流（通常 $I_{cu} > I_{cs}$）。只要最大预期短路电流小于 I_{cu}，断路器就能可靠地切断电路。断路器分断 I_{cu} 后，不能继续承载额定电流，必须更换；如果短路电流小于 I_{cs}，则断路器可以继续使用，不需更换。

前后级断路器应配合，其过流脱扣器的配合级差可取 0.1 ~ 0.2 s，即负荷断路器为瞬时动作，低压配电干线断路器则选用短延时过流脱扣器保护。

安装开关时注意，必须手柄朝上扳为接通电源、朝下扳为切断电源，不可装反，以免重力作用使开关误合闸或者影响空开的自动跳闸性能。

4.4　功率因数补偿

4.4.1　功率因数的概念

在交流电路中，电源供给负载的视在功率包括有功功率和无功功率。有功功率是电阻性负载消耗的功率，即实际消耗的电功率，用 P 表示，单位为瓦（W）或千瓦（kW）；无功功率并非实际消耗的功率，而是反映电感性负载或电容性负载发生的电源与负载间能量交换所占用的电功率，用 Q 表示，单位为乏（var）或千乏（kvar）；视在功率是电压和电流有效值的乘积，用 S 表示，单位为伏安（V·A）或千伏安（kV·A）。按线性负载来考虑，三者的关系可用功率三角形来表示，如图 4-6 所示。对于三相平衡负载，视在功率为

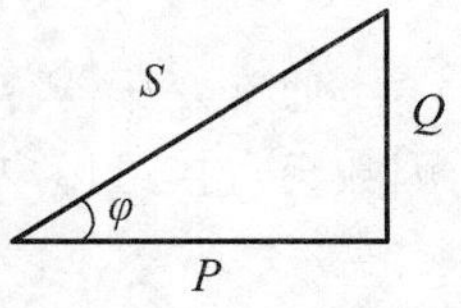

图 4-6　功率三角形

$$S = 3UI = \sqrt{3}U_l I = \sqrt{P^2 + Q^2}$$

式中，U 为相电压有效值，U_l 为线电压有效值，I 为电流有效值。

当供电回路中既有电感性负载又有电容性负载时，总的无功功率为

$$Q = Q_L - Q_C$$

式中，Q_L 为电感的无功功率，Q_C 为电容的无功功率。

有功功率与视在功率之比称为功率因数，用 λ 表示。在线性电路中，功率因数等于电流与电压相位差的余弦，即

$$\lambda = \frac{P}{S} = \frac{3UI\cos\varphi}{3UI} = \cos\varphi \tag{4-2}$$

功率因数是反映电力用户用电设备合理使用状况、电能利用程度和用电管理水平的一项重要指标。

4.4.2　提高功率因数的意义

1. 降低线路损耗

每条供电线路上的功率损耗 $\Delta P_L = I^2 R$ 与流经线路的电流平方成正比，假设用户所需有功功率一定，由 $P = S\cos\varphi = 3UI\cos\varphi$ 可知，在电网电压 U 不变的情况下，功率因数 $\cos\varphi$ 越高，线路上的电流 I 就越小，线路损耗也就越小。

2. 改善电压质量

供电电压的降低是由两部分造成的，一部分是电流在线路电阻上产生的压降；另一部分是电流在线路电抗上产生的压降。在有功功率一定的条件下，若功率因数高，则电流相对较

小，线路上的电压损失也就较小。

3. 提高变压器利用率

变压器的额定视在功率 S 为定值，由 $P=S\cos\varphi$ 可知，提高功率因数，就可多带有功负载，即提高了变压器的利用率。

4. 节约用户的电费开支

通常变压器容量在 315 kV · A 以上时，供电部门按功率因数的高低调整电费，提高功率因数会直接给用户带来经济效益。

4.4.3 提高功率因数的方法

提高功率因数的方法分为提高自然功率因数和功率因数人工补偿。

1. 提高自然功率因数

自然功率因数是指用电设备自身所具有的功率因数。电感性的电气设备如变压器、电动机等，其功率因数的高低与设备的负荷率有关，负荷率越低，功率因数越小。为了降低无功功率消耗，提高自然功率因数，可采取下列措施。

（1）合理选择电动机的大小，避免大马拉小车，及时更换负荷率小于 40%的电动机。

（2）正确选择变压器容量，提高变压器负荷率，其负荷率在 75% ~ 80%较合适。

提高自然功率因数是提高功率因数最经济而且有效的方法，但单靠提高自然功率因数往往满足不了对功率因数的要求，还需采用无功功率补偿的方法来提高功率因数。

2. 功率因数人工补偿

一般情况下，用电负荷多为电感性负载，常用并联电容器的方法来补偿功率因数，原理如图 4-7 所示。

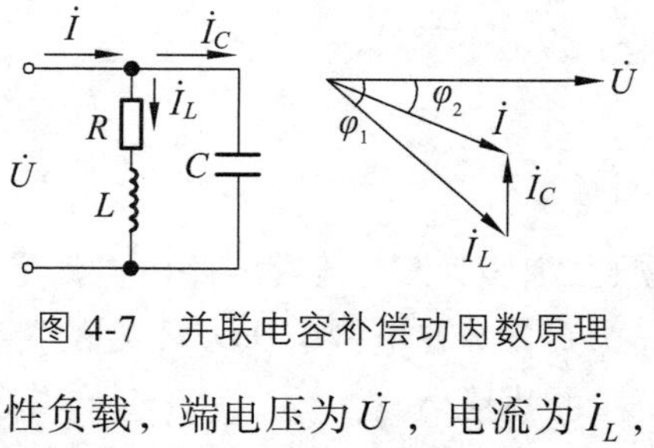

图 4-7　并联电容补偿功因数原理

图中，R、L 串联表示感性负载，端电压为 $\dot{U}$，电流为 $\dot{I}_L$，感性负载使得电流相位滞后电压相位一个角度，这个角度就是功率因数角 φ_1。在 R、L 两端并联电容 C，将有电流 $\dot{I}_C$ 流过电容，$\dot{I}_C$ 比 $\dot{U}$ 超前 90°。并联电容后，总电流 $\dot{I}$ 是 $\dot{I}_L$ 和 $\dot{I}_C$ 的相量和，校正后的功率因数角为 φ_2。可见 $\varphi_2<\varphi_1$，功率因数得到提高。

并联电容补偿的容量（无功功率）可按下式计算：

$$Q_c = p(\tan\varphi_1 - \tan\varphi_2) \tag{4-3}$$

式中，Q_c 为电容器补偿的无功功率（kvar），P 为有功功率（kW），φ_1 为补偿前的功率因数角，φ_2 为补偿后的功率因数角。

专门用来补偿功率因数的电容器称为移相电容器，具有安装简单、运行维护方便、有功损耗小和投资少等优点。

4.4.4　移相电容器的型号和补偿容量

移相电容器的型号由文字和数字两部分组成。

例如：YYO.412-3，第一位字母 Y 表示移相；第二位字母 Y 表示矿物油浸渍；0.4 表示额定电压为 0.4 kV；12 表示标称容量为 12 kvar；3 表示三相，是指封装好的移相电容器内部接成三角形，外部引出三个接头，可直接连接在三相电源上。

电容器的电容量为 C，当电容器两端施加正弦交流电压 U 时，它能补偿的无功功率为 $Q = U^2 / X_C = 2\pi fCU^2$，即当 C 一定时，电容器能补偿的无功功率 Q 与施加在电容器上的电压 U 的平方成正比。因此并联电容器进行补偿时，宜采用三角形连接，其补偿容量为星形连接的 3 倍。电容器的额定电压应与电力网的额定电压相符。

4.4.5　并联电容补偿的方法

并联电容器补偿无功功率通常有以下三种方法。

1. 分散补偿

分散补偿是指将移相电容器就近并联在电感性负载上。若电容器的补偿容量选择得当，补偿效果明显。但分散补偿维护工作量大，电容器的利用率低、投资大。这种补偿方式只适用于长期运行的负载或容量较大的负载。

2. 低压集中补偿

低压集中补偿是把移相电容器集中在一起，组成无功功率补偿屏，又称电容补偿柜，将其并联在变压器低压侧的电力母线上进行无功功率补偿。

细分交流负荷，有的长期使用，有的时用时停，存在一个用电高峰和低谷的问题。若将所有移相电容器接成一组对用电高峰进行补偿，且满足对功率因数的要求，则在用电低谷时就会过补偿，造成电压偏高。因此实际工作中往往将移相电容器分成几组，一组长期并联在电路中对固定不变的负荷进行补偿，其余的移相电容器组根据负荷的运行情况及时投入或撤除，既满足提高功率因数的要求，又不会造成过补偿。

电容器是储能元件，当电容器从电源上断开时，电容器上的电压等于电路断开瞬间的电源电压。因此撤除的移相电容器应考虑放电，一般采用灯泡来放电。

3. 高压集中补偿

高压集中补偿就是将电容补偿柜移到变压器的高压侧。在高压侧补偿的效果比在低压侧补偿好，但移相电容器即使接成星形，电容器承受的电压也很高，易造成电容器爆炸。同时，高压操作需要专门的辅助电源和操作机构，维护操作困难。因此，在通信企业中多采用低压集中补偿。

4.4.6 功率因数自动调节

功率因数自动调节是指在电容补偿柜中设置了自动调节装置，能根据电网电压和负载的变化及时投入或撤除电容器组，以保证功率因数符合要求。电网电压的波动和负载的启动会造成瞬时功率因数的波动，为避免自动调节装置的执行机构误动作，自动调节装置应采用适当延时投入和延时撤除的方式工作。

图 4-8 所示为电容补偿柜一次电路原理图，图中移相电容器组均采用三角形接法，一组作为固定补偿，其余的根据电网电压和负荷的变化自动投撤。采用交流接触器（专用电容接触器）作为自动调节装置的执行机构。

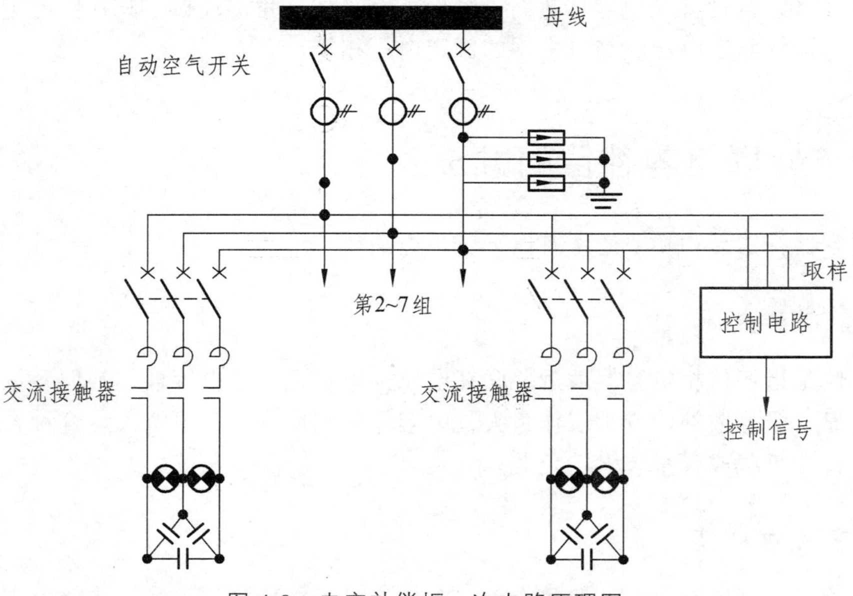

图 4-8　电容补偿柜一次电路原理图

功率因数自动调节的基本原理是：采集母线电压或功率因数等作为取样信号，取样信号与基准电压进行比较，其差值经放大、变换后用于控制交流接触器的动作，从而自动投入或撤除电容器组。

功率因数补偿应避免补偿电容与电路的电感形成谐振，从而导致过电压。不宜一味追求高功率因数，一般情况下补偿后的功率因数在 0.90 ~ 0.95 之间便可，要严格防止过补偿。此外还需注意，如果利用移相电容器将功率因数提高到 0.95，供电系统有可能在 5 次或 7 次谐波发生谐振，导致系统工作异常；在移相电容电路中串联小电感，使谐振频率不在系统谐波频率的范围内，可以解决这个问题。

4.5　交流变配电设备的维护

4.5.1　变配电设备维护的基本要求

（1）配电屏四周的维护走道净宽应保持规定的距离（如配电屏正面之间的主要走道净宽不应小于 2 m，配电屏正面与墙之间的主要走道净宽不应小于 1.5 m，配电屏背面与墙之间的主要走道净宽不应小于 0.8 m。各走道均应铺上绝缘胶垫。

（2）高压室禁止无关人员进入，在危险处应设防护栏，并设明显的告警牌“高压危险，不得靠近”。

（3）高压室各门窗、地槽、线管、孔洞应作封堵处理，严防水及小动物进入。

（4）为安全供电，专用高压配电线和电力变压器不得让外单位搭接负荷。

（5）高压防护用具（绝缘鞋、手套等）必须专用，高压验电器、高压拉杆应符合规定要求。

（6）高压维护人员必须持有高压操作证，无证者不准进行操作。

（7）变配电室停电检修，应报主管部门同意并通知用户后再进行。

（8）继电保护和告警信号装置应保持正常，严禁切断警铃和信号灯。

（9）断路器跳闸或熔断器熔断时应查明原因再恢复使用，必要时允许试送电一次。

（10）熔断器应有备用，不应使用额定电流不明或不合规定的熔断器。

（11）引入通信局（站）的交流高压电力线和变配电设备应采取高、低压多级防雷措施。

（12）设置降压电力变压器的通信局（站）低压交流供电应采用三相五线制，零线禁止安装熔断器，在零线上除电力变压器近端接地外，用电设备和机房近端不允许重复接地。若变压器在主楼外，则进局地线可以在楼内重复接地一次。

（13）柴油发电机组和三进四出的 UPS 系统，其中性线必须进行一次工作接地。

（14）油浸式电力变压器、调压器安装在室外的，其绝缘油每年检测一次；安装在室内的，其绝缘油每两年检测一次。绝缘油劣化应及时处理。干式变压器的风机每季度检查一次，应正常工作。

（15）每年检测一次接地引线和接地电阻，其电阻值应不大于规定值。

（16）停电检修时应先停低压、后停高压；先断负荷开关，后断隔离开关。送电顺序则相反。切断电源后，高压设备的三相线上均应接地线。

（17）保持设备清洁。

（18）每年校正一次仪表。

4.5.2　高压变配电设备的维护

（1）对高压变配电设备进行维修工作，必须遵守下列规定。

① 应遵守一人操作、一人监护的原则，实行操作唱票制度，不准单人进行高压操作。

② 切断电源前，任何人不准进入防护栏。

③ 在切断电源、检查有无电压、安装移动地线装置、更换熔断器时，应使用防护工具。

④ 在距离 10 ~ 35 kV 导电部位 1 m 以内工作时，应切断电源，并将变压器高低压两侧断

开；凡有电容的器件（如电缆、电容器、变压器等），应先放电。

⑤ 检修设备时，必须完成切断电源、验电、放电、接地线和装设临时遮拦等工作流程，在核实隔离开关或负荷开关确实断开、设备不带电、接好接地线后，再悬挂“有人工作，切勿合闸”警告牌，方可进行维护和检修工作。警告牌只许原挂牌人或监护人撤去。

⑥ 严禁用手或金属工具触及带电母线，检查通电部位时应采用符合相应等级的验电器。

⑦ 雨天不准露天作业，高处作业时应系好安全带，严禁使用金属梯子。

⑧ 在装、拆接地线的过程中，应始终保证接地线处于良好的接地状态。在装设接地线时，必须先接接地端，后接导体端，拆除接地线时则与此相反。为确保操作人员的安全，装、拆接地线均应使用绝缘棒或戴绝缘手套。接地线必须使用专用的线夹固定在导体上，严禁用缠绕的方法接地。

⑨ 跌落式熔断器的操作：断开电源时，应先断开中间一相，然后断开背风相，最后断开迎风相。这是因为断开第一相时，一般不会产生强烈的电弧，而在断开第二、第三相时，产生的电弧增大，边相之间有较大距离，同时借风力将电弧收灭，这样可以防止电弧引起相间短路。同理，在接通电源时，应先合迎风相，再合背风相，最后合中间相。

（2）定期检测干式变压器的温升。

（3）与电力部门有调度协议的应按协议执行。

（4）高压变配电设备的维护周期表应按各通信企业的维护规程执行。

（5）对于自维的高压线路，每年要全线路检查一次避雷线及其接地状况、供电线路情况，发现问题及时处理。

4.5.3 低压配电设备的维护

（1）人工倒换备用电源设备时，必须遵守有关技术规定，严防人为差错。

（2）定期检查高、低压告警保护点的设定值，定期试验信号继电器的动作和指示灯是否正常。

（3）加强对配电设备的巡视、检查。主要检查内容如下。

① 设备是否有告警。

② 电表指示是否正常。

③ 螺丝有无松动。

④ 接触器、开关的动作是否正常，接触是否良好。

（4）每年测量一次熔断器触头的温升，接触处镀锡的熔断器触头温升应不超过 50 °C，接触处镀银或镀镍的熔断器触头温升应不超过 60 °C。用红外线测温仪测量触头温度，减去衡量温升的基准温度即为温升。

我国通信行业标准《通信局（站）电源系统维护技术要求第 1 部分：总则》（YD/T 1970.1—2009）中规定：衡量温升的基准温度是室内温度，如室温超过 28 °C，按 28 °C 计算。

（5）每季度测量一次电容补偿柜中电容器的温升，应无异常。

（6）每年用电能质量分析仪或电力谐波分析仪测量一次交流输入电流的总谐波畸变率，应不大于 10%，超过 10%时应采取谐波治理措施，如加装滤波器。

（7）低压配电设备的维护周期表应按各通信企业的维护规程执行。

第 5 章　整流电路

把交流电源电压变成单方向直流电压的电路，称为整流电路。由二极管组成的整流电路称为不可控整流电路或不控整流电路，由二极管和晶闸管组成或全部由晶闸管组成的整流电路称为可控整流电路。

5.1　不控整流电路

5.1.1　单相桥式不控整流电路

1. 工作原理

单相桥式不控整流电路简称单相桥式整流电路，由 4 个整流二极管组成。电阻性负载的单相桥式整流电路如图 5-1 所示。

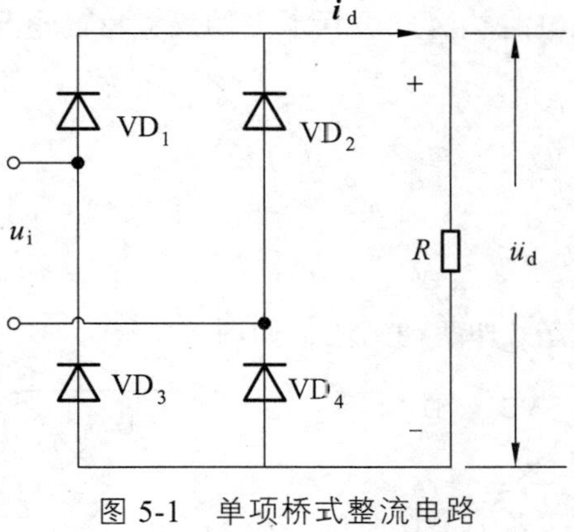

图 5-1　单项桥式整流电路

当输入交流电源电压的极性为上端正下端负时，整流二极管 VD_1、VD_4 导通。这时 VD_1、VD_4 上的压降很小，在理想情况下，可视为两根导线。电流从输入电源上端经 VD_1、R、VD_4 回到输入电源下端，负载 R 上得到一个半波整流电压。

当电源电压的极性变为下端正上端负时，整流二极管 VD_2、VD_3 导通。电流流过 VD_2、R、VD_3 形成回路，负载 R 上得到与前半周极性相同的又一个半波整流电压。

设整流电路输入电源电压为正弦波交流电压

$$u_i = \sqrt{2}U\sin\omega t$$

则电阻性负载时，输出电压瞬时值 u_d 为单方向的正弦波绝对值，u_d 与 u_i 的绝对值相等，波形图如图 5-2 所示。

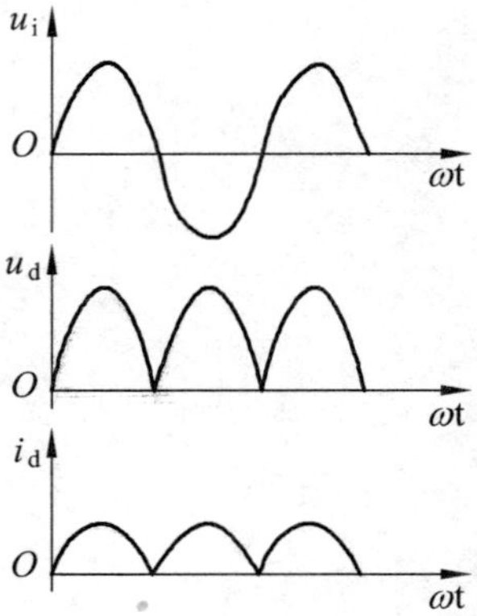

图 5-2　电阻性负载的单相桥式整流电路波形图

2. 输出直流电压、电流

电阻性负载时,输出直流电压（ u_d 的平均值）为

$$U_d = \frac{1}{\pi}\int_0^{\pi}\sqrt{2}U\sin\omega t\mathrm{d}(\omega t) = \frac{2\sqrt{2}}{\pi}U = 0.9U \quad (5\text{-}1)$$

式中，U 为整流桥输入交流电压的有效值。

流过负载的直流电流（ i_d 的平均值）为

$$I_d = \frac{0.9U}{R} \quad (5\text{-}2)$$

3. 整流元件参数的计算

在单相桥式整流电路中，负载电流是由两组整流二极管（VD_1、VD_4 和 VD_2、VD_3）轮流导通供给的，流过每个整流二极管的平均电流 I_{VD} 等于负载电流的一半。即

$$I_{VD} = \frac{1}{2}I_d \quad (5\text{-}3)$$

当二极管 VD_1、VD_4 导通时，忽略二极管的正向压降，VD_2、VD_3 两只二极管承受的反向电压都等于输入电源电压。当二极管 VD_2、VD_3 导通时，VD_1、VD_4 承受的反向电压也是如此。所以，单相桥式整流电路整流二极管承受的最大反向电压 $U_{R\max}$ 等于输入电源电压的振幅值，即

$$U_{R\max} = \sqrt{2}U \quad (5\text{-}4)$$

4. 应用说明

单相桥式整流电路图还有另外两种画法，如图 5-3 所示。

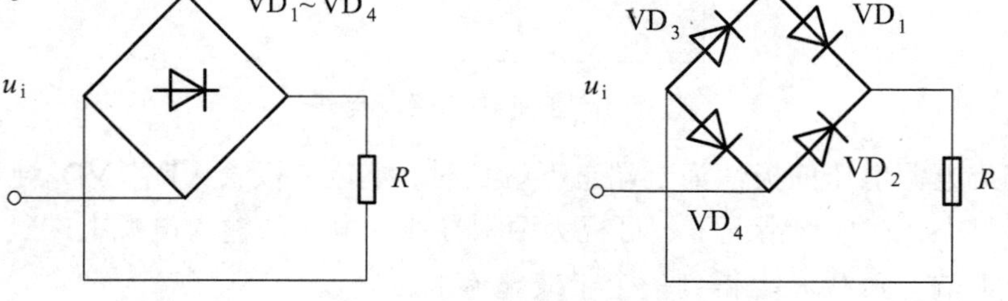

图 5-3　单相桥式整流电路的另外两种画法

当负载为电感性负载时（整流输出回路中串有大电感），输出电压 u_d 波形与电阻性负载

时一样，但输出电流波形相当平滑，因此负载电阻上的电压波形相当平滑。

当负载为电容性负载时（负载电阻 R 与大电容 C 并联），只有当输入电压瞬时值大于电容两端电压时二极管才导通，所以输入电流只有在输入电压瞬时值大于电容两端电压时才存在，输入电流变为脉冲状；在电容量 C 足够大的条件下 $[C \geqslant (3 \sim 5) \times 0.01/R]$，输出电压 u_d 波形平滑，输出直流电压通常可按 $U_d = 1.2U$ 估算。这种电路即单相桥式整流电容滤波电路，仅适用于小功率场合。

输入单相交流电的通信用开关整流器，主回路输入侧的整流电路一般采用无工频变压器单相桥式整流电路，在整流桥后面通常接有源功率因数校正电路，这时整流电路相当于电阻性负载。

5.1.2　三相桥式不控整流电路

1. 电阻性负载

三相桥式不控整流电路简称三相桥式整流电路。电阻性负载的三相桥式整流电路如图 5-4 所示。整流桥臂可分为两组，其中 VD_1、VD_2、VD_3 阴极接在一起，称为共阴极组，VD_4、VD_5、VD_6 阳极接在一起，称为共阳极组。电路的波形图如图 5-5 所示。

1）工作原理

根据优先导通原理，对于共阴极组，阳极电位最高的二极管导通，而共阳极组则阴极电位最低的二极管导通，其他二极管均承受反向电压而截止。

在 $\omega t_1 \sim \omega t_2$ 期间，a 相电压 u_a 最高，b 相电压 u_b 最低，所以对应二极管 VD_1 和 VD_5 导通。忽略 VD_1 和 VD_5 的正向压降，输出电压 u_d 等于线电压 u_{ab}。

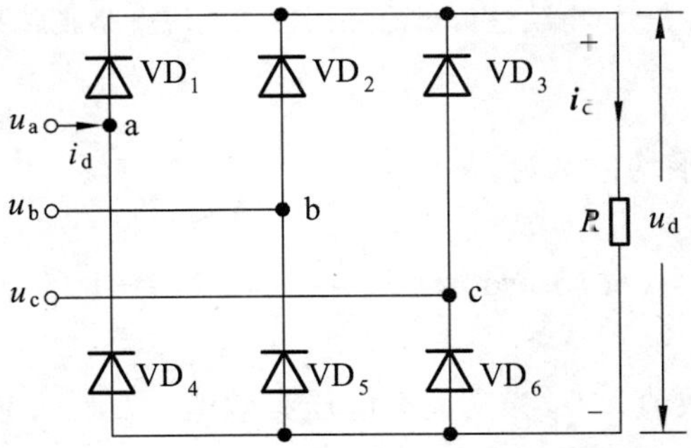

图 5-4　电阻性负载的三相桥式整流电路图

在 $\omega t_2 \sim \omega t_3$ 期间，a 相电压 u_a 仍为最高，c 相电压 u_c 变为最低，所以对应二极管 VD_1 和 VD_6 导通。忽略 VD_1 和 VD_6 的正向压降，输出电压 u_d 等于线电压 u_{ac}。

在 $\omega t_3 \sim \omega t_4$ 期间，b 相电压 u_b 变为最高，c 相电压 u_c 仍为最低，所以对应二极管 VD_2 和 VD_6 导通，输出电压 u_d 等于 u_{bc}。

在 $\omega t_4 \sim \omega t_5$ 期间，b 相电压 u_b 仍为最高，a 相电压 u_a 变为最低，所以对应二极管 VD_2 和 VD_4 导通，输出电压 u_d 等于 u_{ba}。

以此类推，在 $\omega t_5 \sim \omega t_6$ 期间，二极管 VD_3 和 VD_7 导通，$u_d = u_{ca}$；在 $\omega t_6 \sim \omega t_7$ 期间，二极管 VD_3 和 VD_5 导通，$u_d = u_{cd}$。

在交流电源的一个周期内，每个二极管导通 120°，每隔 60°换流一次，输出电压 u_d 出现 6 个波头，脉动较小。

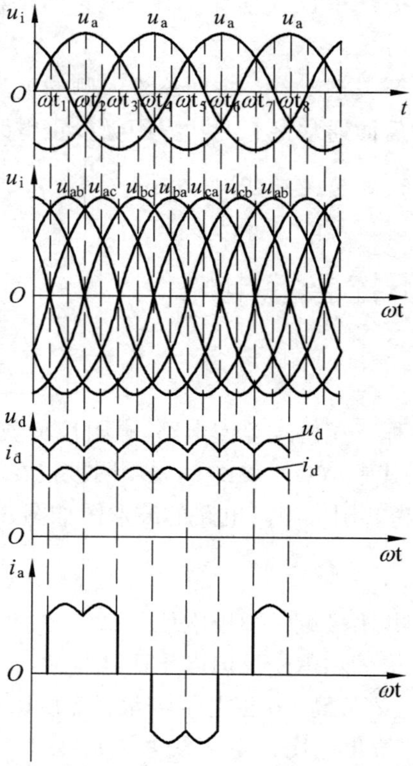

图 5-5　电阻性负载的三相桥式整流电路波形图

2）基本定量关系

输出直流电压（u_d 的平均值）为

$$U_d = \frac{3}{\pi}\int_{-\frac{\pi}{6}}^{\frac{\pi}{6}} \sqrt{6}U\cos\omega t\,\mathrm{d}(\omega t) = \frac{3\sqrt{6}}{\pi}U = 2.34U = 1.35U_L \tag{5-5}$$

式中，U 为交流相电压有效值；U_L 为交流线电压有效值，$U_L = \sqrt{3}U$。

输出直流电流为

$$I_d = \frac{U_d}{R} \tag{5-6}$$

每一个二极管都导通 120°，即 1/3 周期，故整流二极管的平均电流为

$$I_{VD} = \frac{1}{3}I_d \tag{5-7}$$

整流二极管承受的最大反向电压为线电压的振幅值，即

$$U_{R\max} = \sqrt{2}U_{\rm L} = 2.45U \tag{5-8}$$

2. 电感性负载

电感性负载的三相桥式整流电路如图 5.6 所示，大电感 L 与负载电阻 R 串联。这种电路的输出电压（ $u_{\rm d}$ ）波形及输出直流电压、输出直流电流等计算公式均与电阻性负载时一样。

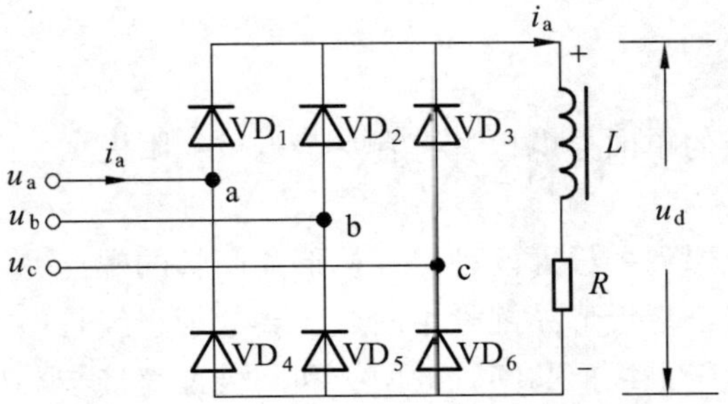

图 5-6　电感性负载的三相桥式整流电路图

当电感足够大，即 $\omega L >> R$ 时（ ω 为 $u_{\rm d}$ 中所含最低次谐波的角频率， $\omega = 2\pi f$ ， $f = 300$ Hz ），输出电流 $i_{\rm d}$ 波形相当平滑，因此负载电阻 R 上的电压波形相当平滑；理想情况 $i_{\rm d}$ ，波形为一条水平线，相应地，流过整流元件的电流为矩形波，输入电流为交变方波。因为电感两端平均电压为零（忽略线圈电阻的压降），所以 R 上的直流电压等于 $U_{\rm d}$。

输出直流功率为

$$P_{\rm d} = U_{\rm d} I_{\rm d} \tag{5-9}$$

输入有功功率 P ，在理想情况下（无损耗）与输出直流功率相等，即

$$P_{\rm i} = P_{\rm d} \tag{5-10}$$

每相交流输入电流有效值为

$$I = \sqrt{\frac{120}{180}} I_{\rm d} = \sqrt{\frac{2}{3}} I_{\rm d} = 0.817 I_{\rm d} \tag{5-11}$$

输入视在功率为

$$S_{\rm i} = \sqrt{3} U_{\rm L} I \tag{5-12}$$

可见电感性负载的三相桥式整流电路在理想情况下，功率因数为

$$\lambda = \frac{P_{\rm i}}{S_{\rm i}} = \frac{U_{\rm d} I_{\rm d}}{\sqrt{3} U_{\rm L} I} = \frac{3}{\pi} = 0.955 \tag{5-13}$$

输入三相交流电的通信用开关整流器，主回路输入侧的整流电路一般采用无工频变压器三相桥式整流电路。如果在开关整流器中接无源功率因数校正电路，则整流电路相当于接电感性负载。

5.2 可控整流电路

5.2.1 晶闸管

晶闸管（thyristor）又称为可控硅（Silicon Controlled Rectifier，SCR）。

1. 结构

普通晶闸管具有可控的单向导电性，它有三个电极：阳极 A、阴极 K 和门极（或称控制极）G。

晶闸管的外形有螺栓形和平板形两种。螺栓形晶闸管的螺栓一端是阳极，另一端的粗引线是阴极，细引线是门极。平板形晶闸管中间金属环的细引线是门极，离门极近的一面是阴极，远的一面是阳极。由于平板形晶闸管的阳极和阴极都直接与散热器接触，故散热较好，容易制成大功率元件。一般额定电流在 200 A 以上的晶闸管采用平板形。

2. 工作原理

晶闸管由四层半导体材料构成 3 个 PN 结：J_1、J_2、J_3，从工作原理看，相当于一个 PNP 型三极管和一个 NPN 型三极管连接起来，等效原理图如图 5-7 所示。其中，NPN 管用 VT_1 表示，PNP 管用 VT_2 表示。晶闸管的阳极 A 是 VT_2 的发射极，门极 G 是 VT_1 的基极和 VT_2 的集电极，阴极 K 是 VT_1 的发射极。

当在晶闸管阳极和阴极间施加一定的正向电压而门极开路时，VT_1、VT_2 都截止，晶闸管阳极-阴极之间没有电流通过，晶闸管不导通。

当在晶闸管阳极和阴极间施加正向电压 U_a 时，同时在门极和阴极间加一定的正向电压 U_g 时，VT_1 有基极电流流过，此时 VT_1 的基极电流 I_{b1} 等于门极电流 I_g，VT_1 导通。其集电极电流为 $\beta_1 I_{b1}$，这个电流就是 VT_2 的基极电流。因此，VT_2 的集电极电流为 $\beta_2\beta_1 I_{b1}$，它又流入 VT_1 的基极，再次放大。即

$$I_g = I_{b1} \rightarrow I_{c1} = \beta_1 I_{b1} = I_{b2} \rightarrow I_{c2} = \beta_2\beta_1 I_{b1}$$

如此循环下去，VT_1、VT_2 迅速饱和，晶闸管开通。这个过程很快，一般只有几微秒，称为触发过程。

晶闸管导通后，$I_{b1} \geqslant I_g$，门极电压不起作用，去掉门极正向电压，晶闸管仍然保持导通。由于这个特点，加在门极上的正向电压通常为脉冲电压，称为触发脉冲。

晶闸管导通后，阳极电流的大小由阳极-阴极回路的电源电压和负载决定，如果降低电源电压或增大负载电阻，则阳极电流下降，当阳极电流减少到“维持电流”以下时，晶闸管就由导通变为关断。

由此可得出晶闸管导通和关断的条件。

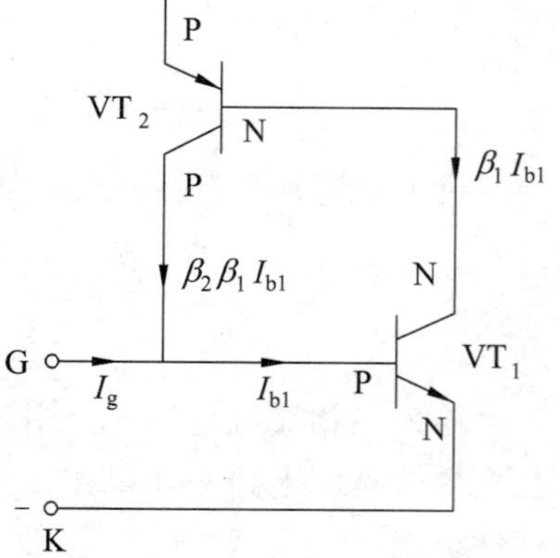

图 5-7 晶闸管的等效原理图

晶闸管从阻断变为导通，必须同时满足两个条件，二者缺一不可：

（1）晶闸管的阳极与阴极之间必须加一定值的正向电压。

（2）晶闸管的门极与阴极之间必须加适当的正向电压。

晶闸管从导通变为关断的条件是：使晶闸管的阳极电流小于“维持电流”。将正向阳极电源电压降到接近零，或加上反向阳极电压，都能使原来导通的晶闸管关断。

3. 伏安特性

1）阳极伏安特性

晶闸管阳极与阴极间的电压 u_a 和阳极电流 i_a 的关系称为晶闸管的阳极伏安特性。

晶闸管阳极伏安特性由位于第一象限的正向特性和位于第三象限的反向特性组成，如图 5-8 所示。

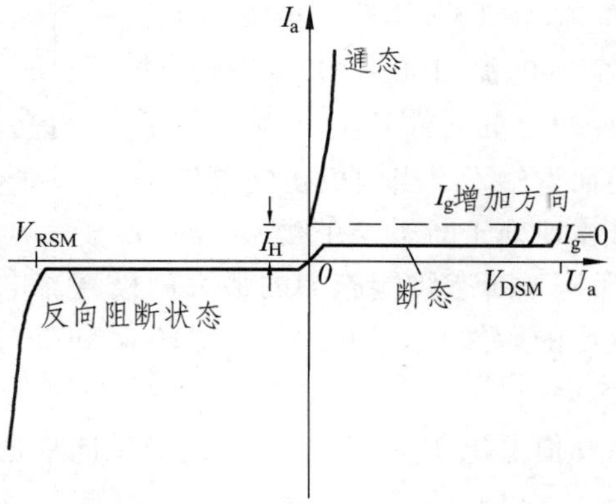

图 5-8　晶闸管的阳极伏安特性

（1）正向特性。

正向特性包括正向阻断状态（简称断态）和导通状态（简称通态）。在门极电流 $i_g = 0$ 时（门极断路），逐渐增加晶闸管的正向阳极电压，只有很小（约几毫安）的正向漏电流，这时晶闸管处于断态。当正向阳极电压增加到断态不重复峰值电压 V_{DSM} 时，正向电流开始急剧上升，继续增大正向阳极电压，晶闸管将由阻断状态突然转折为导通状态。晶闸管导通后的特性与二极管的正向特性相似，即管子通过较大的阳极电流，本身压降却很小，约为 1 V。

正常工作时，不允许把正向阳极电压加到断态不重复峰值电压来使晶闸管导通，而应靠门极输入正向触发电流 i_g 来使晶闸管导通。从图 5-8 可以看出，门极电流 i_g 越大，阳极电压转折点越低，当门极电流大到一定程度时，只需在阳极-阴极间加上较小的正向电压，晶闸管就能导通。

晶闸管导通后，逐步将阳极电流减小，当它小到一定值时，晶闸管便突然由导通变为阻断。在室温和门极断路条件下，保持晶闸管处于通态所必需的最小阳极电流，称为维持电流，用 I_H 表示。通常 I_H 约为数十毫安。

（2）反向特性。

晶闸管的反向特性表示晶闸管反向阳极-阴极间电压与反向阳极电流的关系。晶闸管的反向伏安特性与一般二极管的反向伏安特性相似。在正常情况下，当晶闸管承受反向阳极电压时，只有很小（几毫安）的反向漏电流，晶闸管总是处于阻断状态。当反向电压增加到一定数值时，反向电流将急剧上升，使晶闸管反向击穿。反向伏安特性曲线急剧弯曲处所对应的电压，称为反向不重复峰值电压 V_{RSM}，此电压不可重复施加。

2）门极伏安特性

门极伏安特性是指晶闸管门极正向电压 u_g 与门极正向电流 i_g 的关系。实际产品的门极伏安特性分散性很大，同一型号的晶闸管也只能用一个区间来表示，只要门极伏安特性在高阻极限曲线与低阻极限曲线范围以内，就为合格品。某型号晶闸管的门极伏安特性如图 5-9 所示。

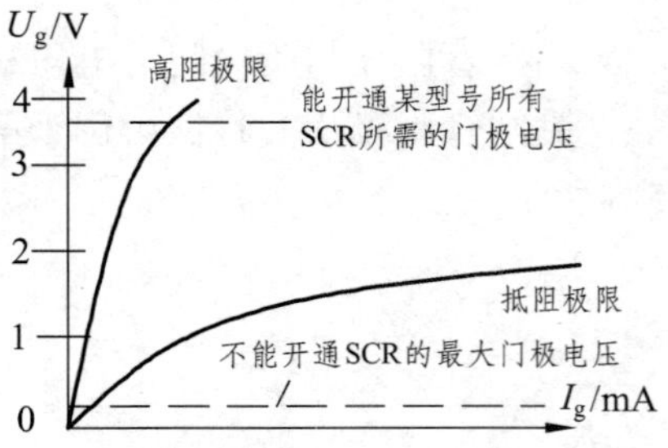

图 5-9　晶闸管门极伏安特性

在环境温度为室温、阳极与阴极之间加 6 V 直流电压的条件下，使晶闸管完全导通所必需的最小门极直流电压称为门极触发电压 V_{GT}，对应的门极电流称为门极触发电流 I_{GT}。额定电流 1A 的元件 $V_{GT} \leqslant 2.5$ V，额定电流为 5 ~ 50 A 的元件 $V_{GT} \leqslant 3.5$ V，额定电流 100 ~ 200 A 的元件 $V_{GT} \leqslant 4$ V，额定电流 300 A 以上的元件 $V_{GT} \leqslant 5$ V。为了防止晶闸管受干扰信号作用而误触发，当门极正向电压小于一定值时，晶闸管应能可靠地处于断态。在额定结温和额定断态电压下保持晶闸管处于断态所能施加的最大门极直流电压，称为门极不触发电压 V_{GD}。额定电流为 1 A 和 5 A 的元件 $V_{GD} \geqslant 0.3$ V，为 10 A 和 20 A 的元件 $V_{GD} \geqslant 0.25$ V，为 30 ~ 500 A 的元件 $V_{GD} \geqslant 0.15$ V。

国产晶闸管的门极正向峰值电压 V_{GFM} 为 10 V，门极反向峰值电压 V_{GFM} 为 5 V，使用中不得超过这个值。

4. 主要参数

1）通态平均电流 I_T

通态平均电流即晶闸管的额定电流，是指规定条件下元件所允许的工频正弦半波电流的最大平均值。

一般应选晶闸管的通态平均电流为其正常工作电流平均值的 1.5 ~ 2 倍。

2）通态平均电压 V_T

通态平均电压是指元件在规定条件下通以工频正弦半波电流，其平均值达到通态平均电流时阳极和阴极间电压的平均值。通态平均电压约为正向压降的 1/2。

3）断态重复峰值电压 V_{DRM}

断态重复峰值电压是指门极开路、晶闸管正向阻断时，阳极和阴极间允许重复施加的 50 Hz 正弦半波正向电压的峰值。此电压规定为断态不重复峰值电压 V_{DSM} 的 80%。

4）反向重复峰值电压 V_{RRM}

反向重复峰值电压是指门极开路、晶闸管反向阻断时，阳极和阴极间允许重复施加的 50 Hz 正弦半波反向电压的峰值。此电压规定为反向不重复峰值电压 V_{RSM} 的 80%。

5）断态电压临界上升率 dv/dt

断态电压临界上升率是指在额定结温和门极断路的条件下，使元件从断态转入通态的最低电压上升率，单位符号为 V/μs 。

门极断路时，即使阳极电压低于断态重复峰值电压，若加在晶闸管上的正向电压上升过快，则 N_1 与 P_2 间结电容充电电流较大，相当于门极电流，将会引起晶闸管误导通。实际使用中，元件上的正向电压上升率必须小于断态电压临界上升率。

6）通态电流临界上升率 di/dt

通态电流临界上升率是指在规定条件下，元件用门极开通时，能承受而不会导致损坏的通态电流的最大上升率，单位符号为 A/μs 。

门极流入触发电流后，晶闸管开始只在靠近门极附近的小区域内导通，随着时间的推移，导通区才逐渐扩大，直到全部结面导通。如果电流上升太快，则刚一导通就有大电流流经门极附近的小区域，会造成局部过热而使晶闸管损坏。

晶闸管种类很多，可分为普通晶闸管（SCR）、快速晶闸管（EST）、双向晶闸管（TRIAC）、逆导晶闸管（RCT）、光控晶闸管（IATT）、静电感应品闸管（SITH）、门极关断晶闸管（GTO），MOS 控制晶闸管（MCT）等。前面及以后整流电路中提到的晶闸管均指普通晶闸管。

5.2.2　三相桥式全控整流电路

1. 电阻性负载

1）工作原理

三相桥式全控整流电路由 6 只晶闸管组成，VS_1、VS_2、VS_3 为共阴极组，VS_4、VS_5、VS_6 为共阳极组。电阻性负载的三相桥式全控整流电路如图 5-10 所示。

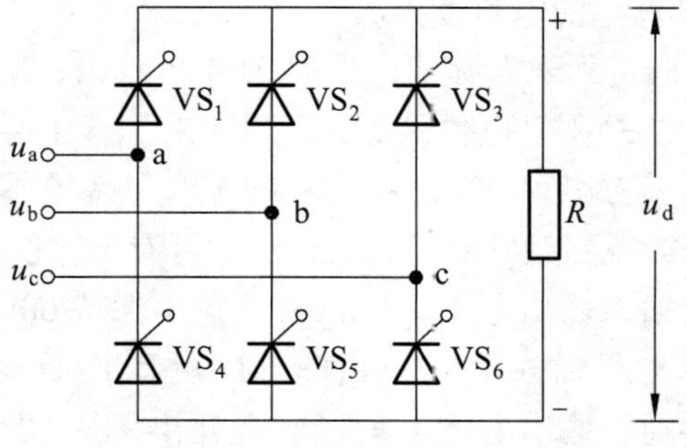

图 5-10　电阻性负载的三相桥式全控整流电路图

在交流电源的一个周期内，晶闸管在正向阳极电压作用下不导通的电角度称为控制角，或移相角，用α表示；导通的电角度称为导通角，用θ表示。在三相可控整流电路中，控制角的起点不是在交流电压过零点处，而是在自然换流点（又称自然换相点），即三相相电压的交点。采用双窄脉冲触发时，触发电路每隔 60°依次同时给两个晶闸管施加触发脉冲，每周期的触发顺序如下。

$$\begin{matrix} VS_1 \\ VS_5 \end{matrix} \rightarrow \begin{matrix} VS_1 \\ VS_6 \end{matrix} \rightarrow \begin{matrix} VS_2 \\ VS_6 \end{matrix} \rightarrow \begin{matrix} VS_2 \\ VS_4 \end{matrix} \rightarrow \begin{matrix} VS_3 \\ VS_4 \end{matrix} \rightarrow \begin{matrix} VS_3 \\ VS_5 \end{matrix}$$

（1）$\alpha = 0°$。

当 $\alpha = 0°$时，晶闸管在自然换流点得到触发脉冲。波形如图 5-11 所示。

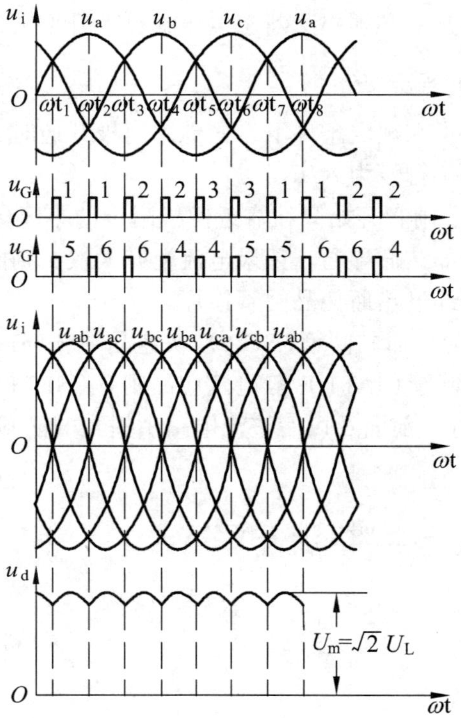

图 5-11　三相桥式全控整流电路 $a = 0°$的波形图

设从第一个自然换流点算起的电角度为φ。

当$\varphi = 0°$时，VS_1和VS_5得到触发脉冲，由图 5-11 可看出，此时线电压的最大值为u_{ab}，即VS_1的阳极电位最高、VS_5的阴极电位最低，所以VS_1和VS_5导通。忽略VS_1和VS_5的导通压降，输出电压$u_d = u_{ab}$。在此后 60°期间，VS_1和VS_5保持导通，此输出保持 60°。

当$\varphi = 60°$时，VS_1和VS_6得到触发脉冲，由图 5-11 可看出，此时线电压的最大值变为u_{ac}，所以VS_1保持导通，VS_6导通，输出电压$u_d = u_{ac}$，此输出保持 60°。

在$\varphi = 120°$时，VS_2和VS_6得到触发脉冲，由图 5-11 可看出，此时线电压的最大值变为u_{bc}，所以VS_2导通，VS_6保持导通，输出电压$u_d = u_{bc}$，此输出保持 60°。

同理，此后输出电压依次等于u_{ba}、u_{ca}、u_{cb}。

此时的工作情况和输出电压波形与三相桥式不控整流电路完全一样，整流电路处于全导通状态。

当$\alpha > 0°$时，晶闸管导通要推迟α角，但晶闸管的触发、导通顺序不变。

（2）$\alpha = 60°$。

$\alpha = 60°$时，晶闸管在自然换流点之后 60°得到触发脉冲。波形图如图 5-12 所示。

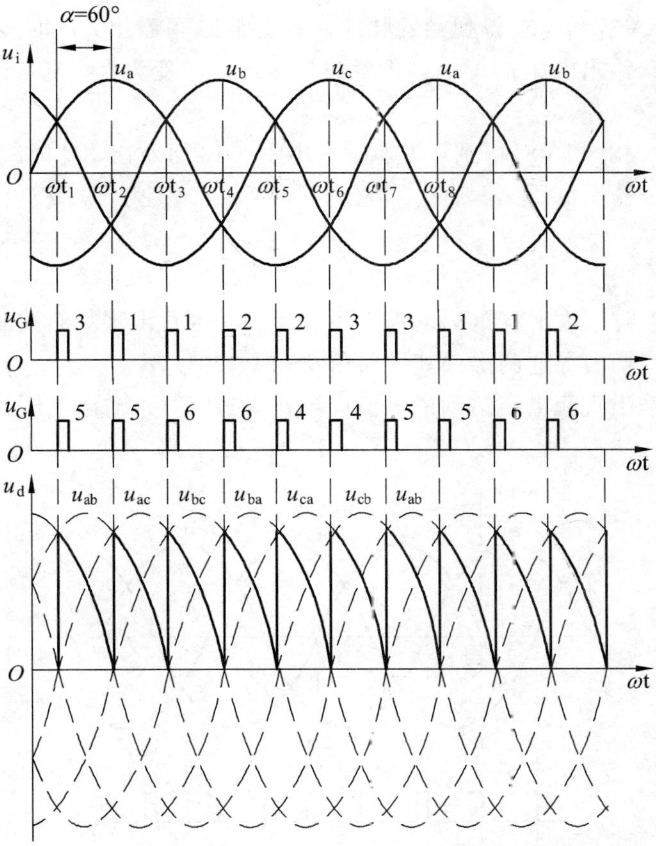

图 5-12　三相桥式全控整流电路 $\alpha=60°$ 的波形图

当 $\varphi=60°$ 时，VS_1 和 VS_5 得到触发脉冲，由图 5-12 可看出，此时线电压的最大值为 u_{ac}，由于 VS_6 没有得到触发脉冲不能导通，而 u_{ab} 大于零，所以 VS_1 和 VS_5 导通，输出电压 $u_d=u_{ab}$，此输出保持 60°。

当 $\varphi=120°$ 时，VS_1 和 VS_6 得到触发脉冲，由图 5-12 可看出，此时线电压的最大值变为 u_{bc}，由于 VS_2 没有得到触发脉冲不能导通，而 u_{ac} 大于零，所以 VS_1 保持导通，VS_6 导通，输出电压 $u_d=u_{ac}$，此输出保持 60°。

当 $\varphi=180°$ 时，VS_2 和 VS_6 得到触发脉冲，由图 5-12 可看出，此时线电压的最大值变为 u_{ba}，由于 VS_4 没有得到触发脉冲不能导通，而 u_{bc} 大于零，所以 VS_2 导通，VS_6 保持导通，输出电压 $u_d=u_{bc}$，此输出保持 60°。

同理，此后输出电压依次等于 u_{ba}、u_{ca}、u_{cb}。

α 为 0°～60°时，输出电压 u_d 的波形是连续的，晶闸管的导通角 $\theta=120°$ 保持不变（不随控制角 α 变化而变化）。

（3）$\alpha=90°$

$\alpha=90°$ 时，晶闸管在自然换流点之后 90°得到触发脉冲。波形图如图 5-13 所示。

当 $\varphi=90°$ 时，VS_1 和 VS_5 得到触发脉冲，由图 5-13 可看出，此时线电压 u_{ab} 大于零，所以 VS_1 和 VS_5 导通，输出电压 $u_d=u_{ab}$。但经过了 30°，u_{ab} 变为零，VS_1 和 VS_5 截止，输出电压变为 0。

当$\varphi=150°$时，VS_1和VS_6得到触发脉冲，由图 5-13 可看出，此时线电压u_{ac}大于零，所以VS_1和VS_6导通，输出电压$u_d=u_{ac}$。但经过了 30°，u_{ac}变为零，VS_1和VS_6截止，输出电压变为 0。

当$\varphi=210°$时，VS_2和VS_6得到触发脉冲，出图 5-13 可看出，此时线电压u_{bc}大于零，所以VS_2和VS_6导通，输出电压$u_d=u_{bc}$。但经过了 30°，u_{bc}变为零，VS_2和VS_6截止，输出电压变为 0。

其余类推。

显然，当$\alpha>60°$时，输出电压u_d的波形不连续，晶闸管出现自然关断现象。每只晶闸管在交流电源的一个周期内导通两次，其导通角$\theta=2\times(120°-\alpha)$。

当$\alpha=0$时，输出直流电压达到最大值；当$\alpha=120°$时，输出电压为零。因此，最大移相范围为 120°。

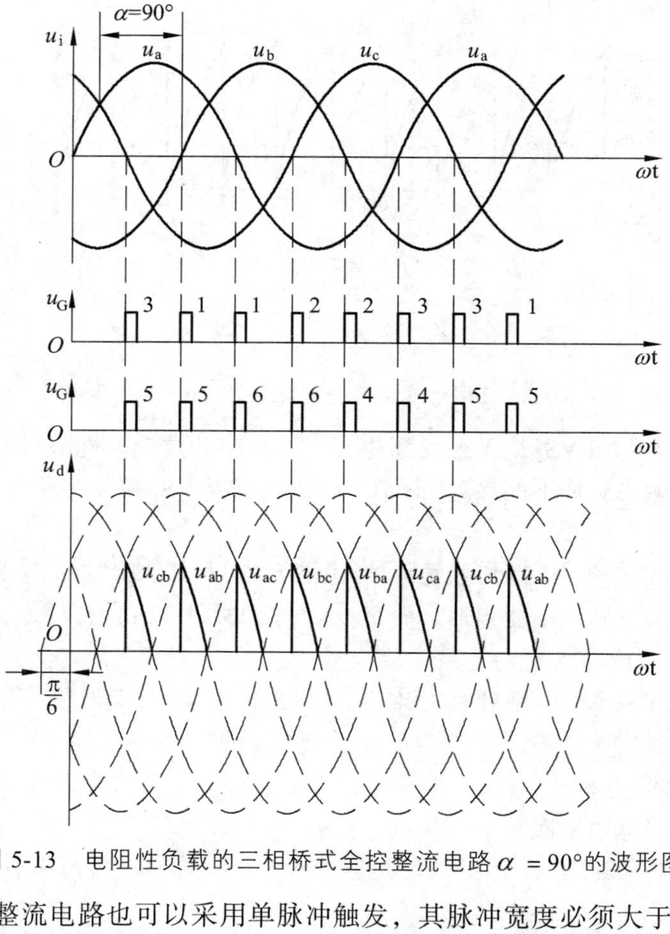

图 5-13　电阻性负载的三相桥式全控整流电路$\alpha=90°$的波形图

三相桥式全控整流电路也可以采用单脉冲触发，其脉冲宽度必须大于 60°，触发电路每隔 60°轮流给各晶闸管施加触发脉冲，对应于图 5-10 所示电路，触发顺序为：VS_1、VS_6、VS_2、VS_4、VS_3、VS_5，依此循环，如图 5-14 所示。此时晶闸管的导通顺序及其对应的输出电压瞬时值u_d与采用双窄脉冲触发时完全一样：① VS_1、VS_s导通，$u_d=u_{ad}$；② VS_1、VS_6导通，$u_d=u_{ac}$；③ VS_2、VS_6导通，$u_d=u_{bc}$；④ VS_2、VS_4导通，$u_d=u_{ba}$；⑤ VS_3、VS_4导通，$u_d=u_{ca}$；⑥ VS_3、VS_5导通，$u_d=u_{cb}$。依此循环。

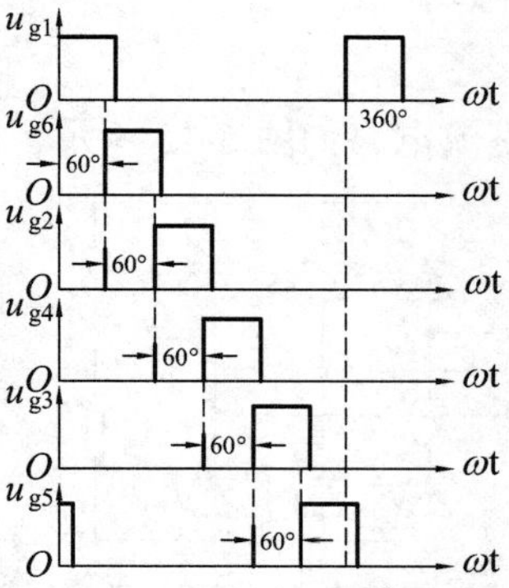

图 5-14　三相桥式全控整流单脉冲触发

2）基本定量关系

（1）输出直流电压、电流。

输出电压 u_d 的第一个重复周期解析式为

$$u_d = u_{ab} = \sqrt{2}U_L \sin\left(\omega t + \frac{\pi}{3} + \alpha\right) \tag{5-14}$$

式（5.14）中，当 $0° \leqslant \alpha \leqslant 60°$ 时，$0 \leqslant \omega t \leqslant \pi/3$；当 $60° \leqslant \alpha \leqslant 120°$ 时，$0 \leqslant \omega t \leqslant (2\pi/3) - \alpha$。

当 $0° \leqslant \alpha \leqslant 60°$ 时，输出直流电压为

$$U_d = \frac{3}{\pi}\int_0^{\frac{\pi}{3}} \sqrt{2}U_L \sin\left(\omega t + \frac{\pi}{3} + \alpha\right) d(\omega t) = \frac{3\sqrt{2}U_L}{\pi}\cos\alpha = 1.35U_L\cos\alpha \tag{5-15}$$

当 $60° \leqslant \alpha \leqslant 120°$ 时，输出直流电压为

$$\begin{aligned} U_d &= \frac{3}{\pi}\int_0^{\frac{2\pi}{3}-\alpha} \sqrt{2}U_L \sin\left(\omega t + \frac{\pi}{3} + \alpha\right) d(\omega t) \\ &= \frac{3\sqrt{2}U_L}{\pi}\left[1 + \cos\left(\frac{\pi}{3} + \alpha\right)\right] \end{aligned}$$

即

$$U_d = 1.35U_L\left[1 + \cos(60° + \alpha)\right] \tag{5-16}$$

输出直流电流为

$$I_d = \frac{U_d}{R}$$

（2）晶闸管的平均电流。

每只晶闸管的平均电流为

$$I_a = \frac{1}{3}I_d \tag{5-17}$$

（3）晶闸管承受的最大电压。

每只晶闸管可能承受的最大电压为

$$U_{R\max} = \sqrt{2}U_L = \sqrt{6}U = 2.45U \tag{5-18}$$

2. 电感性负载

电感性负载的三相桥式全控整流电路如图 5-15 所示，波形图如图 5-16 所示。

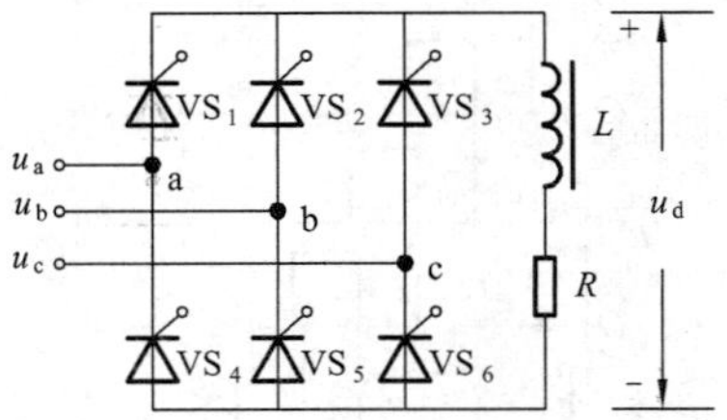

图 5-15　电感性负载的三相桥式全控整流电路图

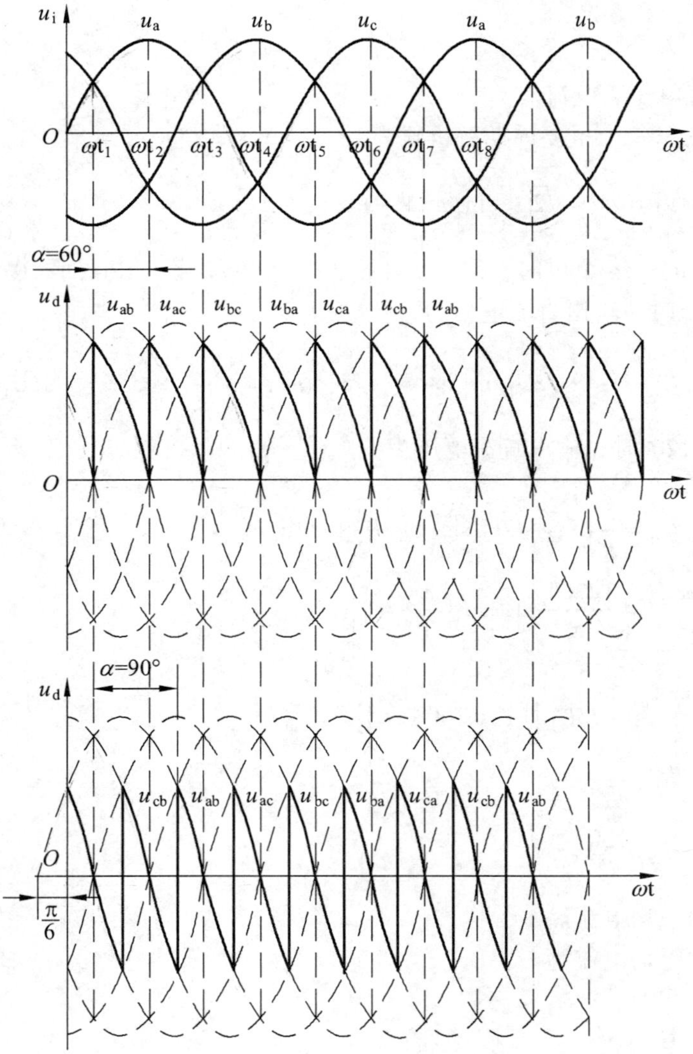

图 5-16　电感性负载的三相桥式全控整流电路波形图

当 0°≤ α ≤60°时，输出电压 u_d 波形同电阻性负载时一样。

当 α >60°时，在线电压过零变负时，负载电感产生感应电势维持电流的存在，所以原来导通的晶闸管不会截止，继续保持导通状态。此时，输出电压 u_d 波形中有负电压。

当 $\alpha=90°$ 时，如负载电感足够大，则输出电压 u_d 波形图中正向面积和负向面积接近相等，输出直流电压 U_d 近似为零。可见电感性负载的三相桥式全控整流电路在电感足够大时，最大有效移相范围只有 90°，晶闸管的导通角 θ 则保持 120°不变。

由于电感的作用，负载电流 i_d 波形近似为水平直线，晶闸管电流近似为矩形波。

电感性负载的三相桥式全控整流电路输出直流电压为

$$U_d = 1.35U_L\cos\alpha$$

上式在 $0° \leqslant \alpha \leqslant 90°$ 范围都适用。

在实际应用中，三相桥式全控整流电路控制角 α 的变化范围不宜宽（通常 $\alpha<60°$），因为控制角大会使输入功率因数小、输入电流谐波分量大，对电网产生比较严重的干扰。

3. 输入谐波电流的治理

在通信直流供电系统中，过去采用相控整流器，三相桥式全控整流电路曾得到广泛应用，现在已经被淘汰。

目前在一些双变换 UPS 中采用的 6 脉冲整流器就是三相桥式全控整流器，用于为 UPS 中的逆变器提供直流电源并对蓄电池组进行充电。通信用 UPS 中的整流器除了应能输出所需直流电压、电流外，还要使 UPS 达到输入功率因数不小于 0.85 ~ 0.95、输入电源谐波成分小于 25% ~ 5%的要求（不同档次的 UPS 有差别）。

三相桥式全控整流电路输入电流中包含交流电源频率的 5、7、11、13、17、19、23 次谐波，其中 5 次谐波电流最大。如果没有适当的输入滤波措施，输入电流总谐波畸变率（THD_i）达 30%以上。谐波电流大对电网形成污染，并可能造成配电线缆、变压器发热，空气开关误跳闸，引起油机发电机系统振荡等不良后果。

UPS 中使用的 6 脉冲整流器宜在三相桥式全控整流电路的输入侧接 5 次谐波滤波器，如图 5-17 所示。L_p、C_p 支路对 5 次谐波（250 Hz）串联谐振，5 次谐波电流被它们旁路而不通过阻抗相对较高的供电回路。也可以说，整流电路是同 L_p、C_p 串联支路而不是同输入电源进行 5 次谐波能量的交换。对于高次谐波，L_p、C_p 串联支路呈感抗，串联支路的品质因数 Q 值较小，频率离开谐振点后阻抗升高不陡，该支路同输入滤波电感 L_F 配合，使输入滤波器对高次谐波电流也有一定的滤波作用。

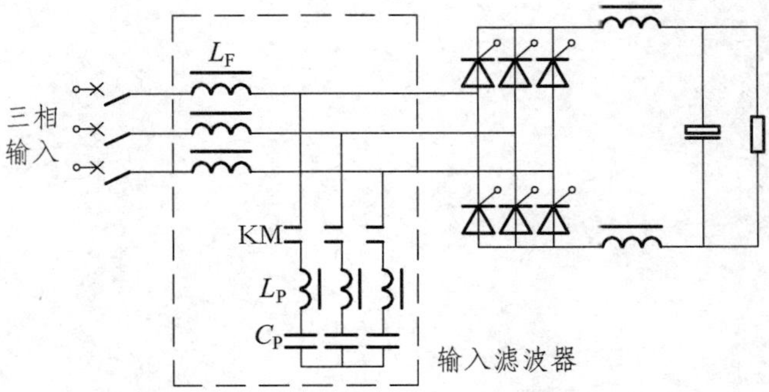

图 5-17　6 脉冲整流器的谐波治理

接入 5 次谐波滤波器后，6 脉冲整流器满载时输入功率因数可达 0.9，输入电流总谐波畸变率（THD_i）能达到10%以下（负载减轻时输入功率因数减小、输入电流总谐波畸变率增大）；所需油机发电机额定容量约为UPS额定容量的2倍。

L_p、C_p串联支路对50 Hz呈容抗，当UPS负载较轻（小于15%额定负载）时，会使整流器的输入电流超前输入电压。为了避免UPS轻载时整流器的电容特性对供电电源（尤其是油机发电机）产生不良影响，通常采用交流接触器（KM）来自动控制L_p、C_p串联支路的通断，使其在轻载时退出。

第 6 章　不间断电源（UPS）

6.1　UPS 电源概述

6.1.1　UPS 的概念

UPS 就是不间断电源（Uninterruptible Power System，UPS），它是伴随着计算机的诞生而出现的。作为通信电源系统的关键设备，UPS 是一种有储能装置，以逆变器为主要元件、稳压稳频输出的电源保护设备。它可以解决现有电力的断电、低电压、高电压、谐波、杂讯现象，使计算机系统运行更安全可靠。目前，UPS 电源已经广泛应用于通信领域的各个行业，并且正在迅速走入家庭。

此外，在通信电源系统中常用到的逆变器是一种与 UPS 功能类似的备电设备，是将直流电（DC）转换成交流电（AC）的变换器。逆变器的性能不同，输出的交流电波形有阶梯波与正弦波（sine wave）两种，失真系数（THD）也因逆变器性能各有不同。

在早期的电信机房中，通常将 220 V 交流电源整流后为 48 V 电池组充电，由电池组直接给程控交换机供电。随着计算机网络和通信网络在电信机房的应用，需要为其提供高质量的 220 V 的交流电源。由于 48 V 电池组的应用，通常采用电池组+逆变器的方法，将 48 V 直流变换为 220 V 交流电源为网络供电。但是，这种方法同 UPS 相比存在着许多弊病。

（1）UPS（不间断供电系统）最重要的作用就是不间断供电，当市电网符合输入范围时，经过 AC-DC、DC-AC 双重变换后向负载供电；当市电网超限时，由电池向负载供电；当 UPS 故障或过载时由旁路电源向负载供电；维护时还可以通过手动维修旁路开关对 UPS 进行在线维护。而电池组+逆变器的供电方式，当电池组出现故障需要更换时，必须中断系统运行，这会对系统造成巨大的损失。UPS 的不间断作用是电池组+逆变器无法替代的。

（2）UPS 的作用是实现双路电源的不间断相互切换，起到后备、稳压、稳频、隔离干扰等作用。它能够将瞬间间断、谐波干扰、电压波动、频率波动、浪涌等电网干扰阻挡在负载之前。由于 UPS 自身逆变器的输入直流总线和外接电池组均与用户原有的 48 V 通信电源无任何直接的电气连接，所以不会对程控机产生任何传导干扰。另外，UPS 为防止对外的辐射干扰，通常采用钢板式框架结构，像英国 CHLORIDE UPS 在内衬 2 mm 厚不锈钢板的外部设计的流线型塑料外壳，不仅保持了优美外形，而且消除了对其他设备的辐射干扰。在它的输入输出端采用了 RFI 滤波器，使得向负载提供的是经过净化的交流电源。

对于 48 V 电池组+逆变器而言，由于逆变器电源与程控机房所用的直流电源是同一组电池组，而逆变器采用的是高频脉宽调制工作方式，其反馈噪声干扰必然会进入程控电话的输入端，大大影响通话品质。

（3）因为逆变器是固定的 48 V 供电，电池电压较低，当输出功率要求越大时，对功率模块的生产工艺要求也越高。因此，大功率逆变器难以实现。目前，最大的逆变器约为 15 kV ·A。而 JPS 本身的自带电池组直流电压可高至几百伏，单机功率可以很大，如英国 CHLORIDEUPS 单机可以做到 600 kV · A，且还可以通过并机方式进一步扩大容量。例如：EDP90 系列可以 6 台直接并联或通过公共旁路柜并联。

（4）由于 48 V 逆变器电源用量小，生产厂家通常规模比较小，其性能难以同 UPS 生产厂家相提并论。UPS 作为一个完整独立的电源系统，在世界上生产已几十年，生产规模庞大、技术成熟、可靠性高，其可靠性指标理论上可达几十万小时，而 48 V 逆变器电源在技术上难以与之匹敌。

（5）为适应现代通信网络飞速发展的需求，要求 UPS 或逆变器必须拥有极强的网络管理功能。英国 CHLORIDE UPS 向用户提供了 2 个 RS-232 接口、1 个计算机干接点接口和 1 组远程报警继电器触点。其完善的网络管理软件可适应不同的操作系统，可对 16 台 UPS 同时进行监控，可监测多达 170 多种参数。其特有的 Life 2000 远程监控软件可以使 UPS 天天都处于智能监控之中，确保用户高枕无忧。而对于 48 V 逆变器而言，由于其生产规模和使用范围的限制，很少有厂家能提供如此之强的软件功能。

（6）有人曾提出 UPS 的缺点：当输入电压偏高或偏低时，即转为电池放电，而我国电网状通常较差，会引起电池频繁放电，缩短电池寿命。使用 48 V 逆变器则不用考虑此问题。事实上，当今世界上具有实力的 UPS 生产大厂，如 EXIDE、MGE、CHLORIDE 等在设计上均充分考虑了此问题。例如：英国 CHLORIDE UPS，采用先进的 DSP 控制技术，具有超宽的输入电压范围，在+25%的范围内仍可满载输出，极大地减少了电池放电次数。其先进的智能电池管理功能，使其充电器具有极小的交流纹波。充电电压自动温度补偿、放电终止电压随放电时间自动补偿、自动电池检测、电池寿命计算等功能，极大地保护了电池，可使电池寿命延长 30%。

通过上述分析，可以发现：48 V 逆变器在控制技术、抗干扰能力、网络管理、功率等级、可靠性等方面均无法达到在线式 UPS 的水平。因此，通信电源选用在线式 UPS 为最佳。

6.1.2 UPS 的发展趋势

随着信息化社会建设进程的加快，UPS 的应用范围越来越广泛，UPS 的技术发展也越来越快，其主要发展方向为全数字化、智能化和网络化。

1. 全数字化

功率 MOSFET 及 IGBT 的问世为 UPS 开拓出一条光辉灿烂之路，使 UPS 技术步入崭新的时代——全数字化时代。

首先，UPS 的输入部分取消了用于与市电隔离的工频变压器，或为降压用的自耦变压器，而采用 SPWM 技术实现整流高频化（AC-DC）。一方面可以减小直流侧滤波器尺寸，改善直流侧调节性能，提高市电电压允许变化范围；另一方面采用数字信号处理器（DSP）控制，使输入电流正弦化，并与市电电压相同，从而实现UPS高输入功率因数（PF约为1）。逆变器中的功率MOSFET或IGBT工作频率在20 kHz以上。输出滤波器小而简单，而且输出的正弦波非常光滑。

对于UPS内部的蓄电池组采取高频变化降压方式（DC—DC）充电，当市电停电时，UPS转换为蓄电池，给逆变器供电时亦采取高频变换降压方式（DC—DC）实现。

逆变器控制电路采用了正弦波直接反馈技术，其调节速度快，远远优于传统模式模拟反馈技术，再加上小的输出滤波器和20 kHz以上的SPWM调制，使UPS动态响应特性非常好。在逆变器保护电路中采用性能优良的过流保护技术，使逆变器不仅具有较强的过载能力，允许100%负载不平衡（指三相逆变器），而且具有很强的自身保护功能。综上所述，全数字化UPS具有高质量、高可靠、高指标、多功能等特点，不仅噪声低而且效率高。而传统式逆变器输出变压器逐渐被抛弃。

未来，UPS技术将向着多功能的方向发展，功率范围从12 kV·A拓展到300 kV·A，可全面满足客户的需求，提供包括特殊环境下的关键应用系统所需的中央电源保护功能，内置式DCexpert电池监察系统，能够高准确地提供运行时间和电池状况，避免因突如其来的故障导致数据丢失，使电池运行时间误差减小到±3%以内。

数字化UPS的内置式Token-Ring网络采用数字信号处理专利算法，有效地解决了并行系统之间的相互沟通问题，并采用有效的设计将产品的元件数量减至最低程度，以减少故障机会，可以提供99.99%可用性的并行冗余系统。例如，新推出的Remote Notify选件在大部分情况下能够自行诊断故障，并且立即解决问题。如果遇到重大故障，可以就用户预测的190多种故障情况，自动向传呼机或个人计算机发出最多长达40个字的求助信息。Remote Notify可以向两个不同的电话号码发出呼叫，并且最多可以重拨256次，以确保信息可以顺利传达，而网络管理人员则可通过拨号进入系统内部检查UPS的全面运行情况。

2. 智能化

UPS的智能化包括系统运行状态自动识别和控制、系统故障自诊断、蓄电池自动监测管理、智能化内部信息监测与显示等。

UPS的异地远程监控包括系统专用远程监控控制盘、RS-232/485通信口与监控PC间的交互控制、将UPS系统作为网络的一个节点的网络交互控制等。UPS的智能化主要通过系统的控制软件实现。在系统运行状态识别与控制方面，通过内部传感器和状态逻辑及识别系统所处的运行状态，判定系统运行是否正常，主要包括以下几个方面。

（1）根据负载被切换到旁路的时间和次数，以及切换时的输入/输出参数等，判定系统的运行模式是旁路运行还是主机运行，是充电运行还是放电运行。

（2）根据系统运行的状态参数识别外部指令，决定执行外部指令的方式，包括系统功能和运行参数的调整。

（3）快速、准确地判定系统的故障状态并采取相应的故障处理措施，如封闭功率变换器、输出故障参数报警等。

（4）历史事件的记录，以及根据历史记录和当前运行参数预测蓄电池的后备时间等。

（5）智能化的人机对话控制操作面板，包括图形显示等。

（6）并机系统的热待机到带载运行的自动判定与转换。

所有这些都简化了外部操作程序，有效地防止了系统的误操作对系统自身和负载所带来的危害，提高了 UPS 的可靠性。UPS 智能化的另一个方面是通过运行于 PC 机内的监控软件实现的。通过 RS-232 等接口将 UPS 与 PC 机串口连接，并在 PC 机上运行相关平台的 UPS 监控软件，由 PC 机定时发送查询指令，UPS 则在规定的时间内返回运行参数信息。由 PC 机进一步对 UPS 的运行状态、故障的具体部位等进行判断，并在必要时对 UPS 发出指令干预运行和提醒现场维护人员。

目前，UPS 厂商新推出的新产品包括多种不间断电源供应技术、电源管理软件及连接装置等，而它们能使受保护的重要信息资源不会因电源冲击、浪涌、陡降、电力不足和电力中断等原因遭受损失。

3. 网络化

在计算机网络及通信事业迅猛发展的推动下，当今 UPS 在大量引进微处理监控技术的基础上，发展成为一种能在 UPS 网络和计算机网络之间建立起双向通信调控管理功能的系统。UPS 网络化有两方面的含义。

（1）UPS 及其监控系统与其所保护的负载——计算机或局域网络间的交互作用。当电源出现异常时，UPS 内部的微控制器会及时把异常信息发送给它所保护的计算机或局域网，并发出告警信息，提醒操作员或网络管理员及时处理，并在 UPS 供电时间结束前自动中止计算机或局域网的运行，并将现场信息自动存盘。通过 MODEM 向有关人员发出 E-mail、BP-CALL 等。

（2）UPS 作为广义网络的一个独立节点并装上通信适配器，给 UPS 分配独立的 IP 地址。这样，网管员或被授权人可在网络的任何地方通过网络像管理计算机一样对 UPS 的情况进行实时远程监控。利用这种控制功能，用户可在计算机网络终端上实时监控 UPS 的运行参数。此外，用户还可以在计算机网络终端上对 UPS 的输出执行定时的自动开机、自动关机操作。在自动完成将程序和数据转入磁盘的操作之后，再自动关闭操作系统。这样有序的关机操作，将确保用户软件和数据的安全可靠。

UPS 生产厂家也可以直接通过网络了解分布在世界各地的 UPS 的运行情况，便于向用户提供系统诊断和维修等售后服务，提高服务的快速性和准确性。为实现控制功能，在目前市售的先进 UPS 上可向用户提供 RS-232，DB-9，RS-485 等通信接口。对于要求能执行计算机网络管理功能的 UPS 来说，还应配置简单网络管理协议 SNMP 卡，才能配套运行。

总之，UPS 使用 MOSFET 及 IGBT 功率元件，使其走向高频化、小型化、高效率，也延长了蓄电池的寿命；采用冗余技术，进一步增强了 UPS 的容量和可靠性，而网络智能化 UPS 技术不仅提供完全可靠的网络电源管理，也为节能提供了一种最佳的解决方案，可以说 UPS 技术总的发展趋势是逐步向小型网络智能化和具有长时延方向发展。随着科学技术的进步，UPS 技术将在不久的将来开辟一个更新的领域。

6.2 UPS 分类

从机械的角度来看，UPS 可分为旋转型和静止型两大类。旋转型现已较少使用，目前广泛应用的 UPS 属于静止型 UPS（本章主要介绍静上型 UPS）。

静止型 UPS 采用精密的电子元器件，同时利月电池的储能给设备供电。市电正常时将市电转化为化学能储存起来；当市电不正常时，由化学能转化为电能给设备供电。

静止型 UPS 可按多种性能特点进行分类，这些分类方式对于 UPS 选型应用有着较大的意义。

1. 按配电方式分类

根据用户的不同配送系统，有 3 种 UPS 机型可供用户选择，这种划分与 UPS 的输出功率有关

1）单进/单出机型

选用此机型时，用户无须考虑 UPS 输出端的负载均衡分配问题，但必须考虑市电配电的三相均衡带载问题。

2）三进/单出机型

此种机型的交流旁路市电输入的相线和中线可配置为 UPS 额定输出电流的导线的截面面积，防止三相电压不平衡时中线电流过大。

3）三进/三出机型

输入要求与三进/单出机型相同，另外还要将 UPS 输出端的负载不平衡度控制在标准规定的范围之内。

注意：鉴于计算机和通信设备等非线性负载均是属于“整流滤波型”负载，从而造成流过供电系统中的中线电流急剧增大，为防止因中线过热或中线电位过高而造成不必要的麻烦，应将中线的截面积加粗为相线的 1.5 ~ 2 倍。

2. 按工作方式分类

从技术上讲，静态式 UPS 分为 3 类：离线式（OFF LINE）、在线式（ON LINE）和在线互动式（LINE INTERACTIVE）。

1）离线式 UPS

离线式 UPS 原理框图如图 6-1 所示，其性能如表 6-1 所示。

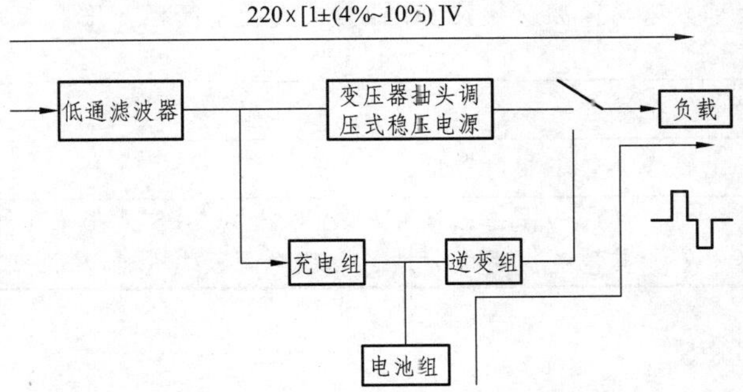

图 6-1　离线式 UPS 原理框图

表 6-1　离线式 UPS 性能表

项　目	在线互动式 UPS
容量范围	0 至几千伏安，多为 1 kV · A 以下，且多为 500 V · A
技术特性	为准方波输出，对市电没有净化功能；逆变器为后备工作方式，掉电转逆变工作有时间间隔
结　构	采用工频变压器进行能量传递，电源笨重而且体积大
优　点	价格便宜，结构简单，可靠性高
缺　点	没有净化功能，稳压特性差，掉电切换电池有间断时间
适用场合	只能处理断电问题，仅适合比较简单、不很重要的环境使用，如办公或家用 PC，不重要的网上终端等

2）在线式 UPS

在线式 UPS 原理框图如图 6-2 所示，其性能如表 6-2 所列。

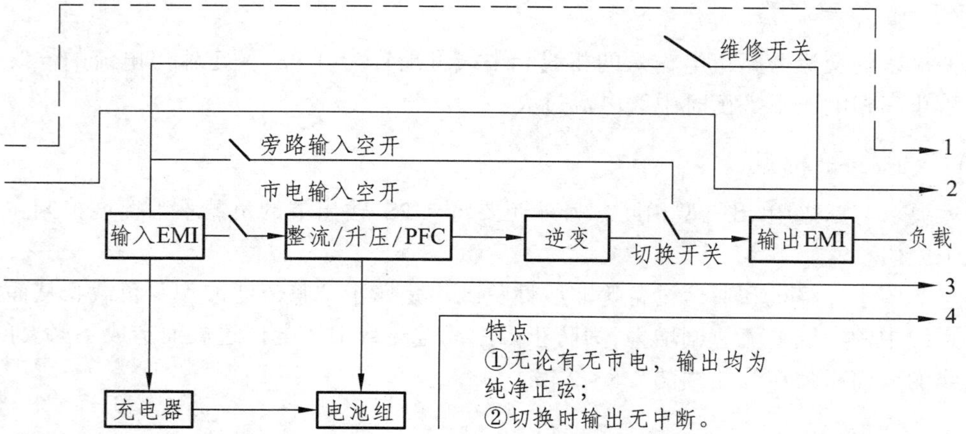

图 6-2　在线式 UPS 原理框图

表 6-2　在线式 UPS 性能表

项　目	在线互动式 UPS
容量范围	几百伏安到几十万伏安（单机）
技术特性	输出正弦波，逆变器主供电，掉电转电池没有中断时间，对市电进行完全净化
结　构	绝大部分采用高频变换技术，能量的变换用高频变压器来完成，体积小，重量轻，噪声低
优　点	对市电完全净化
缺　点	价格比较贵，效率相对较低
适用场合	提供全面、彻底的保护，10 kV · A 以上的 UPS 大都采用这种技术，适合大型数据网络中心和其他关键用电领域，如服务器及其他重要仪器、设备、控制系统等

3）在线互动式 UPS

在线互动式 UPS 原理框图如图 6-3 所示，其性能如表 6-3 所列。

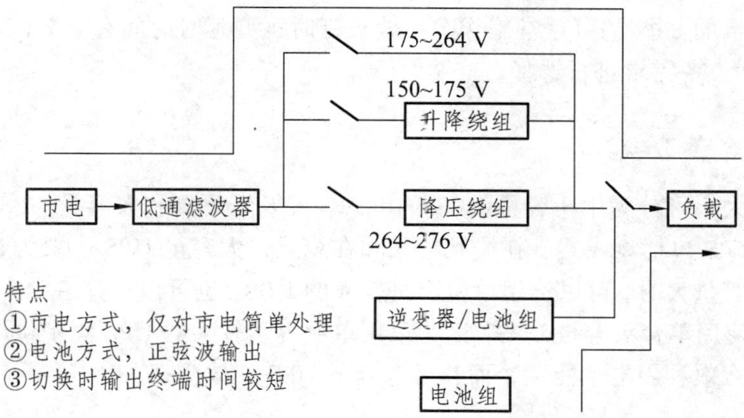

图 6-3　在线互动式 UPS 原理图

表 6-3　在线互动式 UPS 性能表

项　目	在线互动式 UPS
容量范围	多在 5 kV · A 以下
技术特性	充电器与逆变器合为一体，没有整流环节，输出电压分段调整，工作在后背方式。当输入变压器抽头跳变时，功率单元作为逆变器工作一段时间，弥补继电器跳变的过程输出供电的间断
结　构	使用工频变压器，电源笨重、体积大
有　点	可靠性较高，结构紧凑，成本较低
缺　点	后备工作方式，净化功能差，掉电切换电池有间断时间
适用场合	能满足大多数应用场合的要求，如网上路由器、集线器、终端、办公及家用 PC，但不适合大型数据网络中心等用电领域

通信电源系统的工程技术人员可以根据负载对输出稳定度、切换时间、输出波形的要求确定是选择离线式、在线式还是在线互动式。在线式 UPS 的输出稳定度、瞬间响应能力比另外两种强，对非线性负载及感性负载的适应能力也较强。对于使用发电机带短延时 UPS 的系统，由于发电机的输出电压和频率波动较大，最好使用在线式。

3. 按逆变工作延时时间分类

按逆变工作时满负荷条件下允许供电时间的长短，UPS 可以分为标准机型和长延时机型。

标准机型电池在 UPS 的腔体内，长延时机型电池需要外加电池箱（柜）；标准机型能在电力异常时提供 7 ~ 15 min 的后备时间，使得用电设备有足够的时间实施应急措施。在需要较长的后备时间的场合，可以选用具有长延时功能的 UPS。延长不间断电源的供电时间有两种方法：

（1）增加电池容量：可以根据所需供电的时间长短增加电池的数量，采用这种方法会造成电池充电时间的相对增加，同时也会增加相应的维护设备的数量、增大产品体积，造成 UPS 整体成本提高。

（2）选购容量较大的 UPS：采用这种方法不仅可以降低维修成本，而且在需要扩充负载设备时，较大容量的 UPS 仍可正常工作。一般长延时机型延时时间有 0.5 h、1 h、2 h、4 h、8 h 等，可以根据设备需求进行选择。

4. 按输出容量分类

按输出功率大小可分为中小容量 UPS（10 kV · A 及以下）和大容量 UPS（10 kV · A 以上）。中小容量 UPS 包括离线式、在线互动式和在线式；大容量 UPS 一般为在线式。

当设备需求容量大时，可以选用单机容量较大的 UPS，也可以选择多台中小容量 UPS 并联实现。但推荐使用单台大容量 UPS，因为采用单台容量较大的 UPS 集中供电方式，不仅有利于集中管理，有效利用电池能量，而且可以降低 UPS 的故障率。

5. UPS 性能分类代码

我国国家标准 GB7260 已等效采用 1FC62040-3 国际标准，因此国产 UPS 产品应标示 UPS 性能分类代码。在进行 UPS 选型时，应注意选用已标识 UPS 性能分类代码的 UPS。

UPS 性能分类代码由 3 部分组成（如 VFI-Ss-123）。最前面的 3 个字符规定在正常工作方式下的电源质量，表示 UPS 输出电压和频率与交流输入电源（市电）电压和频率的关系；中间的 2 个字符规定在正常工作方式（包括暂时的静态旁路工作）和储能方式下的输出电压波形，表示的是正弦波或非正弦波；最后 3 个字符规定在不同条件下 UPS 瞬态输出电压性能，表示是否符合标准规定的瞬态电压性能。

1）电源质量的分类选项（3 个字符或 2 个字符）

在正常工作方式下，电源质量可以为：VFL、VPD、VI。

VFT：表示这种 UPS 的输出与市电电源的电压和频率无关。

VFD：表示这种 UPS 的输出取决于市电电源的电压和频率变化。

VI：表示这种 UPS 的输出（频率）取决于市电电源的频率变化，输出电压与市电电压无关。

2）输出电压波形的分类选项（2 个字符）

第一个字符表示在正常和旁路方式下的输出电压波形，可以为 S、X、Y。

第二个字符表示在储能方式下的输出电压波形，可以为 S、X、Y。

S：表示在所有线性和基准非线性负载条件下，输出波形均为正弦波，其总谐波失真因数 D 小于 0.08。

X：表示在线性负载条件下，输出波形均为正弦波（与 S 相同），在非线性负载条件下（如果超过规定的极限），其总谐波失真因数 D 大于 0.08。

Y：输出波形是非正弦波。

3）瞬态电压性能的分类选项（3 个字符）

第一个字符表示改变工作方式时的输出电压瞬态性能，可以分为 1、2、3。

第二个字符表示在正常/储能方式下，带线性阶跃负载时的输出电压瞬态性能（最不利的情况），可以为 1、2、3。

第三个字符表示正常/储能方式下，带基准非线性阶跃负载时的输出电压瞬态性能（最不利的情况），可以为 1、2、3。

1：表示瞬态电压<1 类输出动态性能数据（无中断或无零电压出现）。

2：表示瞬态电压<2 类输出动态性能数据（输出电压为零持续 1 ms）。

3：表示瞬态电压<3 类输出动态性能数据（输出电压为零持续 10 ms）。

4）完整的 UPS 分类代码

表 6-4 所示为典型的 UPS 完整的分类代码。

表 6-4　UPS 分类代码

电源质量	输出波形	输出动态性能
VFI	SS	111
VI	SX	222
VFD	SY	333

实际的 UPS 产品的性能分类代码举例：

Powerware 9370：VFI-Ss -111；

Powerware PB4000 （BORRI 4000）：VFI-SS-111；

Socomec DELPHYS MP：VFI-SS-111；

AEG/SAFT SVS Power System：VFI-SS-111。

6.3　UPS 的基本功能

对于 UPS 在现代通信系统中的应用而言，UPS 具有 3 大基本功能：稳压、滤波和不间断切换。

1. UPS 的稳压作用

UPS 作为现代通信设备的关键电源设备，对其最重要的要求是输出电压的质量好。首先必须稳压，如果电压总是不停地上下波动可能影响系统的正常工作，那还不如不用。传统的电子设备都有一个对输入电压“+10%～－15%”变化的适应范围。但由于科学的发展和电子技术的进步，用电量大幅度增加，而发电系统的供电量远远满足不了飞速发展的用户的需要，这就造成了电网电压的不稳定，而且在很多时候，这种变化已超出了“+10%～-15%”的常规界限，这是 UPS 必须解决的第一个问题。

交流稳压器是 UPS 发挥稳压功能的关键器件，现代 UPS 系统通常采用电子交流稳压器，如图 6-4（a）所示。而市电供电时使用的自耦调压器式交流稳压器就不能适应现代通信系统的应用要求了，这种稳压器的调压装置是机械式的， UPS 和这种设备的稳压原理完全不一样，没有可比性。UPS 的稳压功能比自耦调压器式交流稳压器强得多。

（a）电子交流稳压器框图

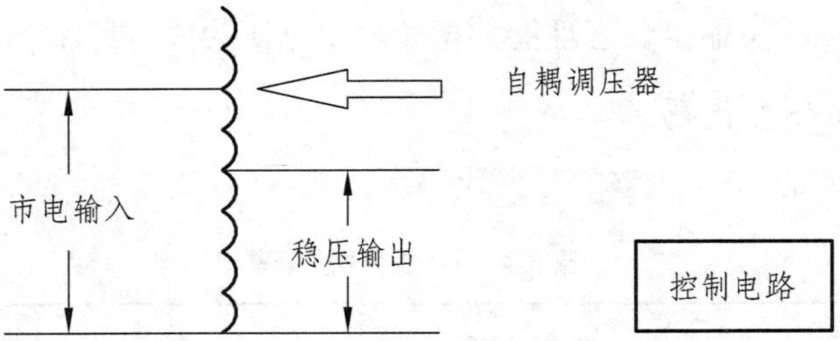

（b）交流稳压器电原理图

图 6-4　交流稳压器电原理图

2. UPS 的滤波作用

UPS 的滤波作用要比一般交流稳压器强得多，因为它不但要滤除外来干扰以免影响其本身的正常工作，而且还要抑制其内部的干扰传到机外去影响其他设备的正常工作。这些作用称之为电磁兼容。滤除外来干扰的功能由图 6-5 所示的输入滤波器来完成，由于它所处的位置很重要，是外来干扰进入的大门，一般比较复杂，其中包括如图 6-5 所示的扼流圈 L、滤波电容 C、浪涌吸收器 R 等。由于这些器件所处的位置不同，所起的作用也不同，就像处在不同岗位的工作人员各司其职一样，处在火线和零线之间的电容器和浪涌吸收器的作用为抑制常模干扰（和输入电流一起沿火线进入，又沿零线返回的干扰电流）；处在火线和地线及零线和地线之间的电容器和浪涌吸收器的作用为抑制共模干扰（是外线路感应的空间干扰，同时沿火线和零线同向输入的干扰电流）。输入滤波起的作用和有些交流稳压器相同，对外辐射的干扰抑制电路一般都在内部和产生干扰的电路相靠在一起，还有一部分功能集成在输出滤波器里。因此，UPS 的滤波作用比一般交流稳压器强大得多，更是自耦调压式交流稳压器所望尘莫及的。

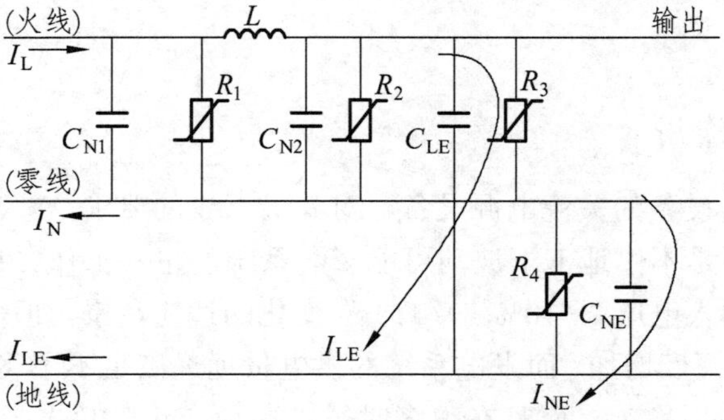

图 6-5　一般 USP 输入波滤器电原理图

5. UPS 的不间断切换功能

一般用户对“不间断”这个词有一种误解，总认为在市电断电时 UPS 切换到电池供电的过程是不间断的，所以对在这种情况下的这个指标要求很严格。其实不然，市电断电时 UPS

切换到电池供电过程的不间断只是其中之一。另外还有 UPS 输出端过载与短路时的切换，由逆变器向旁路的切换和由旁路向逆变器的切换。

6.4　UPS 的结构

6.4.1　单机 UPS 的系统结构

标准化单机 UPS 系统通常包含以下几种机构。

1. 冷备用 UPS

冷备用 UPS（passive standby UPS）如图 6-6 所示，这种 UPS 有正常和储能两种工作方式。

在正常方式下，负载由市电电源经 UPS 开关直接供电。也可以采用一些附加设备（如 UPS 开关铁磁谐振变压器或自动改变抽头的变压器）对交流输入电源进行简单的调节后为负载供电，整流器给蓄电池充电。

当交流输入电源指标超出 UPS 的预定允差时，UPS 转入储能工作方式，启动逆变器，负载由蓄电池经逆变器直接或通过 UPS 开关（电子开关或机械开关）供电。从市电供电向蓄电池供电的转换过程将有 68 ms 的中断时间。

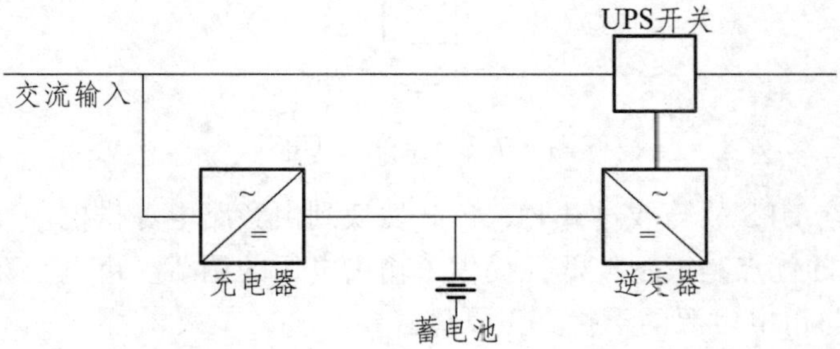

图 6-6　冷备用 UPS

蓄电池/逆变器组合将一直为负载供电到蓄电池放电终止；或者供电到交流输入电源恢复，负载转换回由输入交流电源供电。（以先到者为准。）

这种 UPS 是最简单、最经济的 UPS，但是有一些严重的缺陷。

（1）负载没有与市电电源的干扰隔离。

（2）市电停电时负载转换为由逆变器供电的过程中，供电中断时间较长，对许多重要的应用场合（特别是 IT 系统）是不适合的。

（3）在正常工作方式下输出电压和频率没有调节，取决于市电的电压和频率。

因此这种 UPS 仅适用于小容量系统。

2. 市电交互 UPS

1）典型的市电交互 UPS

市电交互 UPS（line interactive UPS）如图 6-7 所示，系统由电源接口电路、逆变器、蓄电池、UPS 开关等组成。接口电路包括静态开关和电感（扼流圈）。逆变器是双向变换器，即有市电时将市电交流电整流为直流电给蓄电池充电，市电停电时将蓄电池的直流电逆变为交流电为负载供电。

市电交互 UPS 有 3 种工作方式：正常方式、储能方式和旁路方式。

在正常方式下，交流输入电源（市电）与逆变器并联向负载供电，逆变器进行输出电压的调节，交流输入电源（市电）供给负载电流，并给蓄电池充电，系统输出频率等于交流输入电源的频率。因为逆变器的输出频率必须与市电频率相同，才能通过控制逆变器与市电之间的相位角，使两者相互作用，向负载提供稳定的电源，并实现对蓄电池的充电。因此，称为市电交互 UPS。

当交流输入电源电压超出 UPS 预定的允差时，UPS 工作在储能方式。

在储能方式下，负载由蓄电池通过逆变器继续为负载供电。此时电源接口电路中的静态开关断开，以防止逆变器电源反馈到市电电源。蓄电池/逆变器组合一直为负载供电到蓄电池放电终止，或者供电到交流输入电源恢复，负载转换回路由输入交流电源供电。

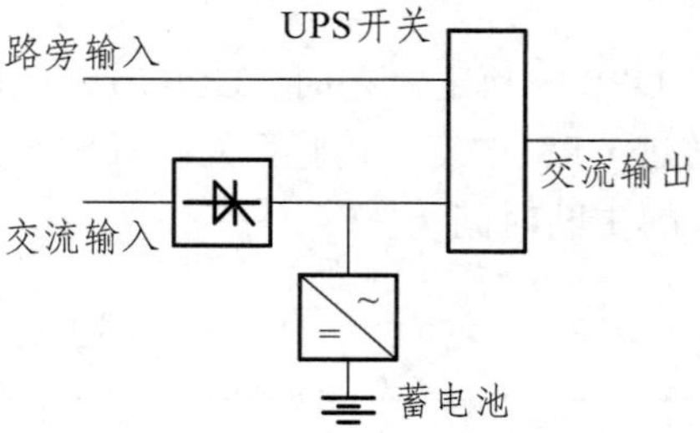

图 6-7　市电交互 UPS

旁路方式是指在 UPS 故障或过载时，负载切换到由旁路电源供电。

市电交互 UPS 的优点是成本较低，提供了输出电压的调节。市电交互 UPS 的缺点有：

（1）负载没有与市电电源的干扰真正隔离。

（2）不能进行输出频率的控制，输出频率取决于市电频率。

（3）输出电压调节性能一般，因为输出电压的调节是通过市电与逆变器并联完成的。

2）Delta 变换 UPS

Delta 变换 UPS（Delta conversion UPS）是 20 世纪 90 年代研制开发的一种性能优良的、在系统结构和电能变换上引入了新的概念、在某些技术性能指标上获得了突破性进展的 UPS。该项技术至今在国际上仍有争议，IEC62040 也没有明确规定 Delta 变换 UPS。

根据国际标准 IEC62040-3 关于 UPS 性能分类的规定，国际上 UPS 行业多数认为 Delta 变换 UPS 属于市电交互 UPS，或者是市电交互 UPS 的一种变形，因为其输出频率取决于市电电源的频率，性能分类代码为 VT。

Delta 变换 UPS 的系统组成如图 6-8 所示，包括两个逆变器、交流输入开关、Delta 变压器和旁路开关等。其中一个逆变器称为 Delta 逆变器，另一个称为主逆变器。Delta 逆变器的额定容量为负载容量的 30%，主逆变器的额定容量为负载容量的 100%，Delta 变压器的原边绕组串联接在市电和 UPS 输出之间。Delta 逆变器和主逆变器都是双向变换器，它们可以将交流电变为直流电，同时也可以将直流电变为交沉电。

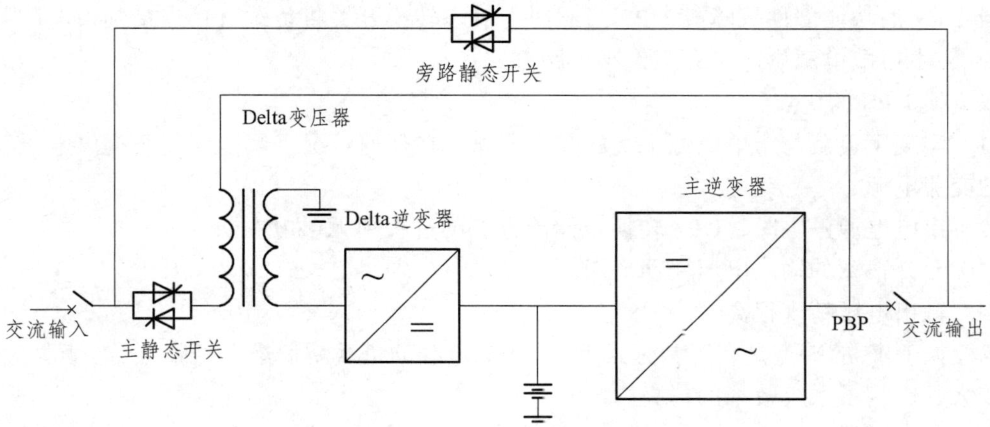

图 6-8　Delta 变换 UPS

主逆变器是恒压源，它精确控制功率平衡点（PBP）的电压大小和电压波形。因此在 Delta 变压器的原边绕组两端的电压等于市电交流输入电压和功率平衡点上的固定电压之和。Delta 变压器原边绕组的电压控制副边绕组的电压。

Delta 逆变器是可变电流源，Delta 变压器副边绕组的电流取决于 Delta 逆变器的输出电流，Delta 变压器原边电流是由副边电流调节的，原边电流的波形还取决于副边电流的波形。Delta 逆变器的作用是在 Delta 变压器副边绕组中产生适当的电流，以控制市电输入到原边绕组的电流。Delta 逆变器还可以控制市电输入电流波形，使之为正弦波且与电压同相位，因此可以将输入功率因数控制到接近 1，负载电流中的谐波电流由主逆变器供给。

3. 双变换 UPS

双变换 UPS（couble conversion UPS）如图 6-9 所示，由整流器、逆变器、蓄电池和静态开关等组成，双变换 UPS 有正常、储能和旁路 3 种工作方式。

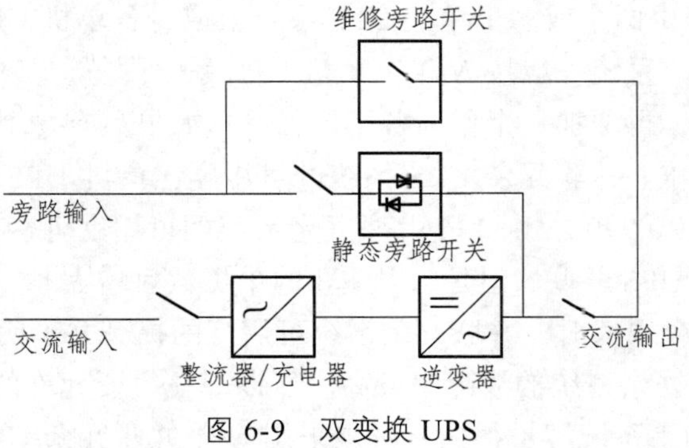

图 6-9　双变换 UPS

在正常工作方式下，整流器将市电交流电整流为直流电，供给逆变器，同时给蓄电池充电。逆变器将直流电逆变为交流电供给负载。因为将负载功率进行了整流和逆变两次变换，故这种 UPS 称为双变换 UPS。

当市电电源停电或电压和频率指标超出允差时，双变换 UPS 将转入储能方式，由蓄电池经逆变器不间断地为负载继续供电。

当 UPS 的功能部件故障或 UPS 过载时，静态转换开关将负载直接连接到市电电源（旁路电源），由市电电源供电，即工作于旁路方式。

双变换 UPS 的优点：

（1）实现了负载与市电电源干扰的完全隔离，在任何情况下都能为负载提供电压和频率稳定的交流电源；

（2）市电电源停电时，UPS 转换至储能方式的过程中无供电中断。

（3）允许很宽的输入电压变动范围。

（4）输出电压精度很高。

双变换 UPS 的缺点是在正常方式下将 100%负载的负载功率进行了整流、逆变两次变换，损耗较大，影响了系统效率的提高。

6.4.2 冗余 UPS 的系统结构

IEC62040 规定的各种单机 UPS 系统，从可靠性和功能性上来看，可以分别满足不同应用场合的需要。在小功率的应用场合，各种单机 UPS 系统都可以采用。在中、大功率的应用场合，可以采用双变换 UPS 系统。应该指出，仅仅满足可靠性和功能性的要求还是不够的，对于要求高可用度的应用场合，还应满足可维护性和故障容限的要求，以提高系统的可用度。

为了提高 UPS 的可维护性和故障容限，可以采用冗余 UPS 系统。冗余 UPS 系统有并联冗余、备用冗余、隔离冗余和分布冗余等。目前，应用比较广泛的是并联冗余 UPS 和正在不断发展的分布冗余 UPS。

1. 并联冗余 UPS

并联冗余 UPS 系统由两个或多个单机 UPS 系统组成，各单机 UPS 系统的输出并联连接到一个公共的配电系统。系统一般按 N+1 个单机 UPS 系统配置，其中 N 个单机 UPS 系统就足以供给系统全部负载，再增加一个作为备用。因此，如果只有一个单机系统故障，N+1 并联冗余系统仍能正常工作。并联冗余 UPS 系统的可用度比单机 UPS 系统高得多。假设单机系统的可用度为 3 个 9（0.999），则 1+1 并联冗余系统的可用度可达到 6 个 9（0.999 999）。厂家一般承诺可以 6 台 UPS 并联，但是，当并联的单机数目增大时，并联冗余系统的可用度的提高的幅度会减小。N 很大时，并联冗余系统可用度的提高并不明显。而且，在实际应用中，N 较大的 N+1 并联冗余系统的故障率较高。所以，在投资允许的情况下应尽量采用 1+1 并联冗余 UPS 系统。如果系统容量很大，必须采用 N+1 并联冗余 UPS 系统时，应注意并联的单机台数不宜太多，建议 $N \leqslant 3$。

并联冗余 UPS 系统有 4 种工作方式：

1）正常方式

在正常工作时，N+1 UPS 系统所有单机都同步运行并均分负载。如果一个 UPS 单机故障自动从并联冗余系统上断开或人为使其脱离系统进行维护，则其余 UPS 单机仍然可以不间断地给负载供电。

2）储能方式

市电停电时，各个 UPS 都由蓄电池放电供给逆变器，各个逆变器继续并联运行，不间断地为负载供电。

3）旁路方式

当 UPS 过载时，负载通过集中的静态开关或分散的静态开关转换到由旁路电源供电。

4）维修旁路

如果 UPS 需要停机进行维护，则可通过维修旁路开关将负载转换到由旁路电源供电。并联冗余 UPS 系统主要有两种不同的系统结构形式，即直接并联（分散的旁路）和通过并机柜并联（集中的旁路），如图 6-10 和图 6-11 所示。

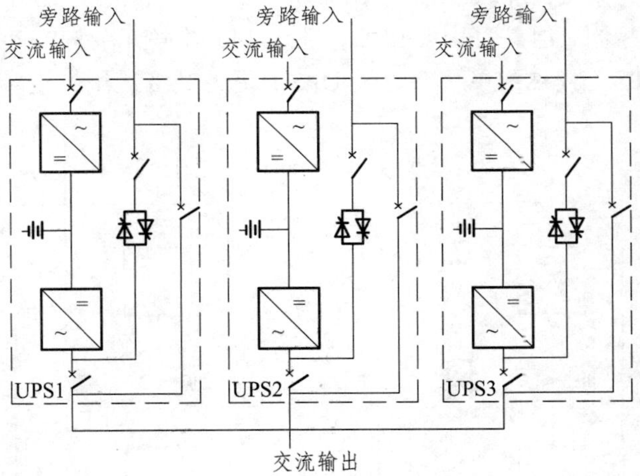

图 6-10　并联冗余 UPS（分散的路旁）

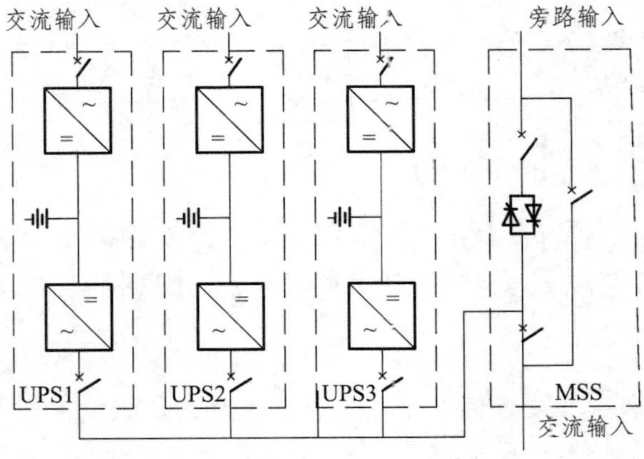

图 6-11　并联冗余 UPS 系统（集中的旁路）

2. 分布冗余 UPS

1）基本组成

并联冗余 UPS 系统与单机 UPS 系统相比已经相当可靠了，但是电源系统的冗余只是集中在 UPS 设备，对于每个负载设备，其输入电源仍然没有冗余。在实际运行中，UPS 输出端至负载之间的配电电路（包括开关和线路）的故障往往多于 UPS 本身的故障。因此，最重要的不是保证 UPS 输出端的电源可靠，而是保证负载输入端的电源可靠。基于这种考虑，提出了分布冗余 UPS。

分布冗余 UPS 的目的是将电源系统的冗余扩展到每一个负载设备，而且应使电源系统的冗余尽可能接近负载设备的输入端。

如图 6-12 所示，分布冗余 UPS 系统中有两个独立的 UPS 系统，每个独立的 UPS 系统都能为全部重要负载供电，构成双母线供电系统。通过适当的配电电路，可以为单电源输入和双电源输入的各种负载设备供电。

分布冗余 UPS 系统的两个独立的 UPS 系统可以采用并联冗余 UPS 系统，也可以采用单机 UPS 系统。采用 1+1 并联冗余 UPS 组成的分布冗余 UPS 的可靠性和可用度非常高，但成本是普通的 1+1 并联冗余 UPS 的两倍。采用单机 UPS 的分布冗余 UPS 系统与 1+1 并联冗余 UPS 系统的成本基本相同，但其可用度和可靠性比 1+1 并联冗余 UPS 系统要高。因此，这种所谓单机分布冗余 UPS（或称为单机双母线 UPS）更为经济适用，更容易为用户接受。

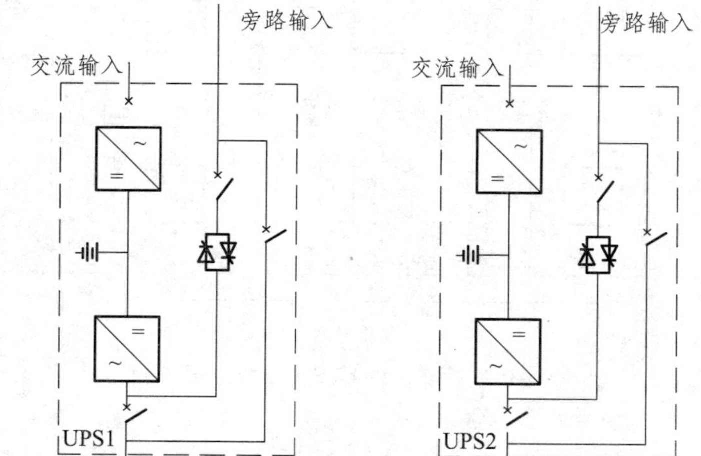

图 6-12　分布冗余 UPS（双母线供电系统）

分布冗余 UPS 也可以扩容，对于较大应用系统，每个独立的 UPS 系统可以采用较大容量的 N+1 并联冗余 UPS 系统，也可以采用并联无冗余 UPS 系统（仅为扩大容量而并联）。

2）同步

对于双电源负载设备，只要任何一个输入电源正常，负载设备就可以正常工作。当两个 UPS 给双电源负载设备供电时，只需将两个 UPS 电源直接接到双电源负载设备的输入端，当其中一个 UPS 出现故障时也不必进行电源转换。因此，两个 UPS 是完全独立的，其输出不必同步，这种配电电路最简单。

对于单电源负载设备，其输入电源是不允许停电的。当两个 UPS 给单电源输入的负载设备供电时，应采用静态转换开关。正常时由其中一个 UPS 为负载供电，当供电的 UPS 故障时或需要维护时，静态转换开关将负载不间断地转换到由另一 UPS 供电。

目前，双电源输入的负载设备正在不断增加，还有三电源负载设备。但是大部分负载设备还是单电源输入的。因此，分布冗余 UPS 的配电系统必须考虑两个 UPS 的同步和相互之间转换的问题。

在分布冗余 UPS 中，两个 UPS 的同步是非常重要的问题，两个 UPS 必须在全部时间内保持同步。同步不仅可以缩短两个 UPS 之间的转换时间，减少单电源输入的负载设备供电中断时间，而且可以有效地保护电源设备和负载设备，避免事故发生。因为如果两个 UPS 不同步，进行了不同相位的转换，两个电源之间就会出现环流，损坏电源设备，而且还会损坏负载设备。例如，对于交流磁性负载（如变压器、继电器线圈和电动机等），交流电源相位的突变会产生非常大的再磁化电流，致使电源设备过载或使过流保护装置动作、开关跳闸。当两个不同步的电源进行相互转换时，一定要进行中断转换。

两个 UPS 在正常情况下一般是同步的，因为两者都同步于同一个旁路电源（市电）。但是在市电故障时（同步源消失），如果两个 UPS 都同步于各自的内部时钟，就会互不同步。为此，应配置负载母线同步电路（LBS），以保证在市电停电时，两个 UPS 都工作于储能方式或者工作于两个独立的发电机组时，也能可靠地同步。

LBS 连续检测两个 UPS 的输出之间的相位关系，如果失步超过预定的时间（0.5 ~ 5 s），LBS 就使指定为从系统（DSS）的 UPS 同步于指定为主系统（DMS）的 UPS。在此期间，LBS 连续监视两个系统的旁路输入电压的质量和同步情况，一旦恢复正常，LBS 就将两个系统恢复为同步到各自的旁路输入电源。

值得一提的是，分布冗余 UPS 系统中的两个独立的 UPS 必须在任何时间保持同步，双变换 UPS 通过 LBS 就能做得到。市电交互 UPS 和 Delta 变换 UPS 正常运行时只能同步于为其供电的市电交流输入电源，不能进行输出频率的控制。这种 UPS 构成分布冗余 UPS 时，要求所有独立的 UPS 的输入电源（独立的备用发电机组）同步运行。每个独立的 UPS 模块还需要有一个内部系统同步单元用于蓄电池供电时各独立 UPS 模块的同步。

3）配电电路

（1）常用配电电路。

图 6-13 为双母线分布冗余 UPS 供电系统的常用配电电路。UPS1 和 UPS2 经各自的输出配电屏为双电源负载和单电源负载供电。

对于双电源负载设备，只要任何一个输入电源正常，负载设备就可以正常工作。因此，只需将两个 UPS 输出经 UPS 输出配电屏、分配电屏直接接到双电源负载设备的输入端，就可以在负载输入端得到冗余的电源。当其中一个 UPS 出现故障时，负载设备仍能正常工作，不需要静态转换开关进行电源转换。考虑到分布冗余 UPS 系统还有单电源负载设备，仍配置了 LBS，以保证两个 UPS 的同步。这种配电电路完全实现了将电源系统的冗余扩展到负载设备的电源输入端。

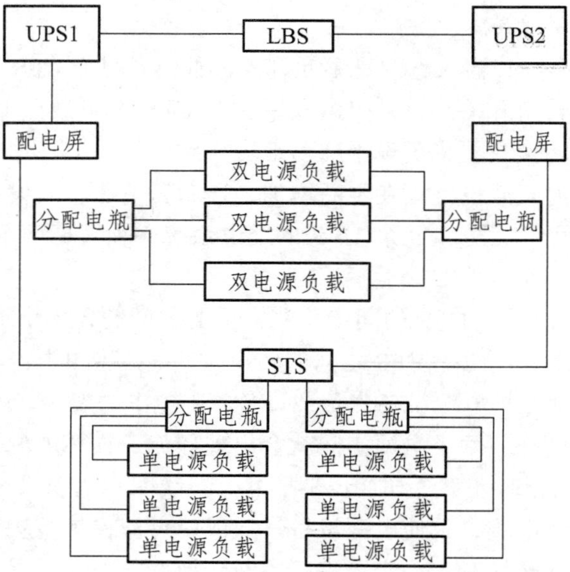

图 6-13 双母线分布冗余 UPS 的常用配电电路

单电源负载需经 UPS 输出配电屏、静态转换开关（STS）转换后再经分配电屏（列头柜）供电。静态开关采用快速先断后合（break before make）的转换技术，可确保两个 UPS 电源的独立性，既保证电源切换时不影响负载正常工作，又防止了一个 UPS 的故障影响另一个 UPS。

如果不配置 LBS，只能构成非同步的双母线分布冗余 UPS 供电系统，此时双电源负载的配电电路与前述相同。而单电源负载就只能接在一个母线上，不再是双母线供电了。当全部负载都是双电源负载，或者双电源负载多，单电源负载很少时，这种不同步的双母线供电系统方案也是可行的。

（2）超高可用度配电电路。

图 6-14 所示是一种可用度非常高的双母线分布冗余 UPS 配电电路。在此电路中，UPS1 和 UPS2 构成双母线分布冗余 UPS 系统。静态转换开关 STS1 和 STS2 的两个输入电源均引自 UPS1 的输出配电屏 1 和 UPS2 的输出配电屏 2。STS1 整定为 UPS1 为主用，其输出接到分配电屏 1（列头柜 1），STS2 整定为 UPS2 为主用，其输出接到分配电屏 2（列头柜 2）。各双电源负载的两路输入电源均引自分配电屏 1 和分配电屏 2。单电源负载再经“使用点转换开关”供电，“使用点转换开关”的两个输入电源也引自分配电屏 1 和分配电屏 2。

在正常情况下，UPS1 和 UPS2 各带一部分负载，因此，避免了其中一个 UPS 故障时需要进行 100%的负荷转换。这种配电电路的成本很高，因为双电源负载也增加了 STS，单电源负载增加了“使用点转换开关”（采用机械开关）。但是，整个供电系统，从 UPS 设备直到双电源负载的电源输入端和单电源负载的使用点转换开关之前的电路，都可以脱离系统进行维护。

分布冗余 UPS 系统与单机、并联冗余或其他的冗余方式相比，可维护性和故障容限得到了很大的提高。采用双母线配电，可以将负载全部转换到一个母线上（不必像并联冗余 UPS 那样转换到旁路），由一个 UPS 供电。而另一个 UPS 及其断路器、配电设备都可以脱离系统进行维护，因此可以得到连续的可用度。

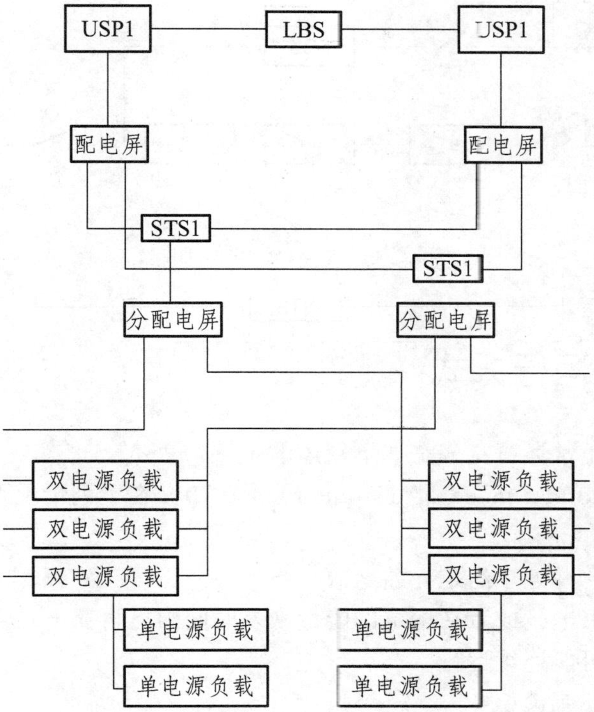

图 6-14　超高可用度的双母线分布冗余 UPS 配电电路

分布冗余 UPS 系统比并联冗余或隔离冗余系统简单、便宜。最普通的方法是用两台单机 UPS 和 LBS 构成双母线分布冗余 UPS 系统，不需要增加系统级控制设备。由于采用了双母线和静态转换开关，使单电源负载也具有类似于双电源负载的功能。因此，分布冗余 UPS 系统在进行预防性定期维护时的风险较小。

6.5　UPS 的运行方式

UPS 根据其外部和内部的工作状态，可以在几种不同的工作方式下运行。由于 UPS 有几种类型，因而虽然在同一种运行方式下，其特点也有所不同。本节主要以双变换 UPS 为基础来进行分析，同时也要对其他几种类型的 UPS，如离线式、交互式（包括 Delta 技术）的 UPS 做一些说明，应特别注意他们的不同点。

图 6-15 是一个双变换 UPS 的电路图，其中市电和旁路电源可以是同一个电源，也可以是分开的两个电源。QS_1、QS_2、QS_3、QS_4 及 QS_9 分别是主输入开关、旁路输入开关、维护（手动）旁路开关、UPS 输出开关和电池开关。SS 是逆变器输出静态开关，SBS 是旁路静态开关。

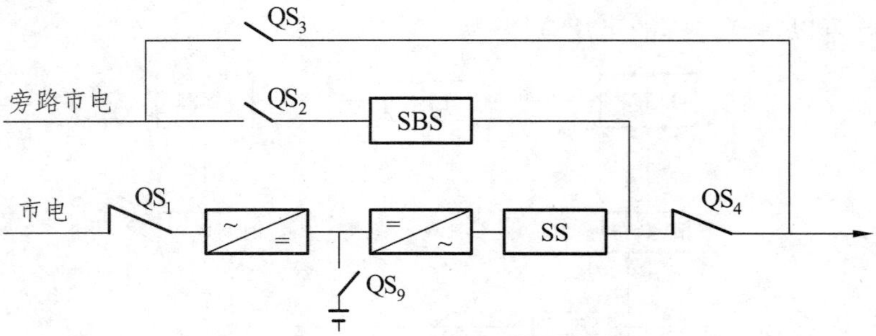

图 6-15　双变换 UPS 的电路

6.5.1　正常运行方式

在国家标准中对正常运行方式是如下叙述的：

正常运行方式（normal mode of operation）下，UPS 在下列情况下供电时，最终达到的稳定运行状态。

（1）主电源存在，并处于给定允差之内。

（2）蓄电池已充好电，或者在给定的能量恢复时间内已再充电。

（3）连续运行或可能连续运行。

（4）锁相有效（如有锁相）。

（5）负载在给定范围之内。

（6）输出电压在给定允差内。

（7）在使用 UPS 开关的地方，旁路有效并在规定的允差之内。

总之就是电源正常、旁路电源正常、负载正常、电池正常和 UPS 本身正常。

图 6-16 是 UPS 正常运行方式电路，QS_1、QS_2、QS_4、QS_9 是闭合的，维护（手动）旁路开关 QS_3 是断开的，SS 是闭合的，SBS 是断开的。这个时候，市电输入经输入开关 QS_1 接到整流器上，将交流变成直流，向逆变器供电，并给电池充电。逆变器再将直流变成交流，经过逆变器静态开关 SS 和输出开关 QS_4，向负载供电，UPS 进入正常运行方式。下面就这 5 个正常状态来进行逐个分析。

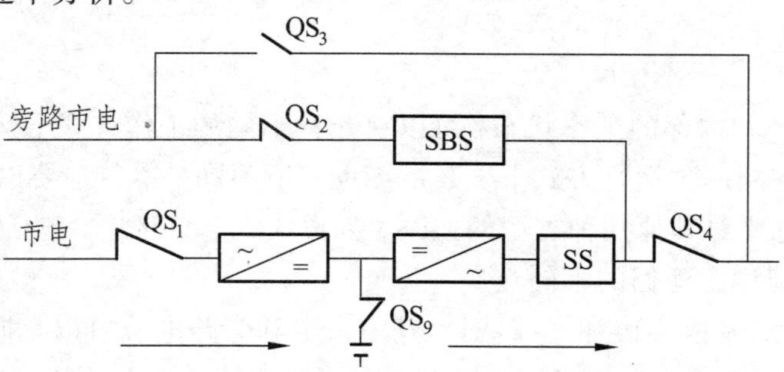

图 6-16　UPS 正常运行方式电路

1. 主输入电源正常

UPS 的主输入电源主要包括输入电压、输入频率、输入电压范围、输入频率范围 4 个参数。当然 UPS 的额定输入电压一般为两相 220 V/230 V/240 V 或三相 380 V/400 V/415 V，额定输入频率一般为 50 Hz 或 60 Hz。电压和频率参数不需解释，只需要让 UPS 与电源电压和频率参数相适应就可以了。

但是，输入电压范围和输入频率范围这两个参数就必须认真考虑。一般小容量的 UPS 输入电压范围大一些，大容量的 UPS 稍小一些，通常为 ± 15%，也有更大一些的，约为 ± 20%。当输入电压在这样大的范围波动时，UPS 能够正常运行。对于电源来说，一般波动不会超过这个范围。例如：380 V/220 V 电源，在 ± 15%的波动下，电压为 437 V/253 V ~ 323 V/187 V，这个范围不算小。但是也应注意电源本身的电压变动情况，有时当地电源电压白天和夜晚差别很大，只要不经常超过 UPS 的电压范围也是可以的。当然，用户希望输入电压范围越大越好。不过输入电压越低，要满足额定输出功率，则输入电流也就越大，在选择输入开关、电缆时必须予以注意。有的 UPS 产品是以降低直流电压或降低输出功率为代价来实现而降低输入电压的最低数值的，这点用户必须予以注意。当电源电压超出这个范围时，UPS 就不能由市电电源供电，而转入电池供电运行。

输入电压频率范围是容易被忽视的一个参数。它一般为 ± 5%或 ± 6%，也有 ± 10%的。一般市电频率波动不会超过 ± 5%这个数值。但是在有柴油发电机供电时，选择频率范围大一些为好。如果输入电源频率超过设定的范围，UPS 就转入电池运行模式。

对于三相 UPS 来说，还有电源相序和缺相问题：电源相序必须正确，三相不能有缺相，否则不能开机。但有的用户则要求三相 UPS 在相序错误及缺相的时候也能正常工作，这是没有必要的，而且还会带来危险。有的时候由于市电输入检修而错误地改变了电源的相序，就会造成 UPS 不能重新工作，这也是应该防止的。

以上是 UPS 与市电关系的一个方面，说明市电在怎样的情况下 UPS 能够正常工作。但反过来说，UPS 对市电来说也是一个负载，市电对负载也是有所要求的，那就是要充分利用电源、高效能、无污染。主要考察的参数有两个，即 UPS 的输入功率因数和输入电流谐波含量。这是两个不同的数值，而又相互联系。UPS 给出的这两个参数是 UPS 在额定负载功率下的数值，当不在额定负载下运行时，这两个参数有所不同，这一点应该注意。

2. 旁路电源正常

旁路电源与市电主输入电源一样。主要包括输入电压、输入频率、输入电压范围、输入频率范围 4 个参数。作为电源工程技术人员尤其要考虑输入电压范围和输入频率范围 2 个参数。

旁路输入电压范围与主输入电压范围不同，这个电压范围主要考虑在旁路运行时，负载是否能够承受电压的过高过低。旁路电压范围不能定得太大，一般定为 ± 10%，当旁路与主输入是同一个电源时，也能分别设定各自不同的电压范围。在电源电压波动超过 ± 10%，而在 ± 15%之内时，主输入仍能正常工作，不切换为电池运行。而旁路则报警电源超差，逆变器不再与旁路跟踪同步，而进入无旁路的双变换 UPS 运行。

旁路电源频率范围的确定也与主输入有所不同。它需要考虑负载能够承受多大的频率变化。当然，UPS 应该给负载一个频率比较稳定的电源，这个频率范围应该越小越好，双变换 UPS 就有这个能力。一般 UPS 旁路电源频率波动仍给出 ± 5%的范围，但在设定逆变器输出跟踪旁路频率范围（也就是输出频率稳定度）时，是可以设定小一些。也就是说，当市电和旁路输入频率在市电频率设定范围之内，UPS 仍能在正常模式下运行而不切换为电池运行。如这时超过旁路设定的频率范围，则逆变器不跟踪旁路，而在内部自振频率下工作。这是双变换 UPS 独有的一种工作模式，也就是不带旁路的双变换 UPS。

其他离线式、交互式、Delta 技术 UPS 不具备这种性能。这几种 UPS 的输出频率就是输入频率，如果频率范围太大，则对负载来说就必须承担很大的频率波动，特别是有柴油发电机供电时，负载是否能承受这样的波动就成为问题。如果频率范围太小，则容易因频率超差而频繁切换为电池运行，也是不利的。

当然，也不能把旁路电源频率设定得太小，特别是有柴油发电机供电的情况，那样就容易造成 UPS 频繁失去同步，而丢掉了旁路这个冗余功能。

3. 电池正常

电池正常是比较简单的，主要分两方面：一方面是电池的存在，即连接有电池，电池开关是闭合的，线路是导通的；另一方面是电池处于浮充电状态，即便是电池放电后，也在电池恢复再充电时进入浮充状态。

4. UPS 本身正常

电路板、各个部件工作正常，输出电压稳定正常，跟踪旁路正常，逆变器电压频率与旁路电源频率同步等均正常。此外，UPS 本身的工作与负载的情况有关，可能由于负载的不正常，造成 UPS 不能正常工作。

5. 负载正常

首先负载的电压和频率应该与 UPS 相适应。重要的是负载的大小应在 UPS 给定的范围内。

每台 UPS 都有一个标明容量的额定输出功率 S，可以 kV · A 来度量。紧跟额定输出功率之后，写着一个功率因数。这个功率因数是负载功率因数，它的意思是：在负载的功率因数为给定的数值（电感性）时，UPS 能输出给定的额定功率。当负载不是给出的功率因数时，UPS 所能达到的功率数值，就不一定是给定的额定值，需要按照 UPS 厂家给出的“UPS 输出功率与负载功率因数的关系”来进行确定。

在国家标准中关于负载功率因数（load power factor）的定义为：在假定理想正弦电压下，用有功功率对表观功率之比表示的交流负载特性。

注意：为实用需要，在制造厂商的技术参数表中，可能规定为包含谐波分量的总负载功率因数。

为正确认识这个参数，有几点特别提醒注意：

（1）这个数据是指电感性负载。有的产品有注明，有的产品未注明，但都是指电感性负载，而不是电容性负载，更不是适用于感性和容性两种性质的负载。

（2）一般小容量的 UPS 负载功率因数为 0.7，大容量的 UPS 为 0.8，现在也有 0.9 的，如 AROS 的 FT 系列；也有为 1 的，如 Delta 技术 UPS，这是在 UPS 设计时就确定了的。

（3）这个参数一般是指在线性负载下的数据，不是指非线性负载下的数据。有的 UPS 注明了这一点，有的未注明。

（4）UPS 在非指定的负载功率因数下的带载能力，是由不同厂家不同系列的 UPS 分别确定的，没有统一的适用各厂家、各系列 UPS 的数据。

（5）将这个参数称为负载功率因数，是根据各 UPS 标准得出的，将个别部标称为 UPS 输出功率因数是不恰当的。

（6）认为负载功率因数与电流峰值因数都是描述 UPS 带非线性负载能力的参数，也是不对的。负载功率因数是描述在某一特定功率因数下，确定的 UPS 额定输出功率的，而与带非线性负载无关；峰值因数才是描述 UPS 带非线性负载的能力的一个参数。

所以说，负载正常时 UPS 的容量（即负载的功率）必须符合 UPS 所给出的在某一负载功率因数下的功率数值。超过这个值就可能造成 UPS 的过载。

UPS 所带的负载多为非线性负载，UPS 带非线性负载的问题主要有两方面：

（1）UPS 都给定了负载电流的峰值因数这个参数。一般 UPS 给定的峰值因数为 3，而最大的非线性负载的峰值因数约为 2.7。例如，一个计算机系统的峰值因数约为 2.1 ~ 2.4。所以 UPS 给定其峰值因数为 3，也就足够了。如果负载有很大的峰值因数，超过 UPS 所给定的数值，那就必须适当减小负载的功率。

（2）因为非线性负载的种类繁多，但 UPS 所供给的负载主要是整流滤波型的，所以在国家标准的附录中就给出了一个基准非线性负载。要按照这个给定的基准非线性负载来检验 UPS 带非线性负载的能力。但是必须要注意一点：这个基准非线性负载，对于单相 UPS 的最大容量为 33 kV · A，三相 UPS 最大容量为 100 kV · A，UPS 超过这些容量就要用最大的基准非线性负载（33 kV · A 或 100 kV · A）再加上线性负载，是否达到 UPS 的额定容量来进行检测。

UPS 的输出还有许多其他的参数，如过载能力、三相不平衡度、静态稳定度、动态稳定度、电压失真度等，在正常运行时，只要负载符合要求、UPS 本身正常，这些参数就能正常。

6.5.2　电池运行方式

在国家标准中将电池运行方式称之为储能供电运行方式。

在储能供电运行方式（stored energy mode of operation）下，UPS 在下列供电情况下运行。

（1）主电源中断或超出给定的允差。

（2）直流储能系统开始消耗。

（3）负载在给定范围内。

（4）输出电压在给定允差之内。

注意：通常称之为“蓄电池运行”。

在市电电压或频率超差、失电或整流器故障时，UPS 进入电池工作模式，其电路如图 6-17 所示。此时整流器停止工作，电池放电给逆变器。若旁路有电则逆变器跟踪旁路，与旁路电源同步运行。若旁路无电，则逆变器电压的频率由内部晶振决定。逆变器输出交流电，经逆变器输出静态开关 SS 和 UPS 输出开关 QS_4 向负载供电

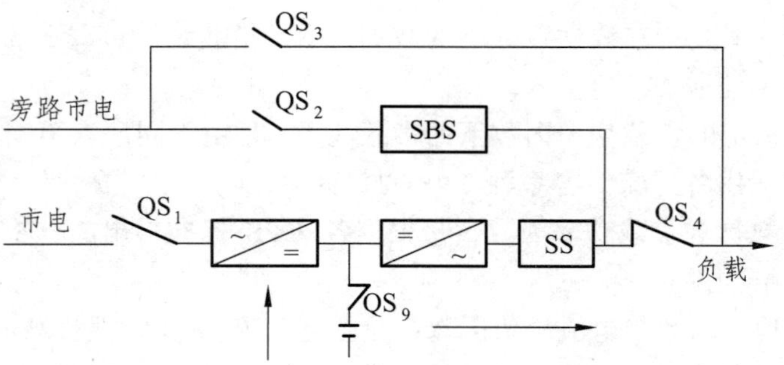

图 6-17　电池运行方式的电路

在电池运行方式下，主要的问题是电池可供电时间的长短。因为系统设计时是按额定功率确定后备时间的。但在实际运行时，负载一般是不会达到额定功率的，有时甚至很小。这样一来，电池可能的供电时间会很长。但是，太长的放电时间，会造成电池的深度放电造成一定损坏。

6.5.3　旁路运行方式

在国家标准中对旁路运行方式是这样描述的：

UPS 的旁路运行方式（bypass mode of UPS operation）即 UPS 由旁路向负载供电的运行状态。

UPS 由正常运行方式转为旁路运行方式，主要有两种可能性。

（1）负载过载，即超过 UPS 所规定的功率值，以及过载所容许的时间。例如：一般过载 125%可容许的时间为 10 min 等。

（2）逆变器故障，不能工作。

在这两种情况下，UPS 由逆变器工作状态转换为旁路运行工作。

UPS 在旁路运行方式下的电路如图 6-18 所示，在 UPS 由逆变器工作转为旁路运行，或者由旁路转回逆变器工作时，存在一个转换的问题。为了保证负载的稳定运行，要求在转换过程中电源供给是不间断的，这也是要求逆变器与旁路电源同步运行的原因。由于 UPS 的电路结构不同，主要有下列两种情况。

1. 逆变器输出为静态开关

如图 6-18 所示，当 UPS 的控制电路在执行转换操作命令时，它首先发出控制命令，立即封锁原来处于导通状态中的静态开关中的可控硅的控制极触发脉冲。与此同时，随时检测流过该可控硅的电流，当控制电路发现流过该可控硅的电流过零时，立即向原来处于关断状态的静态开关中的可控硅控制极发送触发脉冲，从而实现在两个静态开关之间的转换操作。

在转换过程中，存在原导通的可控硅电流过零与新导通的可控硅完全导通之间的中断，但因快速可控硅的导通时间仅是微秒级的，所以，在技术上实现了不间断的转换。

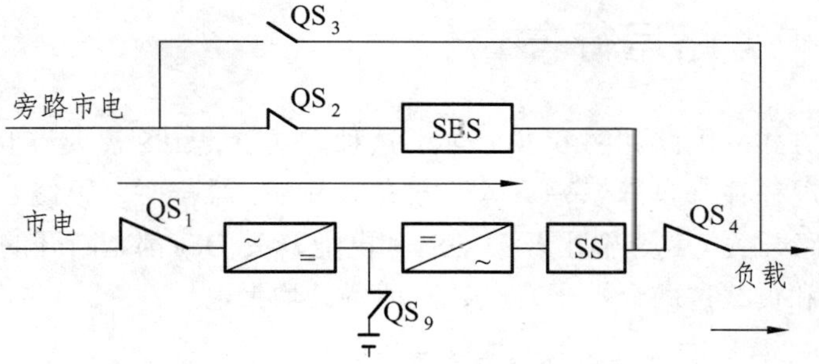

图 6-18　UPS 在旁路运行方式下的电路

2. 逆变器输出为接触器

如图 6-19 所示，图中的 K 为接触器的接点，它只起隔离作用，不起切断负载的作用。

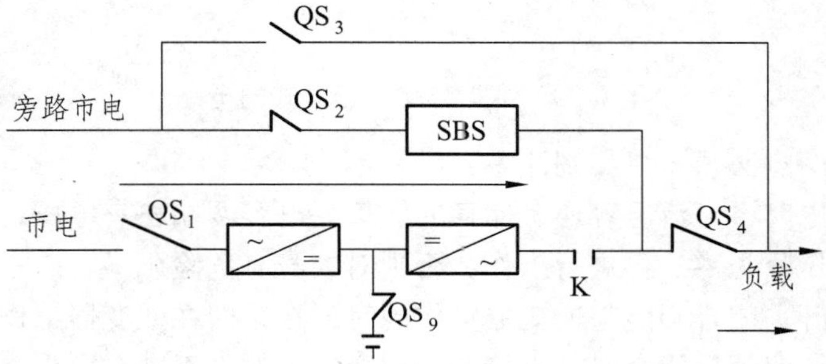

图 6-19　逆变器输出为接触器

由旁路市电向逆变器转换：UPS 在旁路运行状态，即旁路静态开关可控硅是导通的，逆变器空载工作，接触器是断开的。在实行转换时，控制电路首先向接触器发出闭合命令，接触器 80 ~ 100 ms 动作，此时 UPS 逆变器与旁路市电同时向负载供电。在控制电路检测旁路可控硅电流过零时，将其关断，完全由逆变器向负载供电。这种“先合后断”的转换方式，会有两个电源同时向负载供电，会产生环流，最长时间不超过 10 ms。

由逆变器向旁路市电转换：控制电路向逆变器（或逆变器已因故障而停止工作）和按触器发出“关断”命令的同时，也向旁路静态开关发出“闭合”命令。因接触器关断响应较慢（80 ~ 100 ms），静态开关可控硅导通时间是微秒级，在旁路静态开关已导通，而接触器尚未断开的过渡期间，由于逆变器已关断而接触器尚未真释放，逆变器的输出滤波电容上的残剩电压与旁路市电电源同时供电，时间约 20 ms。

UPS 在旁路运行时，市电直接向负载供电，但由于事先设定了旁路电源的电压范围和频率范围，也就限定了市电变动的范围。但无论如何，此时负载失去了对电源超差（包括停电）和各种干扰的保护，因此处于危险状态。

若因负载过载而转旁路，当 UPS 检查过载消失后，会等待一定时间，然后自动重新转回逆变器运行。若因逆变器工作不正常而转旁路，当 UPS 检查逆变器工作正常后，也会等待一定时间，然后自动重新转回逆变器运行。

6.5.4 维护旁路运行方式

维护旁路运行方式的电路如图 6-20 所示，这种方式下，UPS 需要维修，而同时又需要向负载供电。这种情况往往来自静态旁路运行方式。因为在维修时，维修开关 QS_3 是闭合的，市电开关 QS_1、旁路开关 QS_2、输出开关 QS_4 和电池开关 QS_9 都是断开的，所以仅仅在 UPS 接线端的旁路市电和负载这两个端子有电，其他各处均无电。

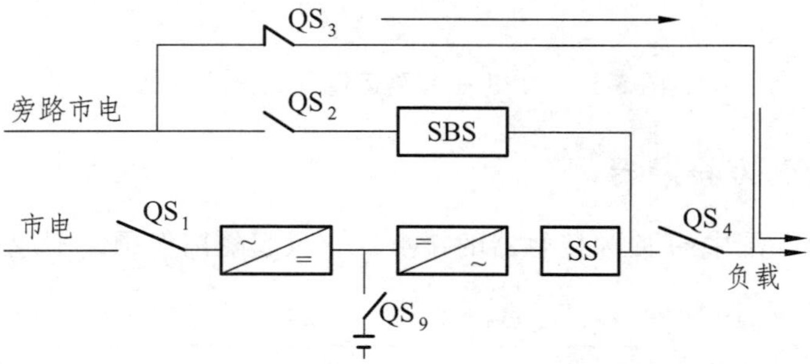

图 6-20 维护旁路运行方式的电路

在操作时，有两点必须予以特别注意：

（1）在刚刚停电时，直流电容还有储存的能量，电容两端还有电压，必须等电容放电完成之后（即直流电压降为零）再进行工作，否则对人身有危险。

（2）维修旁路开关闭合不能与逆变器工作同时存在，即在逆变器工作时，不能闭合维修旁路开关。在维修旁路开关闭合时，不能启动逆变器工作，否则会发生烧毁逆变器的事故。

6.6 UPS 蓄电池的使用与维护

蓄电池是实现 UPS 不间断供电的重要组成部分。从大量的运行实例来看，由于对蓄电池的使用维护不当，或对 UPS 所具有的电池管理功能理解不够，导致电池组在短期使用后容量大大低于其标称容量，使市电中断后的备用时间明显缩短。所以蓄电池的正确使用、定期维护，以及合理地设置 UPS 电池管理系统中的重要参数，可使蓄电池的实际使用寿命尽可能地接近设计使用寿命，尽可能地避免由于蓄电池故障所造成的不必要损失。

6.6.1 UPS 蓄电池的选择

1. 蓄电池容量的选择

蓄电池容量（A·h）是指在标准环境温度下，每 2 V 电池单体在给定时间至 1.80 V 终止电压时，可提供的恒定电流值（A）与持续放电时间（h）的乘积。给定持续放电时间为 10 h 的容量称为 10 h 率容量，用符号 C_{10} 表示。蓄电池容量可用 20 h 率、10 h 率、8 h 率、5 h 率、

3 h 率、1 h 率、0.5 h 率等多种方法表示，一般采用 C_{10} 作为蓄电池的额定容量来标称蓄电池。额定容量是蓄电池的主要参数，不少工程人员认为两种品牌相同额定容量的蓄电池可以在同一套 UPS 系统中替代使用，这种观点是有失偏颇的，因为两种蓄电池具有相同额定容量，只表示它们的 10h 放电性能一致，但在 10 min、30 min、1 h、3 h 等时间内可提供的恒功率值和恒电流值则可能差异较大，而 UPS 后备时间通常不到 10 h。所以 UPS 配用蓄电池时，考察其在后备时间内的放电性能就尤为重要。

在已知 UPS 主机一些基本参数和确定蓄电池品牌后，可以根据这一蓄电池品牌样本资料中提供的恒功率放电数据表或恒流放电曲线，通过功率定型法或电流定型法来计算确定蓄电池的容量和型号。

1）功率定型法

这种方法比较简便，根据蓄电池恒功率放电参数表可以快速准确地选出蓄电池型号。首先计算在后备时间内，每个 2 V 的蓄电池至少应向 UPS 提供的恒功率

$$P = S\cos\varphi/(\eta NK) \tag{6-1}$$

式中　S——UPS 标称输出率；

$\cos\varphi$——UPS 输出功率因数；

η——逆变器效率；

N——在 UPS 中以 12V 电池计算时所需的串联电池个数，由 UPS 正常工作电压确定；

K——系数。

厂家提供的电池恒功率放电数据表一般是以 2 V 单元电池为计算基准的，12 V/节电池相当于 6 个 2 V 单元串联，此时取 $K=6$；如果电池厂家提供的电池恒功率放电数据表是以 12 V 单元电池为计算基准的，则 $K=1$。然后确定蓄电池的放电终止电压 U_T：

$$U_T = U_{min}/(N\times 6) \tag{6-2}$$

式中　U_{min}——UPS 最低工作电压。

可以在厂家提供的 U_T 下的恒功率放电参数表中，找出等于或稍大于 P 的功率值，这一功率值所对应的型号即能满足 UPS 系统的要求。如果表中所列的功率值均小于 P，可通过多组电池并联来达到功率要求，一般并联不应超过 4 组。

2）电流定型法

电流定型法是根据蓄电池的恒流放电曲线来确定蓄电池容量和型号的方法。首先计算 UPS 系统要求的蓄电池最大放电电流：

$$I_{max} = S\cos\varphi/(\eta U_{min}) \tag{6-3}$$

式（6-3）中，各符号的含义与功率定型法中所定义的相同。在计算出电池串联数量 N 和放电终止电压 U_T 后，就可以根据 UPS 要求的后备时间从蓄电池恒流放电曲线中查出放电速率 n，然后根据放电速率的定义 $n = I_{max}/C_{10}$ 得出配置蓄电池的额定容量 C_{10}；并确定电池型号。

2. 蓄电池寿命的选择

蓄电池的寿命有两项衡量指标：一是浮充寿命，即在标准温度和连续浮充状态下，蓄电池放电量不小于额定容量的 80%时的使用年限；二是 80%深度循环充放电次数，即满容量电池放电达额定容量的 80%后再充满电，如此可循环使用的次数。

通常，工程技术人员仅注重前者，而忽略了后者。80%深度循环充放电次数代表着蓄电池实际可以使用的次数，在经常停电或市电质量不高的情况下，当蓄电池的实际使用次数已经超过规定的循环充放电次数时，尽管实际使用时间还没达到标定的浮充寿命，但蓄电池其实已经失效，如果不能及时发现则会带来较大的事故隐患。所以，在选择蓄电池时，需要对两项寿命指标都予以重视，在市电经常中断的条件下，后者就尤为重要。在选择 UPS 配套蓄电池时，工厂技术人员应考虑足够的浮充寿命冗余。根据经验，蓄电池的实际使用寿命往往只有标定浮充寿命的 50% ~ 80%。这是因为蓄电池实际浮充寿命与定义的标准温度、实际环境温度、电池充电电压、使用维护等众多因素有关。当实际环境温度比定义的标准环境温度每升高 10 °C 时，蓄电池会因为内部化学反应速度增加一倍而导致浮充寿命缩短一半，所以，UPS 蓄电池机房应配备空调设备。在定义标准温度值方面，欧洲标准为 20 °C，中国、日本、美国等标准为 25 °C。20 °C 标准下的 10 年浮充寿命的蓄电池如换算到 25 °C 标准，仅相当于 7 ~ 8 年浮充寿命。

配套蓄电池的标称浮充寿命应该是用希望的蓄电池实际使用寿命除以一个寿命系数后所得的数值。这一寿命系数通常凭经验确定，蓄电池可靠性高的可取 0.8，可靠性低的可取 0.5。

3. 单个蓄电池电压的选择

VRLA 按单节电压分为 12 V/节、6 V/节、4 V/节和 2 V/节等 4 种不同形式。从经济方面来看，UPS 正常工作电压一定的情况下，选用的电池单节电压越高，电池组所用的串联电池数量越少，配套电池组的价格也越便宜。但从安全性方面看，选用的电池单节电压越低，整个系统越安全。如果 12 V/节的电池坏了一节，整个蓄电池后备系统就少了 12 V，UPS 主机就有可能开启低压报警功能使整个 UPS 系统不能正常工作。所以在选用 12 V/节蓄电池时，应采用多组并联来实现 UPS 系统要求，万一有一组出问题，还有其他组的电池可工作。

4. 蓄电池所能承受的纹波系数

在 UPS 系统中，蓄电池还起到滤波器的作用，承受 UPS 输入纹波电压和纹波电流的冲击。如果所选蓄电池承受纹波系数的能力较差，而纹波系数又比较大，则会使蓄电池过早失效而引起不能放电的事故。IEC 蓄电池标准规定，VRLA 应能承受 0.5%的纹波系数，但在使用 UPS 的场合，纹波系数都比较大，有的甚至达到 2%，所以应根据实际情况对蓄电池的可承受纹波系数提出要求。

5. 蓄电池性能均一性

从理论上讲，蓄电池的电压、内阻、寿命等性能应该是一致的，可以无限多组数地进行并联以达到要求的容量。但在实际生产过程中，由于所用材料纯度、生产工艺、工作人员、生产环境温度等差异，同一条流水线上制造的蓄电池通常在性能上有一定的差异，即使同一品牌、同一型号、相同生产日期生产的蓄电池，性能也不可能做得完全一致，这一点可以通过测量、比较蓄电池的单节开路电压看出来。

工程人员通常采用便宜的小容量电池多组并联来达到 UPS 要求的较大蓄电池容量，如果采用性能均一性较差的电池多组并联，性能差、电压低的电池组就会将性能好的蓄电池组拖垮，导致整套 UPS 蓄电池系统提前失效。目前性能均一性主要根据蓄电池电压均一性来衡量，国内有多种标准要求。例如，信息产业部 YD/T799—1996 标准要求为：25 °C 时整组蓄电池 2 V 单元浮充电压差不大于 ± 50 mV，开路电压差不大于 ± 20 mV；电力部 DL/T 637—1997 标准要求为：25 °C 时，如电池系统采用 2 V/节电池，开路电压最高的一节与最低的一节差异不超过 30 mV，6 V/节电池不超过 40 mV，12 V/节电池则不超过 60 mV，一般蓄电池并联组数不应超过 4 组。为防止整套蓄电池系统提前失效，在选择蓄电池时，应该在性能均一性方面提出要求。当确定了蓄电池型号之后，在一套 UPS 系统中最好要求厂家提供同一批次的蓄电池产品，以减小性能方面的差异。同样道理，不同品牌或者新旧程度不同的蓄电池，由于存在较大的性能差异，建议不要混合使用。最后，要特别指出的是，即使选择了恰当的 VRLA，也需要进行一些必要的日常维护和管理，避免蓄电池过早失效。

6.6.2　UPS 蓄电池的正确使用

UPS 一般使用阀控式密封铅酸蓄电池，由于采用阴极吸收式密封技术，具有维护简单、无须加水加酸、使用方便、不污染环境、重量轻和体积小等优点。对于密封铅酸蓄电池，在使用过程中，避免以下两种情况尤为重要。

1. 温度对蓄电池的影响

首先，要注意 UPS 及其备用电池组的周围工作环境温度不宜超过 30 °C，当电池工作环境温度超过 35 °C 时，由于电池内部损耗增加，电池本身的“存储寿命”将会缩短。解决电池由于工作环境温度过高而缩短使用寿命的最根本方法是在机房配备空调设备，使环境工作温度控制在 25 °C 左右。在不具备空调设备的情况下，可采用带有温度补偿的充电器。当环境温度升高时，电池所允许的浮充电压值将有所下降，若此时还采用 25 °C 时的浮充电压值，电池将会处于过压充电状态，长此以往显然会加速电池的老化。当采用带有温度补偿的充电器充电时，充电器将按照其内部预先设置的充电电压与环境温度的关系曲线，再根据安装在电池柜中温度传感器所测得的实际环境温度来自动调节充电器的浮充电压值，使电池组在一定温度范围内保持最佳充电状态。由此可见，具有温度补偿的充电器，能随温度的变化调节浮充电压值，不致使电池组处于过压充电状态。但这只是相对提高了蓄电池的使用寿命，不能根本解决环境温度过高而造成电池实际使用寿命缩短的问题。

当环境温度较低时，尽管有的充电器温度补偿范围较宽，但由于电池内部电解液的温度特性将会造成蓄电池输出的实际容量下降，当环境温度为 0 °C 时，密封铅酸电池的输出实际容量为标称值的 80%左右。由此看出，当环境温度较低时，充电器的温度补偿功能对蓄电池输出容量下降的问题是无法解决的。

2. 避免蓄电池的深度放电

密封铅酸蓄电池要注意避免的另一种情况是深度放电。密封铅酸蓄电池的单体放电终止电压值与其放电电流的大小有着规定的对应关系。如电池以 10 h 放电率放电，规定放电电压达到单体电压 1.8 V 时应停止放电，若此时仍使电池继续放电，当电池单体电压过低时，就会发生过放电现象，也即深度放电。密封铅酸蓄电池深度放电必然会使其有效循环次数减少，缩短电池使用寿命。如深度放电后不能及时进行充电，则会加速电池的早期失效。

UPS 的电池管理系统都具有蓄电池组放电终止电压保护功能。在智能化程度较高的电池管理系统中，其电池放电终止电压保护点是随电池组放电电流的大小而自动调节的。这样可确保电池组在放电时间内，输出负载量实时变化的工作条件下，电池放电终止电压的实际保护点都高于电池所规定的放电终止电压保护点。这样既可使后备电池组的能源得到较充分利用，又不会使电池进入有害的深度放电状态。

但是，对有些 UPS 的后备电池组放电终止电压值采用固定或人为可设置的方案时，由于操作人员的误操作，或对深度放电的错误理解都会导致在交流市电中断时，备用电池组进入深度放电状态。由于 UPS 所配置的电池组主要考虑交流市电中断后的 10 ~ 20 min 内维持其额定输出容量，这就要求备用电池组在短时间内能提供大约 10 倍于 10 h 放电率的大电流，此时电流组的单体放电电压约为 1.65 ~ 1.70 V。如果在这种放电终止电压值的设置下，UPS 处于备用电池组供电状态，操作人员为了延长 UPS 的备用时间，需要把一些无关紧要或已完成了数据处理及存储的设备关闭，使 UPS 输出负载减轻，备用电池组的输出电流减小，则一定切记将 UPS 电池管理系统的电池组放电终止电压值做必要的修正。可按标准或电池生产厂家的规定调整到与放电电流相对应的放电终止电压值。例如：交流市电中断后，由于 UPS 负载的减轻，后备电池组的放电电流值约为 0.2 ~ 0.5 C A 时（C 是电池额定容量值），可按标准将电池单体放电电压值调整到 1.75 ~ 1.8 V，再用此电压值乘以备用电池组的单体数，这样既延长了电池组的备用工作时间，又不致使其因深度放电而缩短使用寿命。如果 UPS 的电池放电终止电压是固定不可调的，此时可以根据放电电流及规定的终止电压值，估算放电时间，当放电时间接近估算时间时，可人为关闭 UPS，以免电池组深度放电。一般大中型 UPS 电池管理系统中的放电终止电压值在一定范围内都是可设定的，对一些智能化程度较高的大中型 UPS 的电池管理系统来说，应具有备用电池组放电终止电压随负载电流变化而自动调节的功能。另一种方案是按放电时间的长短对终止电压值分段设定，即放电时间越长，所设定的终止电压值越高，不过最高放电终止电压确定在单体放电电压为 1.8 V 时一般不会发生深度放电现象。

6.6.3 UPS 备用电池的维护

UPS 备用电池组除了在其工作时要避免上述两种不利情况外，还要对蓄电池组进行必要的维护，才能提高蓄电池的利用率，使其尽可能接近设计寿命年限，减少设备资金的再投入。备用电池的维护一般分为新电池使用前的初始维护与使用中或长时间放置电池的定期维护。

1. 初始维护

新电池组使用前的维护较为简单，将电池组与 UPS 连接后，UPS 可空载运行，对备用电池组可设置 10 h 充电率的充电电流，环境温度最好保持在 25 °C 左右，按照产品说明书提供的浮充电压值进行 8 ~ 10 h 的充电。充电完成后将蓄电池静止放置 2 h 左右，将 UPS 转换为备用电池组供电运行，并在输出端带适量的负载，以使电池组的输出电流达到 0.1*C* ~ 0.2*C* A，将放电终止电压设定为每个单体 1.8 V 即可。经过一个充放电循环后，一方面可观察电池组的充放电性能是否正常，另一方面可使新电池的初始容量接近其标称容量。此后将备用电池组再次充电，便可正式投入备用状态。

2. 定期维护

对于与 UPS 联机开始运行或闲置的电池组一定要定期维护。定期维护主要包括以下两个方面。

（1）对处于长期备用浮充状态的电池组定期进行放电、充电维护。充放电时间间隔一般为 6 ~ 12 个月，因铅酸蓄电池不存在记忆效应，所以放出的容量不必等于标称容量，一般放出标称容量的 10% ~ 20%即可。对 UPS 备用电池组定期进行这种放电充电维护时，一定要采取可靠的措施确保在电池组放电维护时间内，UPS 的负载不能中断供电。此时可采用两台同等容量、同型号的 UPS，其输出端共同通过自动转换柜以热备份方式对负载供电。把主供电的 UPS 用手动转为电池供电，同时要注意观察 UPS 显示屏上显示的电池剩余容量，但此时可不必担心由于电池组电压突然下降造成 UPS 关机，因为另一台 UPS 在交流市电供电下以热备份方式工作，一旦主机关断，备机便立即投入供电。采用这种放电方法时，主机备用电池组的放电容量在 20% ~ 30%即可达到放电维护的目的。当 UPS 的负载为一般的 PC 机或负载内部的电源具有一定的保持能力时，上述备用电池组定期充电放电的维护方法是可行的，因为具有主备用 UPS 相互切换功能的转换柜的切换时间一般都小于负载电源的保持时间。

对于一些电源保持时间很短的负载，可采用具有电池自检功能的 UPS 对其备用电池组进行自检来完成定期充放电维护。具有这种先进功能的 UPS 无须断开其内部 AC—DC 整流器的输出，而是调节整流器的直流输出电压，使整流器与备用电池组以并联输出方式为 DC—AC 正弦波逆变器供电。由检测控制电路调整整流器的输出电压，使备用电池组以恒定电流放电。同时 UPS 会随时显示电池组的剩余容量，在进行这种操作时，万一发生因电池组中的某节电池损坏而造成电池放电失败时，整流器的输出电压立即上升到正常工作状态，用以保证正弦波逆变器的正常输入，使负载得到连续不间断供电。利用电池的这种自检功能进行放电维护时，所放出的能量一般控制在 10% ~ 20%。

（2）对电池组进行短时间的均衡充电。电池组在长期的浮充备用状态下或经过多次循环使用后，由于其内部原因会出现端电压、内阻不一致的现象。为了消除这种不均衡现象的故障隐患，进行均衡充电时，每个电池的单体电压可充到 2.3 ~ 2.4 V，充电电流要限制在 0.2*C* A 以内，在这种均衡充电状态下 5 h 左右转入正常浮充状态。密封铅酸蓄电池的均衡充电维护应在环境温度为 20 ~ 25 °C 时进行，至于何时对电池组进行均衡充电，应根据电池组的实际使用情况而定。一般经过均衡充电后，电池组中的电压、内阻不平衡现象可得到改善，可延长电池组的使用寿命。

6.7 UPS的应用

6.7.1 UPS电源的串并联使用

从UPS电源的3种工作状态（逆变工作、电池工作及旁路工作）来看，其确实有很高的供电质量和可靠性。但是UPS电源毕竟是由成百上千个电子元器件、功率器件和散热风机与其他一些电气装置组成的功率电子设备。当采用单台UPS电源供电时，由于其平均无故障工作时间是个有限值（一般规定在10万小时左右，但这只是平均值），所以还是会发生由于UPS电源本身的故障而中断供电的现象。采用双机热备份的冗余技术可使UPS供电系统的可靠性得到很大的提高。UPS电源热备份方式分为串联和并联两种方式。

1. 双机串联热备份系统

图6-21为双机串联热备份供电方式。这种串联方式将处于热备份的UPS输出电压连接到主机UPS电源的旁路输入端。UPS主机正常工作时负担全部负载功率，当UPS主机发生故障时自动切换到套路状态，由UPS备机的输出电压通过UPS主机旁路输出继续为负载供电。当市电中断时，备机与主机都处于电池工作状态，由于UPS主机承担全部负载，所以其备用电池先放电到终止电压，而后自动切换到旁路工作状态由备用UPS的电池为负载供电。用于双机串联热备份中使用的2台UPS电源的交流输入必须来自同一相交流市电，这样才能使UPS主机正常工作，确保UPS主机在同频率、同相位条件下进行旁路切换。UPS主机逆变器的静态开关是影响串联热备份供电系统可靠性的重要部分，此静态开关一旦发生故障，则主、备用UPS电源均无法为负载供电。

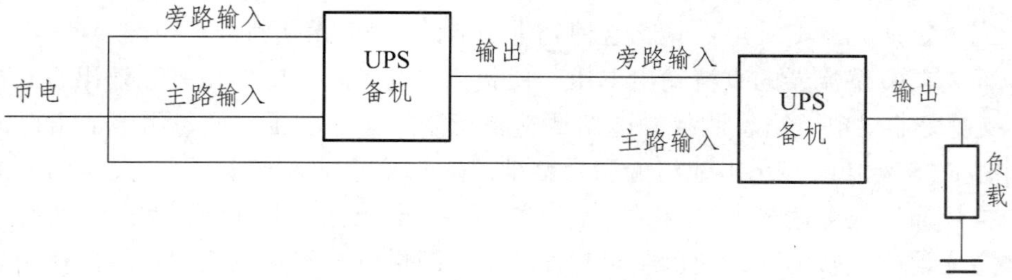

图6-21 双机串联热备份系统

2. 双机并联冗余系统

图6-22为双机并联冗余供电系统的使用方法。用于这种系统的UPS电源必须具有并机功能，2台UPS电源中的并机控制电路通过并机信号线来调整输出电压的频率、相位及幅度，使其满足并联输出的要求。这种并联方式主要是为了提高供电系统的可靠性，而不是用于供电系统的扩容。所以这种并联使用方式必须保证供电系统具有50%的冗余度，也就是负载的总容量不要超过其中一台UPS电源的额定输出容量，当其中一台UPS电源发生故障时，可

由另一台 UPS 电源来承担所有负载的供电。这种 2 台冗余并联供电的 UPS 电源，由于其输出容量只是额定容量的 50%，所以 2 台 UPS 电源始终在低效率下运行。

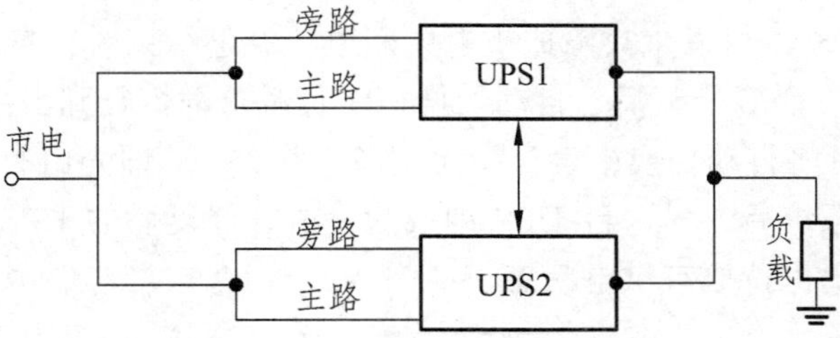

图 6-22 双机并联冗余系统

具有这种并联功能的 UPS 电源一般允许 3 台并联，有的甚至允许 6 台并联使用。多台 UPS 电源并联供电系统的转换效率与设备利用率都高于 2 台 UPS 电源并联的供电系统。例如，对一个容量为 300 kV · A 的负载系统，可采用 4 台 UPS 电源并联的供电系统供电，并根据负载系统的总容量将 UPS 并联供电系统设计为具有“3+1”的冗余度。即 3 台 UPS 电源可完成对容量为 300 kV · A 负载系统的供电，可确定每台 UPS 电源的额定输出容量为 100 kV · A，4 台 UPS 电源中如有一台发生故障不会影响对负载的正常供电。供电系统正常工作时，每台 UPS 电源承担 75 kV · A 的负载容量，设备利用率为 75%，而且此时的转换效率也接近满载效率。这种“3+1”并联冗余度与“1+1”并联冗余度的供电系统相比，显然前者具有较高的运行经济性，这种并联供电系统中，各台 UPS 电源具有各自的并机接口及并机专用信号电缆。在 UPS 电源的并联冗余供电系统的实际使用中，一方面要考虑到当其中一台 UPS 电源发生故障时，其他几台 UPS 电源的实际输出容量应小于其额定输出容量。这是因为并联运行中的各台 UPS 电源的输出电流存在着一定的不平衡度。另一方面也要考虑到由于某种原因会使负载出现短时间过载现象，所以在上述一台 UPS 发生故障时，其余 UPS 的实际输出容量应达到额定输出容量的 80%较为合适。

3. 并机柜并联冗余系统

有一种无并机接口可直接并联使用的 UPS，而在单机运行时又具有其他普通 UPS 一样的功能。只要将参与并机的 UPS 单机调试好，即可直接并机运行，几台并联的 UPS 可共用一组备用电池。图 6-23 所示为采用并机柜实现 2 台 UPS 的冗余并联，通过并机柜的控制使负载均分，当其中一台 UPS 发生故障时，全部负载将自动转由另一台 UPS 供电，并机柜具有自动旁路转换功能。

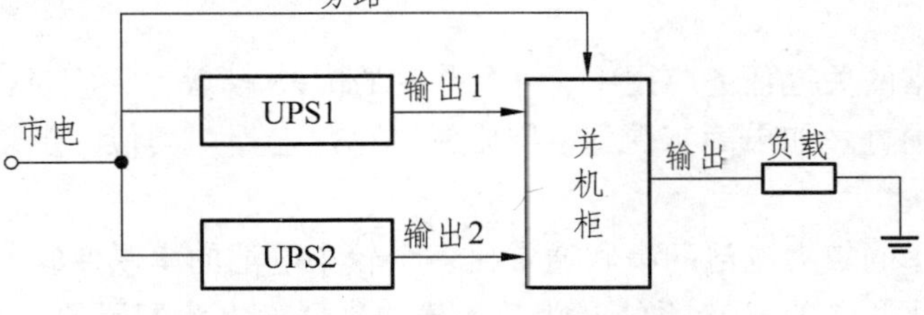

图 6-23 并机柜并联冗余系统

4. 主从并联热备份系统

图 6-24 所示为主从并联热备份的连接方法。UPS 主机承担全部负载供电，备机 UPS 处于热备份状态，当 UPS 主机发生故障或市电中断电池放电结束时，自动切换到备机 UPS 供电，市电恢复后或主机 UPS 修复后，自动切换柜将负载自动恢复到由主机 UPS 供电的状态。为了减少切换次数，可将自动切换柜设计为无主备工作方式，即先由有输出电压的 UPS 为主机，当主机故障退出系统后，另一台 UPS 即成为主机，修复后的 UPS 重新接入系统时自动切换柜将不再切换，仍保持原有供电状态。

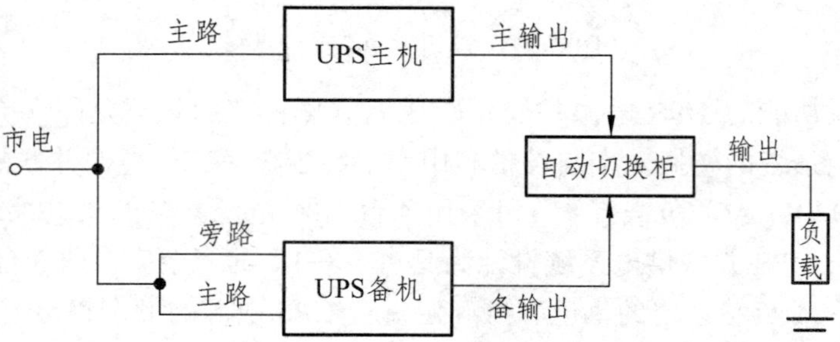

图 6-24　带有自动切换柜的并联热备份系统

6.7.2　UPS 系统电池的优化配置

为了简单和降低成本，UPS 的电池子系统通常的配置为单一的串联。但在主干电源中断时，会产生一个潜在的单点故障。使用多个并联的电池串联，可以解决这一问题，但是费用更加昂贵。用户可以根据特殊的需要，调整其电池串联配置和并联的不间断电源模块之间的相互连接，以实现最佳的成本和冗余之间的平衡。

一个"单一的"或"系列的"串联具有相同的用电线串联起来的电池块。一个典型的串联有 32 个 12 V、76 A · h 的电池，提供了一个直流母线，电压为 384 V，能力为 76 A · h。虽然通常是最具成本效益的，但是，这个解决方案没有冗余，一个电池失效将导致整个串联无法工作。

一个平行的串联包括平行连接到 UPS 电池输入端的、相同系列的串联。一个典型的配置可能有 3 个连续的串联，每个串联有 32 个 12 V、40 A · h 的电池，提供给 UPS 384 V、120 A · h 的能力。额外的电池比单一的串联成本高，但在主干电源断供时，能够提供更长的电池自主能力。此外，可以产生恢复能力，因为一个单一的电池失效将不会完全剥夺备用电池的负荷。

在不太考虑成本的关键任务应用中，每个并联的 UPS 模块保证它自己的、分别装有保险丝的、并联的电池配置。如果确实受到空间限制，可能会使用类似"更多的低容量电池的串联"的解决方案。

注意：一个单一的较大电池的串联通常比多个较小电池的串联便宜。

如果一个多模块并联的 UPS 系统是由单一模块串联的电池配置的，那么，一个电源故障将立即威胁到支持临界载荷的系统的能力。这个威胁对于没有冗余模块的系统比有冗余模块的系统更为严重。如果每个冗余的 UPS 系统模块具有两个并联的电池的串联，UPS 的冗余将一直保持，甚至在单一的电池失效的情况下，适当的电池配置将保持电池的自主能力。此外，过渡盒在电池保险丝和电缆终端的使用，提供了进一步的保护和并联 UPS 系统的隔离。

如果在并联的 UPS 设施中，存在成本和空间的限制，可以使用（共电制）中央电池组来缓解这些问题。（共电制）中央电池组就是整个系统中的所有的 UPS 通过一个共同的直流母线来共用所有的电池。根据风险分析，固体铜母线失效的概率是可以忽略不计的，所以，选择一个（共电制）中央电池组配置是一个慎重的考虑。

当然，针对每个装置的最佳电池配置取决于多种因素，如空间、预算和负载状态。一个好的 UPS 供应商能够为用户提供最佳的、符合其具体情况的 UPS 电池解决方案。

6.7.3 UPS 的蓄电池的配置与选择

在一个 UPS 供电系统中，蓄电池是这个系统的支柱。没有蓄电池的 UPS 只能是个稳压稳频电源。UPS 之所以能实现不间断供电，就是因为有了蓄电池。在设计 UPS 供电系统时首先应考虑蓄电池的性能，即蓄电池的额定电压、额定容量及应由多少节蓄电池组合等。

1. 额定容量选择

蓄电池的容量一般是指在 20 °C，以 20 h 放电率放电到 1.75 V/单体时，蓄电池输出的功率数。

1）单体电池容量计算公式

$$P = （\text{UPS 容量} \times 1000 \times \text{负载功率因数}）/（\text{逆变效率} \times \text{电池节数}）$$

式中 P ——每节电池的放电功率；

UPS 容量 ——每台 UPS 的标称容量，以 kV · A 计；

负载功率因数 ——一般取 0.8；

逆变效率 ——UPS 逆变器的效率，通常为 90% ~ 95%；

电池节数 ——通常为 6 或 12 的倍数。

2）查找放电功率数

根据 P 值查找对应型号的电池放电到单体电压为 1.65 ~ 1.75 V 时的放电功率数。

3）确定选用电池组数

根据上述功率数，对参照原厂提供的放电功率表，确定选用几组电池。

2. 指标选择

1）内 阻

要选择内阻小的蓄电池，这样才能持续大电流放电。如果内阻较大，则在充放电过程中功耗加大，会使蓄电池发烫。

2）浮充电压

在相同温度下，浮充电压值高意味着储存能量大，质量差的蓄电池浮充电压值一般较低。蓄电池浮充电压值在不同的温度时应进行修正。

3）在大中型 UPS 中避免混接

在大中型 UPS 中采用 2 V 单体系列蓄电池，避免采用小容量组合蓄电池进行混接。

6.7.4 UPS 安装

大型 UPS 设备及配件在出厂前都进行过严格的检查和测试，设备抵达现场后，用户应做好以下安装前的准备工作。

1. 场地和环境的要求

（1）设备的放置场地应该是“工业类型”的硬质水泥型的水平地面，如果采用防静电活动地板，则在考虑地板的平均负荷量的基础上，还要根据 UPS 的重量来设计制作供设备安装的托架。

对于多数大型 UPS 来说，其标准机型的电缆为下进下出型。UPS 机柜的通风进气口位于机柜的正面或侧面，出气口在机柜的上部或后面。为此，在安装 UPS 时，要求用户事先准备好电缆敷设地沟，地沟的深度为 40 cm 左右。当用户采用桥架电缆敷设时，应选用电缆为上进上出型的机型。

（2）UPS 供电系统应安装在通风良好、凉爽、湿度不高、无尘、空气清洁的运行环境中。尽管一般的 UPS 所允许的温度范围为 0 ~ 40 °C，但如果条件允许，应将环境温度控制在 35 °C 以下。UPS 厂家推荐的工作温度为 20 ~ 25 °C。湿度控制在 50%左右为宜。此外，在 UPS 运行的房间里不应存放易燃、易爆物品或具有腐蚀性的气体或液体。

（3）严禁将 UPS 安装在具有金属导电性的尘埃的工作环境中，否则会导致设备产生短路故障，也不宜将 UPS 安放在靠近热源处。

（4）不管所配的 UPS 蓄电池组是否配有带温度补偿的充电器。为了确保蓄电池组的使用寿命，应该将蓄电池房的温度控制在 20 ~ 25 °C。

（5）UPS 一定要保持左右侧有 50 mm 的空间，后面有 100 mm 的空间，以保证 UPS 通风良好，UPS 面应有足够的操作空间。

（6）UPS 最好不要靠墙安装，UPS 与墙之间要留有 1 m 左右的距离，以便于 UPS 的维修。

2. 安装预备工作

1）取 货

对所购买的设备，用户要检查其在运输过程中是否受到损坏，若有损坏，可按照常规手续向运输部门索取赔偿，在现场记录损坏情况并拍照，最好通知商检部门前来验证。此外，还要按订货单与到货情况进行核对，若有不符合的地方，在交涉时要引证装箱单证号。

2）存 放

设备必须存放在干燥通风处，要有遮盖，防止被雨水淋湿、溅湿或被化学试剂腐蚀。建议用原包装存放，因为在存储期间，该包装能起到更好的保护作用。如果在最后安装前拆去了包装，要用护套盖住设备，防止灰尘、瓦砾、金属丝、油漆等进入。

由于蓄电池是密封铅酸蓄电池，所以存储时间不得超过 6 个月，蓄电池存放处的环境温度不能超过 25 °C，较高的温度将使其存储时间减少，使蓄电池的技术性能变差，若存储时间超过上述最大限度，应马上对蓄电池充电，否则会缩短蓄电池的寿命，甚至损坏。

3）拆包装箱

UPS 设备和配件包装均为木箱。在拆箱时必须小心拆卸，及时检查设备和配件（蓄电池等）在运输过程中是否被损坏。在清除包装材料之前，要确认所有的配件都已到齐。如果设备或配件在运输过程中被损坏，或设备和配件与订货合同不符时，应及时做现场记录，并立即与供货公司联系。

4）搬 运

（1）从底部搬运：用集装箱搬运车或铲车搬运机柜时，为了给铲车留下铲叉的通道，不要封住 UPS 柜和蓄电池柜前后的底座挡板，可搬运后再盖上。

（2）从顶部搬运：配备必备的吊钩，搬运设备时用高架吊车起吊设备，注意机柜不要开封，以免起吊时造成设备变形或损坏。

5）机柜的定位与加固

机柜就位后，调整机柜地脚螺栓的高度，使第一个机柜完全竖直，然后再调整其他机柜地脚螺栓的高度，使所有的机柜柜门完全平行。

为防止地震时 UPS 发生前、后、左、右移动而影响供电，在 UPS 定位后，要用螺丝将并排摆放的机柜相互拴住，还要将 UPS 机柜与地面加固。有的 UPS 机柜可以直接用膨胀螺栓与地面加固。有的 UPS 地脚是滚轮的，无法直接与地面加固，对于这样的 UPS 机柜在定位后可以用角钢在紧靠 UPS 地脚前、后处，用截面面积 10 mm² 以上的膨胀螺栓与地面进行加固，这样安装后的设备比较安全、可靠。

3. 电缆的选择和接线

在 UPS 供电系统中主要用到 3 种电缆：电力电缆、接地电缆和控制电缆。

1）电力电缆

电力电缆包括交流输入、交流输出和电池电缆。

用户在安装 UPS 时，往往都会提出机器的输入、输出和蓄电池的输出线的线径问题。导线的选用根据用途、种类、结构尺寸、载流量等的不同，有不同的使用范围和要求。由于 UPS 均安装于室内，而且距离负载较近，其走线多为地沟或明线．所以一般采用铜芯橡皮绝缘电缆，其导线截面面积主要考虑 3 个因素：符合电缆使用安全的标准，符合电缆允许的温升，以及满足电压降要求。

UPS 要求最大电压降为：交流 50 Hz 回路电压降比率≤3%；直流回路电压降比率≤1%。

如果压降超过上述范围，则必须加粗导线截面面积。

2）接地电缆

（1）安全接地线：安全接地线是指同机壳相连的安全接地线，一般它的线径应为电力电缆的 0.5 ~ 1 倍。

（2）逻辑控制板接地线：逻辑控制板接地线为逻辑控制板提供必要的参考地电平。它是为防止因邻近设备产生的电磁干扰信号串入控制电路而影响 UPS 系统的正常运行而配置的接地系统，控制地线不但不能与安全地线相连，而且应将它装入专用的管道中。一般情况下，这根控制地线的截面面积应选用 4 mm^2 以上的多股铜芯电缆连接，并用黄、绿相间的颜色作为标志。

3）UPS 的零线

UPS 的零线截面积应为相线截面积的 1.2 ~ 1.5 倍。按惯例，用户应将电源零线和接地线分开敷设，但用户可在最终接地点使用单点接地系统。

4）UPS 中的控制电线

在 UPS 电源中，一般需要配置以下控制线。

（1）从 UPS 报警接口板到远程监视器之间所需的控制线。

（2）从 UPS 报警“继电器干接点”接口板到用户“自定义的报警装置”之间的控制线。

（3）从 UPS 主机到蓄电池断路器开关之间的控制线。

（4）从 UPS 的 RS-232/RS-485 接口到远程微机终端或调制解调器（Modem）的控制线。

（5）从 UPS 主机到远程、紧急停机开关之间的控制线等。

对于上述的控制线，一般应选用带屏蔽的多芯电缆、带屏蔽的扁平电缆或带屏蔽的多股绞线。每根连接芯线的截面面积在 1 mm^2 以上为宜。

4. 注意事项

（1）为了确保操作人员和设备的安全，在安装、启动设备前应仔细阅读相关的“安装和操作”手册。

（2）UPS 与市电电源及负载连接时应注意以下几点。

① 检查 UPS 电源柜上所标的输入参数是否与市电的电压和频率一致。

② 检查 UPS 输入线的相线与零线是否遵守厂家规定。

③ 检查负载功率是否小于 UPS 额定输出功率。

5. 安装收尾工作

（1）检查接线是否与安装手册相符，并核对相序。

（2）清点工具，以免将其遗留在 UPS 机柜内。

（3）盖好 UPS 的安全挡板、顶盖和侧门板。

（4）清理并打扫 UPS 机柜周围的场地。

6.7.5 UPS 测试

UPS 测试的目的，主要是鉴定 UPS 的实际技术指标是否满足使用要求。UPS 的测试一般包括稳态测试和动态测试 2 类。稳态测试是在空载、50%额定负载，以及 100%额定负载条件下，测试输入端和输出端的各相电压、线电压、空载损耗、功率因数、效率、输出电压波形、失真度以及输出电压的频率等。动态测试一般是在负载突变（一般选择负载 0%～100%变化和 100%～0%变化）时，测试 UPS 输出电压波形的变化，以检验 UPS 的动态特性和能量反馈通路。

1. 稳态测试

所谓稳态测试是指设备进入“系统正常”状态时的测试。

1）输入功率因数

技术指标：国家标准为≥0.8。

测试方法：检测 UPS 输入电流波形的谐波及其与电压波形的相位差。可用 PA4400-4 型数字电力谐波分析仪直接读取（在空载和满载时）。

此项测试的意义如下。

（1）减少输入端无功损耗是 UPS 节电的重要组成部分。6 脉冲整流器如果不加输入滤波器，其无功损耗约为额定功率的 20%；

（2）降低对自备发电机的功率比要求。如果输入功率因数为 1，需要配备发电机的功率比为 1∶1，那么 6 脉冲整流器不加输入滤波器的情况，需要配备发电机的功率比为 2.5∶1。

（3）减少对电网造成的污染。此项指标在选购设备时应该考虑进去。

2）输入频率范围

技术指标：国家标准为 50×（1±2.5%）Hz。

测试方法：采用变频电源或发电机。固定额定输入电压，改变输入频率，用记忆示波器观察 UPS 输入频率的跟踪范围。

3）直流电压输入范围

技术指标：UPS 说明书中都应该标明直流电压的范围，由于各品牌的 UPS 所配置的直流电压（标称值）不一样，所以范围也不一样。

测试方法：在保证 UPS 输出电压为 380×（1±1%）V 时，测量蓄电池的直流电压范围。此项测试的意义是：较宽的直流电压输入范围表明控制电路调整范围宽。市电与蓄电池互相切换时，仍然可以保证 UPS 输出电压的稳定度。

4）输出电压波形

技术指标：输出正弦波，波形失真<5%（100%线性负载）。

测试方法：一般是在空载和满载（电阻性负载）状态下，观察输出波形是否正常，用失真度测量仪或 658 型数字电力品质分析仪，测量输出电压波形的失真度。

5）UPS 的输出电压

技术指标：国家标准为 380×（1±2%）V。

UPS 的输出电压可以通过以下方法进行测试。

（1）当输入电压为额定电压的 90%时，输出负载为额定负载的 100%或输入电压为额定电压的 110%，当输出负载为 0 时，其输出电压应保持在额定值×（1±2%）的范围内。

（2）当输入电压为额定电压的 90%或 110%时，输出电压一相为空载，另外两相为 100%额定负载；或者两相为空载，另外一相为 100%额定负载时，其输出电压应保持在额定值×（1±2%）的范围内，其相位差应保持在 4°范围内。

要在不平衡负载情况下，使负载电压的幅值和相位保持在允许范围内，逆变器的设计就必须做到每相单独调整。在对每一相电压的幅值和相位分别控制的情况下，可以做到三相负载电压始终是对称的。有的 UPS 不是每相都能单独调整，所以，当接单相负载时，输出电压就会出现明显的不平衡。对于这类 UPS，就不能进行此种测试，使用时也必须使三相负载尽量平衡。

另外，上述的不平衡负载一相为空载，另外两相为额定负载；或者两相为空载，另外一相为额定负载的条件更为严酷。有的机器的不平衡负载是两相为额定负载，另外一相为 70%的额定负载；或者一相为额定负载，另外两相为 70%的额定负载来测试输出电压（各相电压、线电压）的稳压精度和三相输出不平衡度。

（3）当 UPS 逆变器的输入直流电压变化范围为±15%，输出负载变化范围为 0%～100%时，其输出电压值应保持在额定电压值×（1±2%）范围内。这一指标表面上与前面所述指标重复，但实际上它比前面的指标要求更高。这是因为控制系统的输入信号在大范围内变化时，表现出明显的非线性，要使输出电压不超出允许范围，对电路要求就更高了。

6）负载波峰因数

技术指标：国家标准没有此项要求，国际标准为 $CF=3$（CF 为波峰因数）。

测试方法：

（1）用模拟波峰因数为 3：1 而平均功率为 UPS 额定输出功率的假负载接入 UPS 输出端，观察 UPS 是否过载及长期工作是否可靠。

（2）调节波峰因数比，测量 UPS 在可靠工作条件下的波峰因数值，负载波峰因数能真正反映 UPS 的非线性负载能力，是一个非常重要的技术指标。要获得较高的波峰因数，需要较高的 PWM 调制频率及高速数字反馈。

7）噪声测试

噪声测试在 1 m 距离下进行。

技术指标：国家标准为≤65 dB（≥10 kV·A）。

测试方法：在满载条件下，使用 HS56070XAN61 型噪声自动测试系统进行测试。

UPS 功率越大，噪声越大，这是环境噪声污染。在大功率 UPS 中，凡是采用较高的 PWM 调制频率及采用先进装配工艺的，噪声都比同规格其他品牌 UPS 的噪声低。

8）效率

技术指标：国家标准为>75%（10～100 kV·A）。

测试方法：用685型电力品质分析仪测量输入与输出功率。

UPS的效率主要取决于逆变器的设计。大多数UPS只有在50%～100%额定负载时才有比较高的效率，当低于50%负载时，其效率就急剧下降。厂家提供的效率指标也多是在额定直流电压、额定负载（$\cos\varphi = 0.8$）条件下的效率。交流输入功率应指有功功率与无功功率的向量和，交流输出功率也应包含无功功率与有功功率。从用户节能角度，应该注重AC-AC的转换效率，不应受代理商只考虑DC-AC转换效率或只用输出功率与输入有功功率之比的误导（忽视了输入有功功率的损耗）。

效率等于输出有功功率与输入有功功率之比再乘以100%，输入功率不包含蓄电池的充电功率。测试是在正常条件下，负载为100%或0%的阻性负载情况下测量。机器的效率高可以节省电费，选用容量时，其裕量系数也可以减小些。

9）主要功率器件的温升

技术指标：在输出电压与输出功率为额定值时，功率变压器温升≤80 °C，功率半导体温升≤85 °C。

测试方法：用精密点温计测量。

在满负载及温升稳定状态下测量温升，功率器件温升越低，表明功率器件安全系数越大，UPS运行的可靠性也越高。

10）输出电压频率范围

技术指标：国家标准为（50±0.5）Hz。

测试方法：输入采用变频电源或发电机，输出端接入示波器和电源扰动分析仪进行测量。固定额定输入电压，改变输入频率。当输入频率超过调整的范围时，UPS将转入本机振荡器。如果本机振荡器频率不够精确时，在市电频率不稳时，UPS输出电压的频率也可能不稳。

通过此项测试也可以确认UPS输出电压的频率范围值。分别向高和向低调整输入频率，当同步灯亮并且发出告警声时，此时的频率点就是UPS输出电压频率的范围。

逆变器的输出电压频率范围也叫作逆变器与旧电（旁路）的同步范围。此范围可以根据用户需要进行调整。有的UPS品牌可以通过菜单直接设置所需要的频率范围值，有的UPS品牌需要人工调整。频率范围分为几个档，例如：（50±0.25）Hz、（50±0.5）Hz、（50±0.75）Hz和（50±1）Hz。用户可以根据负载的频率范围来调整逆变器输出电压的频率范围。目前，UPS输出电压频率基本上都能满足要求。

维护经验证明，UPS输出电压频率范围并不是越窄越好。因为逆变器输出电压频率在调整值的频率范围内跟踪市电（旁路），一旦市电（旁路）频率超出调整值的范围时，逆变器的输出电压频率就转换为本机内部振荡器的频率（也叫作转内同），一般本机内部振荡器的频率比较准确。

注意：逆变器一旦转内同工作，UPS面板上的同步指示灯亮，表示逆变器输出电压频率与市电（旁路）不同步（市电频率超过输出频率范围）。这时候UPS禁止逆变器—旁路或旁路—逆变器的转换。所以此项调整很重要，调整的UPS输出电压频率范围值只要满足负载的要求就可以了。

2. 动态测试

1）转换特性测试

技术指标：国家标准为 0 ms。

此项目主要是测试由逆变器供电转换到市电供电，或由市电供电转换到逆变器供电时的转换特性，测试时需要存储示波器和能够模拟市电变化的调压器。

转换试验要在 100%负载下进行，特别是由市电转换到 UPS 上时，相当于 UPS 的逆变器突然加载，输出波形可能在 1 ~ 2 个周期内有 ± 10%的变化，切换时间就是负载的断电时间。此项测试检测转换时供电有无断点，如有断点，而且断点超过 20 ms 就会造成信号丢失。在线式 UPS 一般不会有断点，但其波形幅值会有瞬时变化，要求该变化在半周期内消失。另外，因为 UPS 在市电正常时，逆变器工作频率是跟踪市电频率的，一旦市电中断，逆变器频率完全由本机振荡器来控制。这一突然变化是随机性的，它与市电中断前的瞬间状态和本机振荡器的状态有关，这种频率控制的瞬态变化可能造成输出频率变化达 30%，很多负载无法适应这一变化。

2）突加或突减负载的测试

先用电源扰动分析仪测量空载、稳态时的相电压与频率，然后突加负载由 0% ~ 100%，或突减负载由 100% ~ 0%，若 UPS 输出躁变电压为 – 8% ~ +10%（可依据机型的该项指标而定），而且在 20 ms 内恢复到稳态，则此 UPS 该项指标合格；若 UPS 输出瞬变电压超出此范围时，就会产生较大的浪涌电流，无论对负载还是对 UPS 本身都是极为不利的，这种 UPS 不宜选用。

3. 常规测试

1）过载能力

技术指标：国家标准为 120%过载时间 10 mim；150%过载时间 60 s。

测试方法：分别用线性负载和非线性负载两种方法测量。

过载特性是用户极为关心，也是衡量 UPS 电源的一项重要指标。过载测试主要是检验 UPS 整机的过载能力，保证即使运行中出现过负载现象时，UPS 也能维持一定时间而不损坏设备。过载试验必须按设备指标测试，并且在不超过 25 °C 的室温下进行。

2）蓄电池放电试验

蓄电池放电试验主要用于检验蓄电池的性能。在做放电试验时，一是要记录放电时间，检查是否满足电源的后备时间。二是要观测放电时的输出电压及放电保护值。一般情况下，在直流电压变化 ± 15% 时，在 100%负载情况下，UPS 电源输出电压变化为 ± 2%，可以满足负载对供电的要求。当市电中断改由蓄电池供电时，蓄电池电压不能保持恒定，所以逆变器应具有适应直流电压在规定范围内变化的能力。由于各 UPS 的直流电压不一样，所以直流欠压告警值和直流欠压关机值也不一样，要根据 UPS 说明书来进行调整。三是要检查是否有“落后”电池。四是要测量蓄电池的过桥压降（一般≤9 mV）。如果蓄电池过桥压降大，就应该再并联上一条过桥，或增加过桥的截面面积。

放电试验前必须对蓄电池进行连续 24 h 的不间断充电，试验数据可记录在放电试验数据记录表中。

3）浮充电压的调整与设置

对于以下的蓄电池组，它们所需的浮充电压分别为：

30 × 12 V 蓄电池组为 405 V；

32 × 12 V 蓄电池组为 432 V；

33 × 12 V 蓄电池组为 445 V；

35 × 12 V 蓄电池组为 473 V；

40 × 12 V 蓄电池组为 540 V；

48 × 12 V 蓄电池组为 649 V。

4）输入电压过压、欠压保护测试

技术指标：大功率 UPS 的国家标准为 380 ×（1 – 15%）V ~ 380 ×（1+10%）V。

测试方法：用 TNSGA-35/0.5 型感应自动调压器调节输入电压，当输入电压超过范围时应报警，并转换到蓄电池供电，整流器自动关闭；当输入电压恢复到额定允许范围内时，设备应自动恢复运行，即蓄电池自动解除，转为由市电供电。在蓄电池自动投入和解除的过程中，UPS 输出电压波形应无变化。注意，此项测试一定要保证接线正确，特别是相序必须接对。另外，有的 UPS 在市电波动超过+10%时，只会报警，而不会有蓄电池的自动投入，只有当市电波动超过 – 15%范围时，才有蓄电池自动投入的功能；而有的 UPS 则是在市电波动超过-15% ~ +10%的范围时，都有蓄电池自动投入的功能。

4. 特殊测试

对于一台 UPS 来说，进行上述 3 项内容的测试就可以了，但对于大批量生产的 UPS 还必须进行专项测试。专项测试可用抽样的方式进行，其内容有：

1）观测稳压效果

在额定负载为超前及滞后两种情况下，观测 UPS 输出的稳压效果。

2）小负载条件下的效率测试

在 25% ~ 35%的额定负载（滞后）条件下，质量好的 UPS，效率可超过 80%。

3）频繁操作试验

此项试验包括频繁启动与频繁转换。

频繁启动的目的在于检验逆变器、锁相环、静态开关和滤波电容的动态稳定性和热稳定性。其方法是启动 UPS，当逆变器启动成功，有输出电压和输出电流，并且达到技术要求后，带负载运行；然后减去负载，停机，再启动 UPS。这样连续多次操作。

频繁切换试验主要是检测转换时供电有无断点，在线式 UPS 是不应该出现断点的。

4）充电器的启动试验

为了保护蓄电池，避免充电器启动时对电网的冲击，一般 UPS 的充电器启动均有限流启动功能。充电器由启动到正常运行的过渡过程，时间一般在 10 s 以上，电流一般限定在蓄电池容量的 1/10。

5）不带蓄电池加载试验

UPS 不带蓄电池时，UPS 只具有稳压功能。不带蓄电池情况下加负载，可以检验整流器的动态性能。对于这一功能，不同 UPS 有不同的设计，一般要求在 20 ms 内保证输出电压恢复到（100 ± 1）%以内。

6）高次谐波测试

一般 UPS 的高次谐波分量总和小于 5%，可用谐波分析仪来测试。良好的 UPS 能全部滤掉 11 次谐波以下的全部谐波，而且波形很稳定。选用 UPS 也应尽量选用不含 11 次以上谐波的 UPS。

7）输出短路试验

此试验一般不予进行，以防损坏 UPS 设备。这是因为有的 UPS 的输出短路保护功能不够完善。对于具有旁路电源的 UPS，进行输出短路测试时，必须在断开旁路电源的情况下进行。否则当输出短路时，UPS 会在限流的同时，将负载切入旁路电源，烧断旁路电源的保险丝来进行保护。这样，既看不出输出短路保护的限流情况，还会烧毁旁路电源的保险丝，所以应该避免。

UPS 的测试内容还有许多，如温升保护性能试验、工作温度试验、振动试验、耐压试验、蓄电池再充电试验、高温试验、高湿试验、可靠性试验和不同性质的负载试验等。作为一个产品正式生产，尤其是批量生产时，上述内容都有必要测试。但作为用户对产品的鉴定和验收，一般进行静态测试、动态测试和常规测试就可以了。

6.8　UPS 应用选型

1. UPS 的选型原则

为适应现代通信电源工程技术标准的发展要求，UPS/逆变器选型应遵循以下基本原则。

1）应用场合

当电源中断需要立即提供电力以维持设备正常运行，或电源品质不稳定，需要提供稳定、纯净的电源时，考虑选用 UPS/逆变器。

2）安规认证

对于 UPS/逆变器的选型，在选型阶段应该考虑到 UPS 的安规认证，以适应公司产品的全球化发展趋势。要满足当地安规标准，一般为各国广泛接受的安规认证类型有 UL（北美）、CSA（加拿大）、TUV（德国）、CE（欧盟）等，我国采用 3C 标准。

3）EMC 要求

由于需要限制电源设备对于电网的影响，现阶段世界各国正在强行推行设备的 EMC 要求，对 UPS 也不例外，一般要求 UPS/逆变器也应通过相应的认证。

4）输出容量

应根据所用设备的负荷量统计值来选择所需的 UPS/逆变器输出容量（k·VA 值）。为确保 UPS 系统的高效率和尽可能地延长 UPS 的使用寿命，推荐参数是：用户的负荷量占 UPS 输出容量的 90%为宜，但不能超过标称值。

注意：UPS/逆变器输出容量包括有功（W）和无功两部分（var），总体上体现为视在功率（V·A），三者成三角关系。一般要求有功功率小于 UPS 输出有功功率，UPS/逆变器输出有功功率一般在厂家资料中可以查到。若查不到，则可用 UPS/逆变器输出容量乘以输出功率因数得到。

5）输入电压

世界上各国电网电压主要分为 LV（低压）系列和 HV（高压）系列。一般而言，LV 系列包括 100/110/120/127 等 4 个等级，可接受的最高输入电压为 140 V/AC；HV 系列包括 208/220/230/240 等 4 个等级，可接受的最高输入电压为 276 V/AC。

6）输入频率

输入电压频率分为 50 Hz 和 60 Hz 两种，无论是 LV 系列还是 HV 系列都有使用。根据以上输入电压和频率的分类，选用 UPS 时需要针对产品销售区域的电网特征进行判别。

7）输出功率因数

输出功率因数代表适应不同性质负载的能力。UPS 工作时不仅向负载提供有功功率，同时还提供无功功率（对于容性负载或感性负载）。当电路中接有开关电源等整流滤波型非线性负载时，还需要考虑电流 THD（Total Harmonic Distortion，总谐波失真）的影响。一般认为，带容性负载（开关电源等）时，UPS 输出功率因数在 0.6 ~ 0.8 为宜；带感性负载（风扇、电灯等）时，UPS/逆变器输出功率因数在 0.3 左右为宜。

因此，在 UPS/逆变器选型时，应考虑到负载功率因数问题。

8）油机适应能力

由于发电机输出波形差，某些 UPS 在作为发电机的负载时跟踪能力不足。在停电较长的地区，如果发电机经常作为电网的后备，则需要选择对油机适应能力强的 UPS。

9）输入/输出插头/插座

世界各国电源插头/插座差异很大，而且标准和规定各式各样，因此在选用 UPS 时需要针对各地情况进行判断，选择符合销售区域要求的 UPS/逆变器。关于插头/插座的选型可参考《国际化电源插头/插座系统选型指导书》。

10）智能管理和通信功能

用户需要在计算机网络终端上实时监控 UPS 的运行参数（如输入、输出的电压、电流和频率，UPS 电池组的充电、放电和电压值显示，UPS 的输出功率及有关的故障、报警信息）时，可以选用提供 RS-232、DB9、RS-485 等通信接口的 UPS。对于要求能执行计算机网控管理功能的用户，还可配置简单的网络管理协议（Single Network Management Protocol，SNMP）卡配套运行。

11）市场定位

在产品初期对 UPS/逆变器选型时，一定要明确产品的市场定位，不局限于当前的市场需求进行选型，以方便将来其他产品选用 UPS/逆变器。

12）性价比

综合考虑性价比因素，选用具有高稳定性和高可靠性的 UPS/逆变器。

2. 电池配置方法

阀控式密封铅酸蓄电池的容量应根据式（6-4）计算确定。

$$C=\frac{W\times T\times 1.25}{V_{\mathrm{f}}\times K_1\times[1-(25-T_{\mathrm{TEMP}})\times K_2]} \tag{6-4}$$

由此，推出备电时间计算公式为

$$T=C\times V_{\mathrm{f}}\times K_1\times[1-(25-T_{\mathrm{TEMP}})\times K_2]/(W\times 1.25) \tag{6-5}$$

25 °C 时，公式简化为

$$T=C\times V_{\mathrm{f}}\times K_1/(W\times 1.25)$$

式中 C——蓄电池容量（A·h）；

W——负载功率（W）；

T——备电时间（h）；

T_{TEMP}——环境温度（°C）；

V_{f}——放电终止电压（V），（12 V 系统一般取 10.8 V，如 48 V 系统一般取 49.2 V，72 V 系统一般取 66.8 V）；

K_1——蓄电池效率：

$T<3\ \mathrm{h}$，$K_1=0.5\sim0.63$；

$1\ \mathrm{h}<T<5\ \mathrm{h}$，$K_1=0.75\sim0.8$；

$5\ \mathrm{h}<T<10\ \mathrm{h}$，$K_1=0.85\sim0.9$；

$T>10\ \mathrm{h}$，$K_1=1$。

K_2——温度系数：

放电电流 $I<0.1C$，$K_2=0.006$；

放电电流 $0.1C<I<0.5C$，$K_2=0.008$；

放电电流 $I>0.5C$，$K_2=0.01$。

例如，在 220 V/AC、0.5 A 电源下工作时，设备需求功率为 220 × 0.5 = 110 W，此时 UPS 效率为 0.65，电池输出功率为 110/0.65 = 169（W），26 A·h 电池备电时间计算如下：

新电池：$T = C\times V_f \times K_1 / W = (26\times 64.8\times 1/169) = 10\ (h)$；

旧电池：$T = C\times V_f \times K_1 /(W\times 1.25) = (26\times 64.8\times 1/169\times 1.25) = 8\ (h)$。

该时间为电池寿命终止时（容量下降至 80%）的备电时间，一般选型计算应以此为准。

3. 选型项目

（1）UPS 不仅可以使供电不间断，而且可以净化市电，在对电网要求高而当地电能质量又不高的情况下，可以考虑选用 UPS。

（2）UPS/逆变器多用于海外项目，选型时要明确当地电压情况，比如，110 V/AC 或 220 V/AC。

（3）长延时机的外挂电池在不同国家有特殊需求，要调查明确，比如，有俄罗斯入网证的电池暂时只有阳光和光宇两种。

（4）UPS/逆变器能提供的容量有有功功率（W）和总功率（V·A）的限制，选择容量时，要对有功功率进行核算。有功功率小于总功率，一般可粗略估算如下：

$$有功功率 = （0.6 \sim 0.8）\times 总功率$$

（5）UPS 有标机和长延时机之分，应充分考虑用户的重要程度，选择不同延时机型。标机一般延时 7 ~ 15 min，长延时机理论上讲可以无限延时，延时长短由外挂电池多少决定，受成本和空间限制，通常有 1 h、2 h、4 h、8 h 等几种。

（6）类型选择时，应根据设备要求选择在线式、在线互动式或是离线式 UPS。

① 在线式 UPS 输出正弦波，逆变器主供电，掉电转电池供电，没有中断时间，对市电进行完全净化。

② 在线互动式 UPS 的充电器与逆变器合为一体，没有整流环节，输出电压分段调整，工作在后备方式。

③ 离线式 UPS 多为准方波输出，对市电没有净化功能，逆变器为后备工作方式，掉电转逆变工作，有时间间隔。

对于一个由多台计算机和若干服务器组成的中小网络，或者对多个工作站采用集中供电保护方式、数据中心和关键性设备需要 24 h 不间断获取恒定高质量电源的应用，推荐选用在线式 UPS。家庭办公或工作站宜采用分散供电保护方式，推荐采用离线式或在线互动式 UPS。另外，还需要根据自身设备的要求，对短时间型或长延时型 UPS 做出选择，对用户要求高的地方应该选择在线式。

通信设备要求符合邮电系统的输入/输出特性要求，选用的 UPS 必须符合通信交直流供电体制，不能影响其他通信设备的运行。

（7）感性负载一般不推荐使用 UPS/逆变器。带感性负载时，UPS/逆变器输出功率因数在 0.3 左右为宜。

（8）选用 UPS/逆变器时应确定是否需要冗余方案。

（9）在产品初期 UPS/逆变器选型时，一定要明确产品的市场定位，不局限于当前的市场需求进行选型，以方便将来其他产品选用 UPS/逆变器。

（10）容量选择：UPS/逆变器一般按标称额定功率 90%的负载设计负载能力。

4. UPS/逆变器使用环境

UPS/逆变器一般要求使用条件为海拔高度在 3 000 m 以下，环境温度 0 ~ +40 °C，相对湿度≤95%（25 °C，无凝结），工作环境无剧烈振动、冲击、无导电爆炸尘埃，无腐蚀金属和破坏绝缘的气体和蒸气。

UPS 使用的温度条件实际上很大程度取决于蓄电池，无论 UPS 的充电器是否具有充电温度补偿功能，都必须将 UPS 用的蓄电池置于温度范围合适的环境。

过低的环境温度会造成蓄电池的放电容量下降。当温度超过 25 °C 时，会造成蓄电池的使用寿命缩短，使用时需注意。

对于使用环境超过上述条件，或有在室外使用的情况，可以联系生产厂商进行特殊处理，通过模拟和实际环境试验后，亦可选用。

5. UPS 冗余备份的应用

对供电质量要求很高的计算中心、网管中心，为确保对负载供电的万无一失，可以采用如下几种比较典型的冗余供电系统。

1）主机-从机型“热备份”冗余供电系统

主机-从机型“热备份”冗余供电系统如图 6-25 所示。其结构形式是将主机 UPS 的交流旁路连接到从机 UPS 的逆变器电源输出端，万一主机 UPS 出故障，可改由从机 UPS 带载。这种冗余工作方式没有“扩容”功能，还可能出现主机向从机切换时 4 ms 的供电中断，所以应用范围有限。

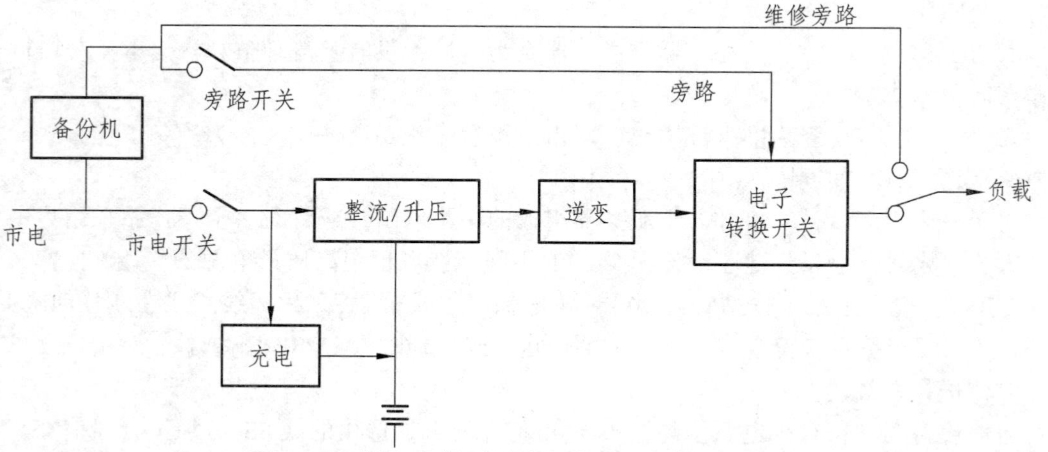

图 6-25　主机-从机型“热备份”冗余供电系统

2）“1+1”型直接并机冗余供电系统

“1+1”型直接并机冗余供电系统是通过将两台具有相同功率的 UPS 的输出置于同幅度、同相位和同频率的状态而直接并联起来。正常工作时，由两台 UPS 各承担 1/2 的负载电流，其中一台 UPS 出现故障时，由剩下的一台 UPS 来承担全部负载。这种并机系统的平均故障工作时间（MTBF）是单机 UPS 的 7 ~ 8 倍，从而大大提高了系统的可靠性。

3）“N+1”型直接并联冗余供电系统

对于某些型号的 UPS，可以将多台 UPS 以“N+1”冗余方式直接并机工作。正常工作时，N+1 台 UPS 同时提供负载电流，当其中一台出现故障时，由剩下的 N 台 UPS 承担全部负载。因此，N+1 冗余供电系统能承受的总负载为 N 台 UPS 容量之和。

在实际的通信电源工程建设过程中，随着多机并机系统中的 N 数值增大，并机系统的 MTBF 值会逐渐下降。因此，在条件允许时，应尽可能减少多机并机系统中的 UPS 单机的数量。

第 7 章　蓄电池技术及其应用

7.1　铅蓄电池的分类及结构

7.1.1　铅蓄电池的分类

铅蓄电池由于结构简单、价格便宜、内阻小、可以短时间提供强大的启动电流而被广泛采用于传统的通信电源工程中。铅蓄电池又可以分为普通铅蓄电池、干荷电铅蓄电池、湿荷电铅蓄电池和免维护铅蓄电池。

1. 普通铅蓄电池

新普通铅蓄电池的极板不带电，使用前需按规定加注电解液并进行初充电。初充电的时间较长，使用中需要定期维护。

2. 干荷电铅蓄电池

新蓄电池的极板处于干燥的已充电状态，电池内部无电解液。在规定的保存期内，如需使用，只需按规定加入电解液，静置 20 ~ 30 min 即可使用，使用中需要定期维护。

3. 湿荷电铅蓄电池

新蓄电池的极板处于已充电状态，蓄电池内部带有少量电解液。在规定的保存期内，如需使用，只需按规定加入电解液，静置 20 ~ 30 min 即可使用，使用中需要定期维护。

4. 免维护蓄电池

免维护蓄电池是最常用的铅蓄电池，使用中不需维护，使用 3 ~ 4 年不需补加蒸馏水，极桩腐蚀极少，自放电少。免维护是指在电源合理使用期间，不需要对蓄电池进行加注蒸馏水、检测电解液液面高度、检测电解液密度等维护作业。其主要应用特点是：

（1）栅架材料采用铅钙合金，既提高了栅架的机械强度，又减少了蓄电池的耗水量和自放电。

（2）采用了袋式微孔聚氯乙烯隔板，将正极板装在隔板袋内，既可避免正极板上的活性物质脱落，又能防止极板短路。因此，壳体底部不需要凸起的肋条，降低了极板组的高度，增大了极板上方的容积，使电解液贮存量增多。

（3）通常，蓄电池内部安装有电解液密度计，可自动显示蓄电池的存电状态和电解液液面的高低。如果密度计的观察窗呈绿色，表明蓄电池存电充足，可正常使用；若显示深绿色或黑色，表明蓄电池存电不足，需补充充电；若显示浅黄色，表明蓄电池已接近报废。

（4）采用了新型安全通气装置和气体收集器，在孔盖内部设置了一个氧化铝过滤器，可阻止水蒸气和硫酸气体通过，同时又可以使氢气和氧气顺利逸出。通气塞中装有催化剂钯，可促使氢、氧离子重新结合成水回到蓄电池中。

7.1.2　铅蓄电池的结构

铅蓄电池一般由 3 个或 6 个单格电池串联而成，结构如图 7-1 所示。

1. 极　板

极板是蓄电池的核心部分，蓄电池充、放电的化学反应主要是依靠极板上的活性物质与电解液进行的。极板分为正极板和负极板，均由栅架和活性物质组成。

栅架的作用是固结活性物质，一般由铅锑合金铸成，具有良好的导电性、耐蚀性和一定的机械强度。为了降低蓄电池的内阻，改善蓄电池的启动性能，有些铅蓄电池采用了放射形栅架，正极板上的活性物质是二氧化铅（PbO_2），呈深棕色；负极板上的活性物质是海绵状的纯铅（Pb），呈青灰色。将活性物质调成糊状填充在栅架的空隙里并进行干燥即形成极板。

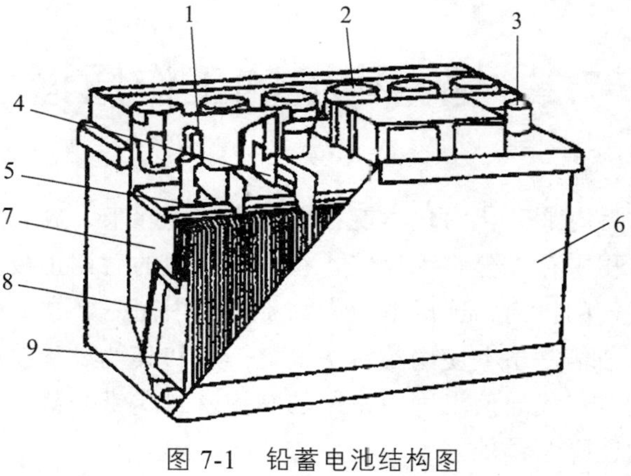

图 7-1　铅蓄电池结构图

1—负极柱；2—加液孔盖；3—正极柱；4—穿壁连接；5—汇流条；
6—外壳；7—负极板；8—隔板；9—正极板

将正、负极板各一片浸入电解液中，可获得 2 V 左右的电动势。为了增大蓄电池的容量，常将多片正、负极板分别并联，组成正、负极板组。在每个单格电池中，正极板的片数要比负极板少一片，这样每片正极板都处于两片负极板之间，可以使正极板两侧放电均匀，避免因放电不均匀造成极板拱曲。

2. 隔 板

隔板插放在正、负极板之间，以防止正、负极板互相接触造成短路。隔板应耐酸并具有多孔性，以利于电解液的渗透。常用的隔板材料有木质、微孔橡胶和微孔塑料等。其中，木质隔板耐酸性较差，微孔橡胶隔板性能最好但成本较高，微孔塑料隔板孔径小、孔率高、成本低，因此被广泛采用。

3. 电解液

电解液在蓄电池的化学反应中，起到离子间导电的作用，并参与蓄电池的化学反应。电解液由纯硫酸（H_2SO_4）与蒸馏水按一定比例配制而成，其密度一般为 1.24 ~ 1.30 g/cm^3。

电解液的密度对蓄电池的工作有重要影响，密度大，可减少结冰的危险并提高蓄电池的容量，但密度过大，黏度增加，反而降低蓄电池的容量，缩短使用寿命。电解液密度应随地区和气候条件而定。另外，电解液的纯度也是影响蓄电池性能和使用寿命的重要因素之一。

4. 壳 体

壳体用于盛放电解液和极板组，应该耐酸、耐热、耐震。壳体多采用硬橡胶或聚丙烯塑料制成，为整体式结构，底部有凸起的肋条以搁置极板组。壳内由间壁分成 3 个或 6 个互不相通的单格，各单格之间用铅质链条串联起来。壳体上部使用相同材料的电池盖密封，电池盖上设有对应于每个单格电池的加液孔，用于添加电解液和蒸馏水，以及测量电解液密度、温度和液面高度。加液孔盖上的通风孔可使蓄电池化学反应中产生的气体顺利排出。

7.2 铅蓄电池的工作原理

铅酸蓄电池充电时将电能转化为化学能在电池内贮存起来，放电时将化学能转化为电能供给外部系统。充电过程中存在分解水反应，在充电过程的后期正极开始析出氧气，负极析出氢气，由于氧气和氢气的析出，造成电池失水干涸，因而需经常加酸加水维护，使维护工作量加大。另一方面，通信基站上使用的后备电池一般和其他设备放在同一个房间内，有大量气体产生，极不安全。现代通信工程中常用的阀控密封式铅酸蓄电池则利用氧气的复合技术，将电池失水的可能性降至最低。

7.2.1 阀控式铅酸蓄电池的基本原理

在通信电源站中，通常采用阀控式密封铅酸（VRLA）蓄电池作为稳压电源，该电池是一种将化学能和电能相互转化的装置。蓄电池需先用直流电源对其充电，将电能转化为化学能储存起来，当市电超限或中断时，再将化学能转变为电能供 UPS 逆变器工作。

1. 阀控式铅酸蓄电池的工作原理

阀控式铅酸蓄电池的工作原理基本上与传统铅酸蓄电池相同，它的正极活性物质是二氧化铅（PbO_2），负极活性物质是海绵状铅（Pb），电解液是稀硫酸（H_2SO_4）。

普通的铅酸蓄电池在充电过程中存在水分解反应，正极析出氧气，负极析出氢气。当正极充电到 70%时，开始析出氧气，负极充电到 90%时开始析出氢气，由于氢、氧气的析出，如果反应产生的气体不能重新复合成水，电池就会失水干涸。

阀控式密封铅酸蓄电池在结构、材料上做了重要的改进，正极板栅采用铅钙锡铝四元合金或低锑多元合金，负极板栅采用铅钙锡铝四元合金，隔板采用超细玻璃纤维棉（AGM），并使用紧密装配和贫液设计，在电池的上盖中设置了一个单向的安全阀。这种电池结构，由于采用无锑的铅钙锡铝四元合金，提高了负极析氢过电位值，从而抑制氢气的析出。同时，采用特制安全阀使电池保持一定的内压，采用超细玻璃纤维棉（AGM）隔板，利用阴极吸收技术，通过贫液式设计，在正负极之间和隔板之中预留气体通道。因此在规定充电电压下进行充电时，正极析出的氧（O_2）可通过隔板通道传送到负极板表面，还原为水（H_2O）。

这是阀控式密封铅蓄电池特有的内部氧循环反应机理，这种充电过程，电解液中的水几乎不损失，所以电池在使用过程中不需加水

由于不用加水维护，阀控密封式铅酸蓄电池又被称作免维护电池。这种电池使用安全，维护工作量小，在要求比较高的移动通信基站和机房得到了普遍应用。

2. 阀控式铅酸蓄电池的分类

目前，阀控式铅酸蓄电池有两类，即采用超细玻璃纤维棉（AGM）隔板和采用硅凝胶“固定”电解液。它们都是利用阴极吸收原理使电池得以密封的，但正极析出的氧气到达负极的通道是不同的。对 AGM 密封铅酸蓄电池而言，AGM 隔膜中虽然保持了电池的大部分电解液，但必须使 10%的隔膜孔隙中不进入电解液。正极生成的氧气就是通过这部分孔隙到达负极而被负极吸收的。对胶体密封铅酸蓄电池而言，电池内的硅凝胶是以 SiO_2）作为骨架构成的三维多孔网状结构，它将电解液包含在里边。电池灌注的硅溶胶变成凝胶后，骨架将进一步收缩，使凝胶出现裂缝贯穿于正负极板之间，给正极析出的氧气提供了到达负极的通道。

两种电池的区别在于电解液的“固定”方式和氧气到达负极的通道有所不同，因而两种电池的性能也各有千秋。

7.2.2　阀控式铅酸蓄电池的充放电控制

由于阀控式铅酸蓄电池具有价格低廉、电压稳定、无污染等优点，近年来，广泛应用于通信、电力和交通领域。但是，不少用户的蓄电池在远低于蓄电池寿命的时间内就已经面临报废，造成了极大的经济损失。因此，充放电控制不合理对电池的影响是巨大的，如电池早期容量损失、不可逆硫酸盐化、热失控、电解液干涸等。工程技术人员可以从浮充电、均衡充电、合理放电 3 方面采取措施来延长阀控铅酸蓄电池的使用寿命。

1. 浮充电的控制

在通信电源系统中，为确保直流电源不间断，一般都采用开关整流器（充电器）与蓄电池组并联的浮充电使用方式。在浮充状态下，充电电流主要用于电池因自放电而损失的容量，但是浮充状态下充电电流又是与电池的浮充电压密切相关的。因而为了使阀控式铅酸蓄电池有较长的浮充使用寿命，在电池使用过程中，要充分结合电池制造的原材料及结构特点和环境温度等各方面的情况，制定电池合理的使用条件，尤其是浮充电压的设定。例如：在环境温度为 25 °C 时，标准型阀控式铅酸蓄电池的浮充电压应设置在 2.25 V，允许变化范围为 2.23 ~ 2.27 V。浮充电压设置过低，电池长期处于欠充电状态，不仅会在电池极板内部形成不可逆的硫酸盐化，而且还会在活性物质和板栅之间形成高电阻阻挡层，使电池的内阻增加、容量下降，最终使其寿命提前终止；浮充电压设置过高，电池长期处于过充电状态，会使电池充电电流增大，不仅会使安全阀频繁开启导致失水增加，容量衰减，还会使电池内产生的热量来不及散掉，温度升高，形成恶性循环，造成热失控，另外还会使板栅腐蚀加速，导致电池使用寿命提前终止。

为了使电池既不欠充电，也不过充电，需要根据环境温度的变化来调整浮充电压，通常的调节系数为 ± 3 mV/ °C。另外，在通信电压系统中，有一些开关整流器不进行均衡充电的设置。这样，如果电池的浮充电压设置正常或偏低，放电后来不及补电会形成不可逆硫酸盐化；如果电池的浮充电压设置偏高，电池正常浮充使用时会有过充电的问题，同样影响电池的使用寿命。

2. 均衡充电的控制

阀控式铅酸蓄电池组深度放电或长期浮充供电时，单体电池的电压和容量都可能出现不平衡现象。为了消除不平衡现象，充电时必须提高充电电压，这种充电方法叫作均衡充电。《电信电源维护规程》规定，阀控式铅酸蓄电池遇到下列情况之一时，应进行均衡充电：

（1）两只以上单体电池的浮充电压低于 2.18 V。

（2）放电深度超过 20%。

（3）闲置不用的时间超过 3 个月。

（4）全浮充时间超过 3 个月。

均衡充电时，通常采用恒压限流的方式。充电电压的设置也要根据电池的结构特点和环境温度来确定，环境温度为 25 °C 时，单体阀控铅酸蓄电池的均衡充电电压应设置在 2.35 V，充电电流应小于 $0.25C_{10}$（A），C_{10} 为蓄电池 10 h 的放电容量。通常，环境温度每升高 1 °C，单体电池的均衡充电电压应下降 3 mV，需要注意的是：在按规定对电池进行均衡充电时，除了充电电压重要以外，均衡充电时间的设置也很重要。为了延长蓄电池的使用寿命，必须根据均衡充电的电压和电流，精确地设置均衡充电时间。也就是说，均衡充电过程中，当充电电流连续 3 h 不变时，必须立即转入浮充电状态；否则，将会严重过充电而影响电池的使用寿命。

3. 放电控制

阀控式铅酸蓄电池在通信电源系统中作为备用电源使用，市电中断后，会立即转入放电状态，以保证直流电源不间断，因而蓄电池的放电使用尤为重要。放电时需要注意的是蓄电池的放电速率和放电终止电压，尤其是不同环境温度下的放电速率和放电终止电压的设定。由于不同的环境温度会极大地影响电池中电解液的冰点和活性物质的活性，为保证化学反应的充分进行，阀控电池的最低温度应控制在 – 20 °C 之上，最好为 25 °C 左右。

而电池放电时终止电压的设定是为了防止放电过程中成组电池内出现各单体电池的电压和容量不平衡现象。通常，过放电越严重，下次充电时，落后电池越不容易恢复，这将严重影响电池组的寿命。在通信电源系统中，通常阀控电池的放电速率为 $0.02C_{10}$、$0.1C_{10}$、$0.2C_{10}$ 或 $0.3C_{10}$。为了防止过放电，不仅要尽可能地避免放电速率过小，而且还必须根据放电速率，同时结合环境温度，精确地设计放电的终止电压。一般情况下，如果放电速率为 $0.01C \sim 0.025C$，则终止电压可设定为 2 V；如果放电速率为 $0.5C \sim 0.25C$ 时，则终止电压可设定为 1.8 V，由于浓差极化的存在，随着放电速率的增大，伴随着放电电流的增大，放电终止电压也应该越来越低。

7.2.3　阀控式铅酸蓄电池的内阻测量

阀控式铅酸蓄电池是一个复杂的电化学系统，其失效机理复杂。实践表明：铅酸蓄电池在使用过程中如果经常深度放电[*SOC*（State of Charge，荷电状态）<20%]，则使用寿命将会大大缩短。反之，如果蓄电池在使用过程中一直处于浅放电（*SOC*> 50%），则其寿命将会大大延长。多数失效模式都会对内阻造成影响，测量电池内阻能够立即判断严重失效的电池或存在连接问题的电池。内阻的小幅度增加可能说明电池在劣化，因此，测量电池内阻，以及实时在线检测蓄电池剩余容量，对保证蓄电池供电稳定和延长蓄电池组的使用寿命有着重要的意义。

1. 蓄电池内阻的成因

蓄电池的内阻由 3 部分组成。

1）欧姆极化内阻

欧姆极化内阻 R_{Ω} 即导体内阻，包括电池内部的电极、隔膜、电解液、连接条和极柱等全部零部件的电阻，在检测电池内阻过程中可以认为是不变的。

2）电化学极化内阻

电化学极化内阻 R_{e} 由电极附近液层中参与反应或生成离子的浓度变化引起，发生电化学反应时，反应离子的浓度总在变化。因而它的数值也随之变化，测量方法不同或测量持续时间不同，其测得的结果也会不同。

3）浓差极化内阻

浓差极化内阻 R_{c} 由反应离子进行电化学反应引起。在充放电过程中，该电阻是变化的。研究表明，蓄电池完全充电和完全放电时，其内阻相差 2 ~ 4 倍。

随着电池充电过程的进行，内阻逐步减小，随着放电过程的进行，内阻逐步增大。由电

化学理论可知，电池在充放电时，其端电压 V 为

$$V = V_0 + IR_\Omega + \frac{RT}{nF}\ln\left(\frac{I_d}{I_d - I}\right) + \frac{RT}{nF}\ln\frac{I}{I_0} \tag{7-1}$$

式中，V_0 是电池的开路电压，IR_Ω 是由 R_Ω 引起的欧姆极化电压，$\frac{RT}{nF}\ln\left(\frac{I_d}{I_d - I}\right)$ 是由 R_c 引起的浓差极化电压，$\frac{RT}{nF}\ln\frac{I}{I_0}$ 是由 R_e 引起的活化极化电压。

蓄电池的内阻与放电电流的大小有关，瞬间的大电流放电由于极板空隙内的硫酸溶液迅速稀释，而极板孔外 90%以上溶液中硫酸分子来不及扩散到极板空隙中去。因此，极板孔中溶液电阻增加，端电压明显下降。但停止放电后，随着浓度高的硫酸分子向极板空隙中扩散，极板孔中溶液电阻下降，端电压回升。

电池的老化也会使其内阻增大。温度对蓄电池内阻也颇有影响，低温状态（如 0 °C 以下），温度每下降 10 °C，内阻增大约 15%。其中，因硫酸溶液黏度变大而电阻增加是重要的原因之一。由此可见，蓄电池内阻是由诸多因素影响的动态电阻。

2. 蓄电池内阻测量原理

蓄电池工作状态的监测关键在于蓄电池端电压和电流信号的采集。电池组中的电池数量较多，整组电压很高，每个蓄电池之间都有电位联系。蓄电池的内阻很小（mΩ 级），其端电压变化很小，而且需要在线测量，对测量精度的要求很高。内阻法对系统的影响最小，并可在线测量。内阻实时在线监测的方法分为两类，即直流放电法和交流法。

1）直流法

直流法就是通过测量电池瞬间大电流放电的瞬间电压，运用欧姆定律计算电阻。图 7-2 所示为电池的直流等效电路。对于平板式单电极而言，当有阶跃电流流过时，其电位就会随时间 t 而变化，当 $0 \leqslant t \leqslant C_d R_c$ 时，电位变化 ΔV 可用下式表示：

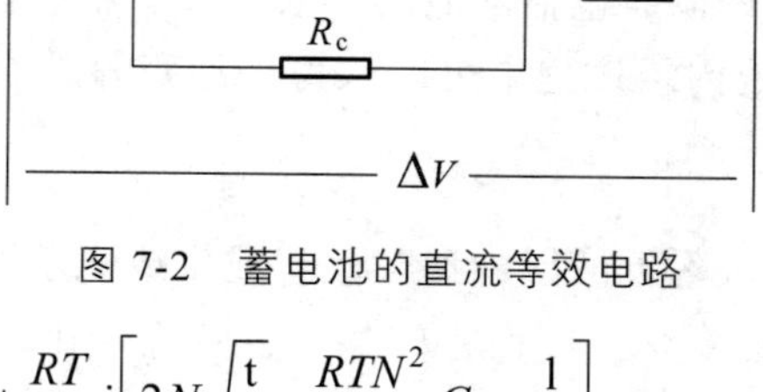

图 7-2　蓄电池的直流等效电路

$$\Delta V = IR_\Omega + \frac{RT}{nF}i\left[2N\sqrt{\frac{t}{\pi}} - \frac{RTN^2}{nF}C_d + \frac{1}{i_0}\right] \tag{7-2}$$

式中　C_d——电极附近双电层电容值；

i——交换电流密度，即电极处于平衡状态时电化学氧化和还原速度相等时的电流密度；

R_Ω——电极欧姆内阻；

N——电极反应产物扩散特性的参数；

n——参与电极反应的电子数；

F——法拉第常数；

R——气体常数；

T——绝对温度；

IR_{Ω}——电极欧姆内阻引起的电位变化，与时间无关。

式（7-2）中，第二、三、四项分别为浓差极化、双电层电容充电及电化学极化引起的电池端电压变化，当 $t \to 0$ 时，这 3 项对端电压的影响很小，因此有 $\Delta V \approx IR_0$。

由此看来，在电池中有阶跃电流 I 流过时，电位就要发生变化。只要测出 $t \to 0$ 时电池电位的变化 ΔV，就可以算出电池的欧姆内阻。

2）交流法

当蓄电池处于开路状态时，可以近似地认为蓄电池的正负极处于平衡电位状态。图 7-3 所示为电池的交流阻抗等效电路。图中，Z_w、Z_m 分别表示一个由电阻和电容串联组成的阻抗，Z_w 反映对依赖物质浓度的这部分交流电流受反应物和生成物扩散过程的影响，而 Z_m 则反映电化学反应结果对总的交流电流大小的影响。电池的总法拉第阻抗 Z 可以由实部 R 和虚部 X 表示，即

$$Z = R - \mathrm{j}X \tag{7-3}$$

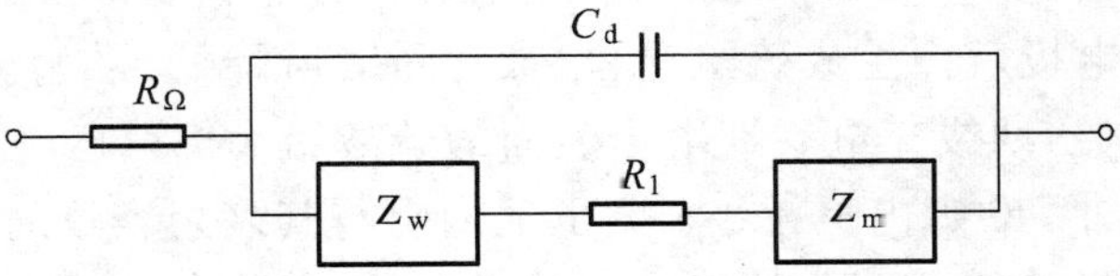

图 7-3　电池的交流阻抗等效电路

当交流电频率足够低时，可以认为电极反应是可逆的，此时电极反应速度受扩散过程控制，则 X 和 R 之间存在如下关系：

$$X = R - R_{\Omega} - R_t + 2^{\lambda^2} C_d \tag{7-4}$$

式中　R_t——传输电阻，表示交流电流中依赖于电极电位的电阻；

λ——Warbug 系数，它表示反应物和生成物的扩散传质特性；

C_d——电极双层电容。

当电池两电极上没有电化学反应时，在正弦交流电压作用下的正弦电流只用于 C_d 充放电。由式（7-4）可知，X - R 具有斜率为 45°的线性关系。当交流电频率足够高时，可以认为电极反应是完全不可逆的，此时电极反应速度受电荷传输电阻 R_t 的控制，并且有：

$$\left(R - R_{\Omega} - \frac{1}{2}R_t\right)^2 + X^2 = \left(\frac{1}{2}R_t\right)^2 \tag{7-5}$$

由式（7-5）可知，以 X 为纵轴、R 为横轴所绘复数平面图为半圆。只要测出电池在不同频率交流电压作用下的法拉第阻抗的实部 R 和虚部 X，则从 X - R 图中曲线与实轴 R 的交点即可求得电池的欧姆内阻 R_{Ω}、极化内阻 R_t。

7.2.4 基于内阻的阀控式铅酸蓄电池剩余容量监测

1. 剩余容量的定义

蓄电池的容量是指一定的放电条件下可以从蓄电池中获得的电量。一个蓄电池有理论容量、实际容量、额定或公称容量和额定储备容量之分。铅酸蓄电池的理论容量通常大于实际容量，是由于蓄电池在放电时极板处 H_2SO_4 大量消耗，硫酸溶液将产生浓差极化，随着放电深度的增大，电化学反应生成的大量难溶性 $PbSO_4$，覆盖了正负极板多孔电极，能参与成流反应的活性物质减少，铅酸蓄电池的放电能力迅速下降。在大电流放电的情况下，这种现象更明显，只能放出蓄有能量的一部分。*SOC* 是描述蓄电池状态的一个重要参数，一般铅酸蓄电池的 *SOC* 是这样定义的：

$$SOC = \frac{Q_c}{Q_f} \times 100\% \tag{7-6}$$

式中，Q_c、Q_f 分别是某时刻的剩余电量和总容量。$SOC = 100\%$，表示蓄电池处于满充电状态；$SOC = 0\%$，表示蓄电池处于全放电状态。

2. 基于内阻的剩余容量监测

蓄电池在不同的荷电状态下，对欧姆极化的影响是不同的。*SOC* 低，说明蓄电池的充电初期或放电后期电极表面生成硫酸铅，电液比重有所降低，欧姆内阻增大；反之，*SOC* 高，说明蓄电池的放电初期或充电后期电极表面的硫酸铅大部分已经转换成了铅和二氧化铅，电液比重有所增加，欧姆内阻减小。蓄电池内阻与其剩余容量的关系不是线性的，但是，蓄电池内阻与容量的相关性非常好，相关系数可以达到 88%。国际电信电源年会报告的研究成果显示：如果蓄电池的内阻超过正常值 25%，则该容量已降低到其标称容量的 80%左右；如果蓄电池内阻超过正常值的 50%，则该蓄电池容量可降低到其标称容量的 80%以下。

因此，电池内阻与电池荷电状态 *SOC* 有关，其关系为

$$SOC = \left(\frac{b}{r_m - c} + a \right) \times 100\% \tag{7-7}$$

式中，a、b、c 为固定系数，r_m 为单体电池内阻。

由此可见，r_m 能够反映电池的安时数（容量），检测出每个电池的 r_m 值就能对蓄电池组容量进行定性分析。从大量串联电池中找出最差的电池单体，进而对蓄电池组进行有效管理，保证系统可靠运行。

铅酸蓄电池的内阻是复杂的，它包含了电池的欧姆内阻、浓差极化内阻、电化学反应内阻，以及双层电容充电时的干扰作用。但多数失效模式都会对内阻造成影响，内阻的小幅度增加可能说明电池的劣化。蓄电池的剩余容量能够描述蓄电池的工作状态，虽然蓄电池内阻与其剩余容量的关系不是线性的，但蓄电池内阻与容量的相关性非常好，因此利用内阻测量来达到监测蓄电池剩余容量的目的是简单而有效的。

7.3　铅蓄电池技术特性

7.3.1　蓄电池的充电

蓄电池是直流电源，必须用直流电源对其充电。充电时，充电电源的正极接蓄电池的正极，充电电源的负极接蓄电池的负极。

1. 充电方法

蓄电池的充电方法通常包括恒压充电、恒流充电和脉冲快速充电 3 种。

1）恒压充电

恒压充电是指充电过程中，充电电源电压保持恒定的充电方法，恒压充电的接线方法如图 7-4 所示。

恒压充电特性曲线如图 7-5 所示。

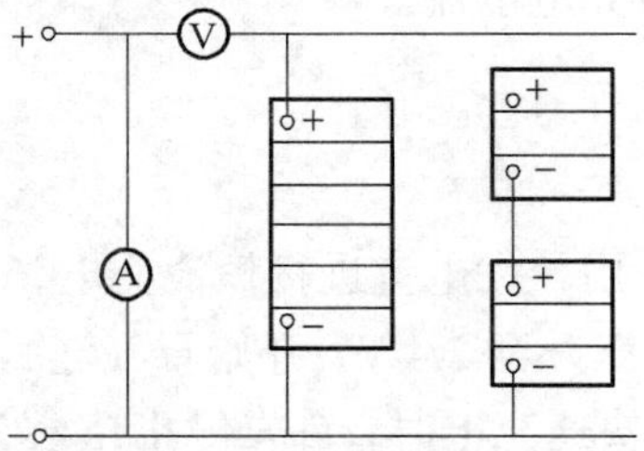

图 7-4　恒压充电的接线方法

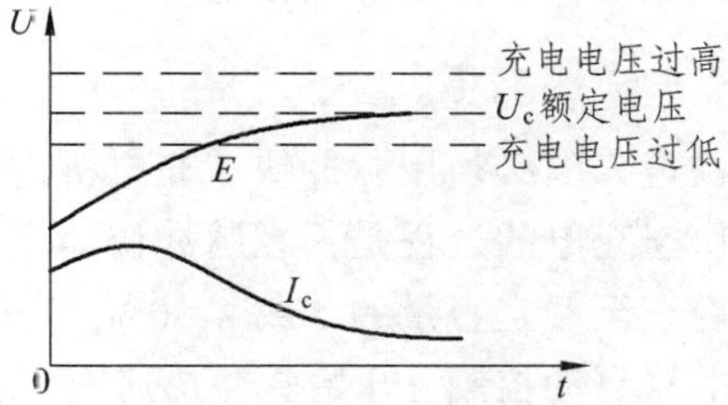

图 7-5　恒压充电特性曲线图

若充电电压过高，将导致过充电；充电电压过低，将导致充电不足。一般单格电池充电电压选为 2.5 V。

在恒压充电初期，充电电流较大，4～5 h 内即可达到额定容量的 90%～95%，因而充电时间较短，而且不需要照管和调整充电电流，适用于补充充电。由于充电电流不可调节，所以不适用于初充电和去硫化充电。

2）恒流充电

恒流充电指充电电流保持恒定的充电方法。它被广泛用于初充电、补充充电和去硫化充电等。恒流充电的接线方法如图 7-6 所示。

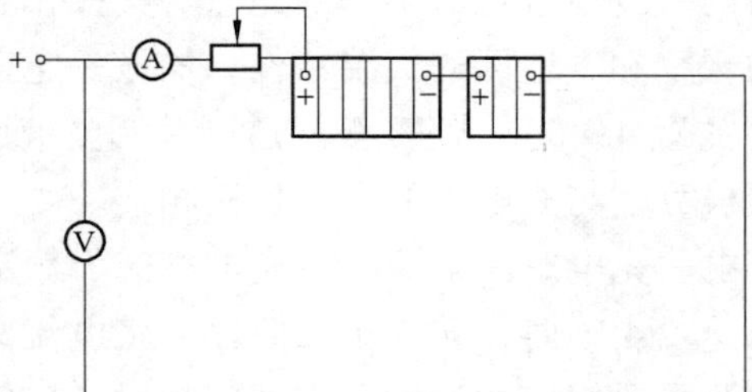

图 7-6　恒流充电的接线方法

充电特性曲线如图 7-7 所示。

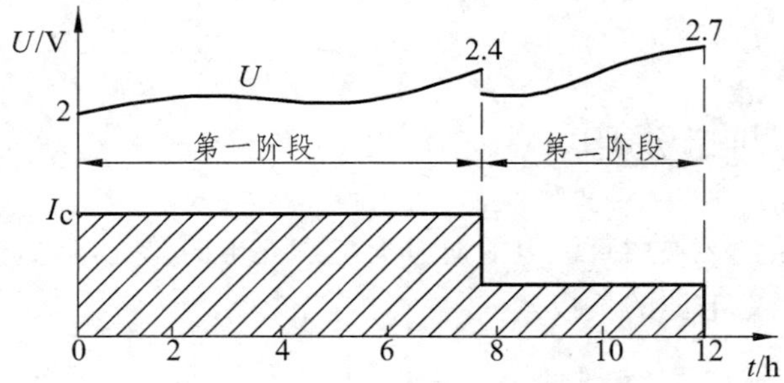

图 7-7　恒流充电特性曲线

为缩短充电时间，充电过程通常分为两个阶段。第一阶段采用较大的充电电流，使蓄电池的容量得到迅速恢复，当蓄电池电量基本充足，单格电池电压达到 2.4 V，电解水开始产生气泡时 ，转入第二阶段，将充电电流减小一半，直到电解液密度和蓄电池端电压达到最大值且在 2 ~ 3 h 内不再上升，蓄电池内部剧烈冒出气泡时为止。

恒流充电的适应性强，可任意选择和调整充电电流的大小，有利于保持蓄电池的技术性能和延长使用寿命。其缺点是充电时间长，要经常调节充电电流。

3）脉冲快速充电

脉冲快速充电必须用脉冲快速充电机进行。

脉冲快速充电的过程是：在脉冲快速充电之前，先用较大电流进行恒流充电，使蓄电池在短时间内充至额定容量的 50% ~ 60%，当单格电池电压升至 2.4 V，开始冒气泡时，由充电机的控制电路自动控制，开始脉冲快速充电。开始脉冲快速充电时，首先停止充电 25 ms（称为前停充），然后再放电或反向充电，使蓄电池反向通过一个较大的脉冲电流（脉冲深度一般为充电电流的 1.5 ~ 3 倍，脉冲宽度为 150 ~ 1 000 μs），然后再停止充电 40 ms（称为后停充）。以后的过程为：正脉冲充电→前停充→负脉冲瞬间放电→后停充→正脉冲充电，循环进行，直至充足电。脉冲快速充电的优点是充电时间可大大缩短（新蓄电池充电仅需 5 h，补充充电需 1 h）；缺点是对蓄电池的寿命有一定的影响，且脉冲快速充电机结构复杂、价格昂贵。它适用于电池集中、充电频繁、要求应急的场合。

2. 充电种类

1）初充电

指对新的或更换极板后的蓄电池进行的第一次充电。其操作步骤是：

（1）按蓄电池制造厂的规定和本地区的气温条件，加注一定密度的电解液（加注前，电解液温度不得超过 30 °C），放置 4 ~ 6 h，使极板浸透，并调整液面高度至规定值。

（2）将蓄电池的正、负极分别与充电机的正、负极相连。

（3）采用两阶段恒流充电法充电时，第一阶段充电电流为额定容量的 1/15，待电解液中有气泡冒出、单格电池电压达 2.4 V 时，转入第二阶段，将电流减小一半，直至蓄电池充足电为止。充电过程中应注意测量电解液的温度，当温度超过 40 °C 时，应将电流减半，如温度继续上升达 45 °C 时，应停止充电，待冷却至 35 °C 以下时再充电。

（4）充好电的蓄电池应检查电解液的密度，如不符合规定，应用蒸馏水或 1.4 g/cm 的稀硫酸进行调整，并调整液面高度至规定值。调整后，再充电 2 h，直到电解液密度符合规定为止。

2）补充充电

补充充电是指对使用中的蓄电池在无故障的前提下，为保持或恢复其额定容量而进行的正常的保养性充电。

一般通信车辆用蓄电池应每隔 1 ~ 2 个月从车上拆下来进行一次补充充电。使用中，如发现下列现象之一时，必须及时进行补充充电：

（1）电解液相对密度降至 1.15 g/cm 以下时。

（2）冬季放电量超过 25%，夏季超过 50%时。

（3）前照灯灯光比平时暗淡，启动无力时。

（4）单格电池电压降到 1.70 V 以下时。

补充充电可采用恒压充电或两阶段恒流充电。

通信车辆上蓄电池的充电通常采用恒压充电法充电，充电间多采用两阶段恒流充电法充电。

采用两阶段恒流充电法进行补充充电时，应先用 $C_{20}/10$ 的电流进行充电，当单格电池电压达到 2.4 V 以上时，改用 $C_{20}/20$ 的电流充电至充足为止。

3）间歇过充电

间歇过充电是为了避免使用中的铅蓄电池极板硫化的一种预防性充电，通信车辆用铅蓄电池应每隔三个月进行一次间歇过充电。

充电方法是：先按补充充电的方法将蓄电池充足电，停歇 1 h 后，再以减半的充电电流值进行过充电至沸腾，再停歇 1 h 后，重新接入充电。如此反复，直到蓄电池刚接入充电时，立即沸腾为止。

4）循环锻炼充电

循环锻炼充电是铅蓄电池为防止极板钝化而进行的保养性充电。铅蓄电池使用中常处于部分放电的状况，参加化学反应的活性物质有限，为避免活性物质长期不工作而收缩，应每隔三个月进行一次循环锻炼充电。

充电方法是：先按照补充充电或间歇过充电方法将铅蓄电池充足电，再用 20 h 率的电流连续放电至单格电池电压降为 1.75 V 为止，其容量降低不得大于额定容量的 10%；否则，应进行充、放电循环，直至容量达到额定容量的 90%为止，方可使用。

5）去硫化充电

去硫化充电是消除铅蓄电池极板轻度硫化的一种充电方式。充电方法和步骤如下。

（1）将铅蓄电池按 20 h 放电率，放电至单格电池电压降至 1.75 V 为止。

（2）倒出电解液，用蒸馏水反复冲洗几次，然后加入蒸馏水至规定的液面高度，用初充电第二阶段充电电流进行充电，当电解液密度增大到 1.15 g/cm^3 时，再将电解液倒出，加入蒸馏水，继续充电，反复多次，直至电解液密度不再上升为止。

（3）换用正常密度的电解液，按初充电方法将蓄电池充足电。

（4）用 20 h 放电率放电，检查容量，若其输出容量可达额定容量的 80%以上，则可装车使用，若达不到，应更换蓄电池或修理。

7.3.2 蓄电池的放电

当铅蓄电池的正、负极板浸入电解液中时，在正、负极板间就会产生约 2.1 V 的静止电动势。此时若接入负载，在电动势的作用下，电流就会从蓄电池的正极经外电路流向蓄电池的负极，这一过程称为放电。蓄电池的放电过程是化学能转变为电能的过程。

放电时，正极板上的 PbO_2 和负极板上的 Pb，都与电解液中的 H_2SO_4 反应生成硫酸铅（$PbSO_4$），沉附在正、负极板上。电解液中 H_2SO_4 不断减少，密度下降。

从理论上讲，放电过程可以进行到极板上的活性物质被耗尽为止，但由于生成的 $PbSO_4$ 沉附于极板表面，阻碍电解液向活性物质内层渗透，使得内层活性物质因缺少电解液而不能参加反应，因此在使用中被称为放完电，蓄电池的活性物质利用率只有 20%～30%。因此，采用薄型极板，增加极板的多孔性，可以提高活性物质的利用率，增大蓄电池的容量。蓄电池放电终了的特征是：

（1）单格电池电压降到放电终止电压。

（2）电解液密度降到最小许可值。

蓄电池的放电容量通常与放电电流和温度有关。

1. 蓄电池放电容量与放电电流和温度的关系

1）蓄电池放电容量与放电电流的关系

放电终止电压与放电电流的大小有关。放电电流越大，允许的放电时间就越短，放电终止电压也越低。

2）蓄电池放电容量与温度的关系

蓄电池放电容量与温度的关系：温度降低，放电容量减少。

2. 蓄电池放电方法

1）离线式放电法

这是一种将其中一组电池脱离系统的放电方式。将其中一组电池脱离系统后，一旦市电中断，系统备用电池供电时间明显缩短，而此时尚不清楚另一组在线电池是否存在质量问题，因此，这种放电方式事故风险性高。进行离线式放电时，注意以下几点。

（1）操作时应该提前启用发动机组，并确保发电机组、开关电源等设备能正常运行，保证安全。

（2）需要配备一台整组智能充电机，对该离线电池组先充电恢复后再并联回系统，以解决打火花问题。因为离线放电结束后的电池组与在线电池组间存在较大电压差，若操作不当将引起开关电源和在线电池组对离线放电后的电池组进行大电流充电，产生巨大火花，易发生安全事故。

（3）操作时既要脱离电池组的正极，又要脱离电池组的负极，尤其是脱离电池组负极时需要特别小心，操作不当引起负极短路，将造成系统供电中断，导致通信事故的发生。

（4）这种方式是将电池通过假负载以热量形式消耗，既浪费电能，又影响机房设备运行环境，需要维护人员时刻守护以免高温引发事故。

2）在线评估式放电法

调整整流器输出电压至保护低压值（如 46 V），使所有后备电池组直接对实际负荷进行放电至整流器输出电压保护设置值。由于现网系统设备绝大多数电池配置后备供电时间为 1～41 h，放电电流增大时，应考虑电池组至设备供电回路压降及设备低压工作门限，以及保证系统供电安全。在线评估式放电其调整整流器输出电压不允许过低（如 46 V），放电深度有限，对实际负载的放电时间掌握比较困难，评估电池容量难以准确，对电池性能测试有不确定因素存在，从而对于保持电池组活性这一放电测试目的难以达到预期效果。

如果两组电池都有失容或欠容、落后等质量问题，在其放电至整流器输出保护值的时间内，不易被维护人员及时发现，此时后备电池容量可能所剩无几，存在高风险。这种情况下，此放电方式比离线放电方式安全性更低。

由于放电深度有限，对于保持电池组的活性这一放电测试的目的无法达到，更为关键的是，在全容量放电的实践中，经常发现有些电池组在放电前期表现正常，但到中后期，有些落后电池才开始逐步暴露出来。这一部分落后单体，由于放电方式的深度不够而没有被发现。所以称此放电方式为在线评估式，它只能大致评估电池组性能，或检测此电池组可以放电至保护电压的时间长短，而无法进一步检查究竟能放电多长时间。

此外，采用这种放电方法时，组间电池放电电流不均衡。各组电池将根据自身情况自然分摊系统的负荷电流来放电。落后电池组内阻大，分摊电流小；健康电池组内阻低，分摊电流大。这就造成某些落后电池因放电电流不够大而无法暴露出来的现象，达不到通过放电进行性能质量检测的目的。

3）全在线放电技术

在中心机房，蓄电池必须定期进行容量测试。前面两种容量测试方法各有特点，又各有弊端。离线放电方法虽然可以达到蓄电池容量测试的目的，但是工作量太大，系统安全性偏低；在线评估式放电方法虽然工作量比较小，但是系统安全性低，达不到蓄电池容量测试的目的，潜在的安全隐患大。因此，可以采用一种全新的、科学的容量测试技术——全在线放电技术，以使电池放电容量测试达到预期的检测效果。这种电池放电维护操作简便安全，提高了维护工作效率，易得到有效的落实。

全在线放电技术指被测电池组通过串接电池组全在线放电测试。提升在线供电电压，以自动稳流或恒功率控制输出，使被测电池组对在线负载设备进行供电，实现被测电池组恒电流放电测试或恒功率放电测试，达到安全节能维护效果，系统技术原理图如图 7-8 所示。

被测电池组的全在线放电原理是：在被测电池组的正极串联电池组全在线放电设备，使被测组电池所在支路的电压略高出整流器输出或另一组电池的电压，这样就能使该组电池对实际负荷进行放电。在放电过程中，被测电池组电压随着放电时间的变化（延长）而变化（逐渐下降），通过全在线放电设备进行自动电压补偿调整，保证被测电池组始终保持恒定的电流或恒定的功率进行放电。当电池组放电终止，电压、容量、时间和单体电压达到预期设置的放电门限值时，完成放电测试。这样就实现了该电池组在线放电测试目的和预期维护效果。

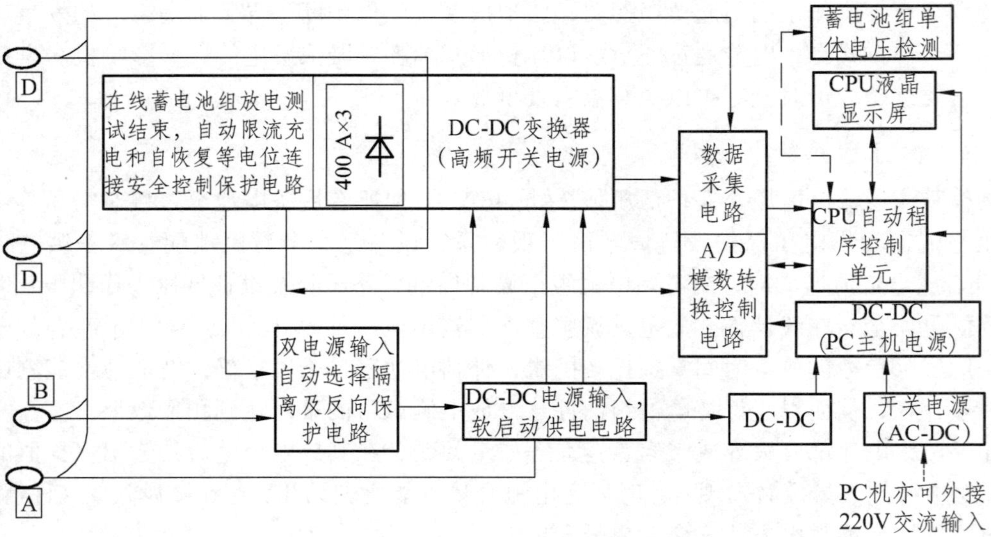

图 7-8　蓄电池全在线放电设备工作原理图

被测电池组放电测试结束后，电池组全在线放电设备自动进入充电程序，引导在线开关电源的整流输出。经过全在线放电测试设备的充电，等电位控制保护电路自动对被测放电的电池组进行限流充电，自动完成在线等电位连接。根据全在线放电测试设备系统提示操作要求，恢复系统的正常连接后，全在线放电测试设备退出服务。这就完成了蓄电池组全在线放电、充电恢复等电位正常连接全过程。另一组电池以同样的方式进行在线放电容量测试。

为了确保电池放电测试的安全性，电池组全在线放电设备在串联接入电池组正极时需要采用无缝连接方式。

7.4　铅蓄电池的使用

7.4.1　蓄电池容量的选择

1. 通信设备对蓄电池电源的基本要求

蓄电池是保障通信设备不间断供电的核心设备，通信设备对供电质量的要求决定了对蓄电池设备的要求。

1）使用寿命长

从投资经济性考虑，蓄电池的使用寿命必须与通信设备的更新周期相匹配，即 10 年左右。蓄电池的使用寿命与蓄电池工作环境及循环充放电的频次有关，充放电频率越高，蓄电池使用寿命越短。

2）安全性高

蓄电池电解质为硫酸溶液，具有强腐蚀性。此外，对于密封蓄电池，蓄电池的电化学过程会产生气体，增加蓄电池内部压力，压力超过一定限度时会造成蓄电池爆裂，释放出有毒、腐蚀性气体、液体。因此，蓄电池必须具备优秀的安全防爆性能。一般密闭蓄电池都设有安全阀和防酸片，可自动调节蓄电池内压，防酸片具有阻液和防爆功能。另外，蓄电池还必须具备安装方便、免维护、低内阻等特性。

2. 蓄电池容量的选择依据

蓄电池容量的选择要根据市电供电情况、负荷量的大小及负荷变化的情况等因素来决定。一般蓄电池容量确定的主要依据是：

（1）市电供电类别。

（2）蓄电池的运行方式。

（3）忙时全局平均放电电流。

在以上主要依据中，市电供电类别分为 4 类，对于不同的供电类别，蓄电池的运行方式和容量的选择是不同的。例如，一类市电供电的单位，可采用全浮充方式供电，其蓄电池容量可按 1 h 放电率来选择；二类市电供电的单位，可采用全浮充或半浮充方式供电，其蓄电池容量可按 3 h 放电率来选择；三类市电供电的单位，可采用充放电方式供电，其蓄电池容量可按 8 ~ 10 h 放电率来选择。此外，忙时全局平均放电电流也是决定所装蓄电池容量的重要因素。

选择蓄电池的容量可按下述公式计算.

$$Q=\frac{I_{平均}}{K_n[1+0.006(t-25)]} \tag{7-8}$$

式中　Q——蓄电池容量（A · h）；

$I_{平均}$——忙时全局平均放电电流；

K_n——容量转变系数，即 n h 放电率下，蓄电池容量与 10 h 放电率的蓄电池容量之比；

t——实际电解液的最低温度，蓄电池室有采暖设备时，可按 15 °C 考虑；无采暖设备时，则按所在地区最低室内温度计算，但不应低于 0 °C；

25——蓄电池额定容量时的电解液温度；

0.006——容量温度系数，即电解液以 25 °C 为标准时，每上升或下降 1 °C 时所增加或减少的容量比值。

为了便于计算，可将式（7-8）简化为

$$Q=K\cdot I_{平均} \tag{7-9}$$

式中，K——电池容量计算系数。

7.4.2　蓄电池组的组成计算

通信直流电源中的蓄电池组由单体电池串联组成。在直流供电系统中，蓄电池组的数量一般由通信设备要求的负荷电流和蓄电池充放电工作方式而定，对于一组蓄电池来说，单体电池的串联只数由通信设备的电压要求决定。

一组蓄电池中单体电池串联的只数，至少应能保证在放电终了时，电池组端电压在通信设备受电端子上的部分不低于通信设备对电源电压要求的下限值（即通信设备的最低工作电压），因此，电池组电池串联只数最少应不少于按下式计算的结果：

$$N_{放} = \frac{U_{最小} + \Delta U_{最大}}{U_{放终}}$$

式中 $U_{放}$——电池组放电时所需电池只数，计算结果有小数时，进位取整数（只）；

$U_{最小}$——通信设备规定允许的最低工作电压（V）；

$\Delta U_{最大}$——电池组至通信设备端放电回路机线设备的最大电压降总和（V）；

$U_{最终}$——电池放电终止电压，取 1.8 V 或按电池厂提供的参数计算。

一般 48 V 程控交换机电压范围为 42 ~ 56 V，电信标准允许的电池至交换机回路压降为 1.5 V。

7.4.3 影响蓄电池容量的因素

1. 结构因素

蓄电池极板的表面积越大，极板片数越多，参加反应的活性物质就越多，容量就越大。另外，极板越薄，活性物质的多孔性越好，电解液向极板内部的渗透越容易，活性物质利用率就越高，输出容量也就越大。

2. 使用因素

1）放电电流

放电电流越大，蓄电池的容量就越小，如图 7-9 所示。当放电电流增大时，化学反应速度加快，$PbSO_4$ 堵塞孔隙的速度也越快，导致极板内层大量的活性物质不能参与反应，蓄电池的实际输出容量减小。

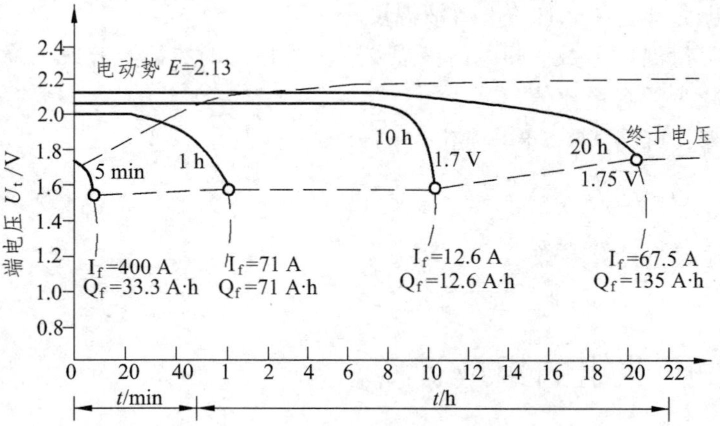

图 7-9　放电时间与电池容量的关系

同时，电解液密度迅速下降，导致蓄电池的端电压也迅速下降，因而缩短了放电时间。因此，在实际使用过程中必须严格控制启动时间，每次启动的时间不应超过 5 s，且连续两次启动之间的时间间隔不应少于 15 s。

2）电解液温度

蓄电池的电解液温度与电池容量的关系如图 7-10 所示。当温度升高时，电池容量也在逐步加大，直至规定的工作温度的上限。

3）电解液密度

适当提高电解液的密度，可加快电解液的渗透速度，提高蓄电池的电动势和容量。但电解液密度过大，又将导致黏度增加，内阻增大，反而使蓄电池容量降低。

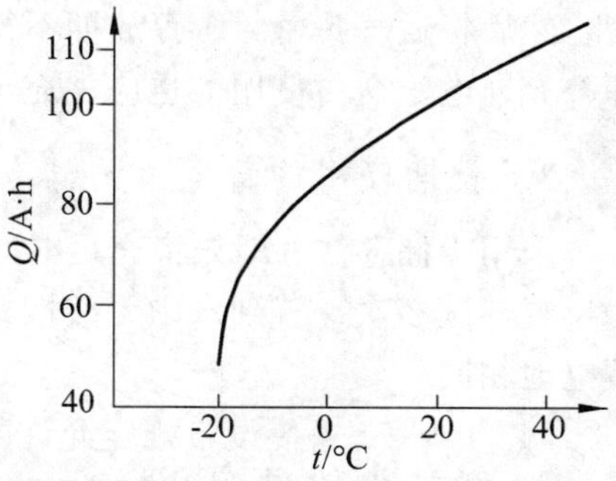

图 7-10　电解液温度与电池容量的关系

4）蓄电池贮存环境温度、贮存时间与容量关系

充满电的蓄电池如果放置没有使用，也会由于自放电而损失一部分容量。蓄电池在不同环境温度下，容量的保存情况是不同的。环境温度越高，贮存时间越长，蓄电池的容量损失也越大。可以粗略计算，在 25 °C 环境温度下放置时，以安圣 GFM 系列蓄电池为例，每天自放电量在 0.1%以下，这是由于特殊配方的铅钙合金蓄电池自放电量可控制到最小程度，约为铅锑合金蓄电池的 1/4 ~ 1/5。由于温度越高蓄电池自放电越大，长期保存时需要尽量避免高温场所。

7.5　铅蓄电池的维护与更换

7.5.1　铅蓄电池的存储与启用

1. 蓄电池的储存

1）新蓄电池的储存

未启用的新蓄电池，其加液孔盖上的通气孔均已封闭，不要捅破。保管蓄电池时应注意以下几点。

（1）存放室温 5 ~ 30 °C，干燥、清洁、通风。

（2）不要受阳光直射，离热源距离不小于 2 m。

（3）避免与任何液体和有害气体接触。

（4）不得倒置或卧放，不得叠放，不得承受重压。

（5）新蓄电池的存放时间不得超过 2 年。

2）暂时不用的蓄电池的储存

采用湿储存方法，即先充足电，再把电解液密度调至 1.24 ~ 1.28 g/cm^3，液面调至规定高度，然后将通气孔密封，存放期不得超过半年，期间应定期检查，如果容量降低 25%，应立即补充充电，交付使用前也应先充足电。

3）长期停用的蓄电池的储存

采用干储存法，即先将充足电的蓄电池以 20 h 放电率放完电，然后倒出电解液，用蒸馏水反复冲洗多次，直到水中无酸性，晾干后旋紧加液孔盖，并将通气孔密封，存放条件与新蓄电池相同。

2. 新蓄电池的启用

首先擦净外表面，旋开加液孔盖，疏通通气孔，注入新电解液，静置 4 ~ 6 h 后，调节液面高度到规定值，按初充电规范进行充电后即可使用。

干荷电蓄电池在规定存放期（一般为 2 年）内，启用时可直接加入规定密度的电解液，静置 20 ~ 30 min 后，校准液面高度，即可使用。若超期存放或保管不当损失部分容量，应在加注电解液后经补充充电方可使用。

3. 蓄电池的拆装

（1）拆装、移动蓄电池时，应轻搬轻放，严禁在地上拖拽。

（2）蓄电池型号和车型应相符，电解液密度和高度应符合规定。

（3）安装时，蓄电池固定在托架上，塞好防震垫。

（4）极柱涂上凡士林或润滑油，防腐防锈，极桩卡子与极桩要接触良好。

（5）蓄电池搭铁极性必须与发电机一致。

（6）接线时先接正极后接负极，拆线时相反，以防金属工具搭铁，造成蓄电池短路。

4. 蓄电池的日常维护

（1）保持蓄电池外表面的清洁干燥，及时清除极桩和电缆卡子上的氧化物，并确定蓄电池极桩上的电缆连接牢固。

清洗蓄电池时，最好从车上拆下蓄电池，用苏打水溶液冲洗整个壳体，然后用清水冲洗电池并用纸巾擦干。对蓄电池托架，可先用腻子刀将厚腐蚀物刮除，然后用苏打水溶液清洗托架，之后用水冲洗并干燥。托架干燥后，漆上防腐漆。对极桩和电缆卡子，可先用苏打水溶液清洗，再用专用清洁工具进行清洁。清洗后，在电缆卡子上涂上凡士林或润滑油防止腐蚀。

注意：在清洗蓄电池之前，要拧紧加液孔盖，防止苏打水进入蓄电池内部。

（2）保持加液孔盖上通气孔的畅通，定期疏通。

（3）定期检查并调整电解液液面高度，液面不足时，应补加蒸馏水。

（4）按照蓄电池的使用维护规定，按时用密度计或高率放电计检查蓄电池的放电程度，当冬季放电超过 25%、夏季放电超过 50%时，应对蓄电池进行补充充电。

（5）根据季节和地区的变化及时调整电解液的密度。冬季可加入适量的密度为 1.40 g/cm^3 的电解液，以调高电解液的密度（一般比夏季高 0.02 ~ 0.04 g/cm^3 为宜）。

（6）冬季向蓄电池内补加蒸馏水时，必须在蓄电池充电前进行，以免水和电解液混合不均而引起结冰。

（7）冬季蓄电池应经常保持在充足电的状态，以防电解液密度降低而结冰，引起外壳破裂、极板弯曲和活性物质脱落等故障。

7.5.2　蓄电池的延寿保养

影响蓄电池使用寿命的外都原因主要是浮充运行状态和放电深度，另一个原因就是环境温度。内部原因主要是电池组中个别单体电池的容量、内阻不同且相互作用，影响到整组电池的使用。

1. 保持蓄电池处于良好的浮充状态

决定电池寿命的要素有 3 个：第一是产品质量；第二是维护的情况；第三是电池是否处于良好的浮充运行状态。

浮充运行是指整流器与蓄电池并联供电给负载，如图 7-11 所示。当交流电正常供应时，负载电流由交流电经整流后直接供电给负载，蓄电池处于微电流充电状态（补充其自放电所耗电能）；当交流电停供时才由蓄电池单独供电给负载，故蓄电池经常处于充足状态，大大缩短了充放电循环周期，延长了电池寿命。

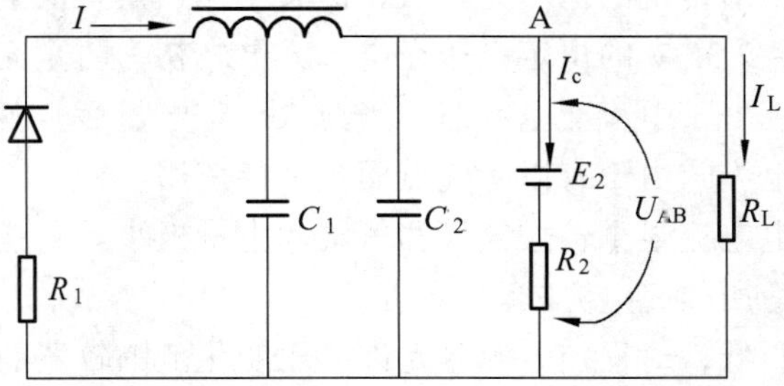

图 7-11　浮充电原理图

2. 蓄电池的静止电动势

将蓄电池的正、负极板浸入电解液中，正、负极板与电解液相互作用，在正、负极板间就会产生约 2.1 V 的静止电动势。蓄电池的静止电动势

$$E_j = 0.85 + \rho_{25} \tag{7-11}$$

式中　E_j——静止电动势，即开路电压（V）；

ρ_{25}——基准温度（25 °C）时，电解液的相对密度（g/cm^3）。

因为蓄电池工作时，电解液密度总是在 1.12 ~ 1.30 g/cm^3 之间变化，所以每个单格电池的电动势也相应地在 1.97 ~ 2.15 V 之间变化。

3. 关于浮充电压的选择

蓄电池浮充电压的选择是电池维护好坏的关键。如果选择得太高，会使浮充电流太大，不仅增加能耗，对于密封电池来说，还会因剧烈分解出氢氧气体而使电池爆炸。如果选择太低，则会使电池经常充电不足而导致电池加速报废。

图 7-12 中，U_{AB} 是蓄电池的浮充电压，由整流器稳压方式提供(稳压精度必须达到 ± 1%)。I_C 为蓄电池充电电流，主要是补充蓄电池的自放电。由于蓄电池处于浮充（充足）状态，E_2 和 R_2 基本不变。对于开口型电池，因电解液由各使用单位自行配制，故充电开始 I_C 有所差异。对阀控式密封铅酸蓄电池，I_C 出厂时已成为定值，为此：

$$I_c = \frac{U_{AB} - E_2}{V_2} = \frac{Q \times \sigma\%}{24} \tag{7-12}$$

式中，Q 为蓄电池组的额定容量；$\sigma\%$ 为电池一昼夜自放电占额定容量的百分比，则：

$$U_{AB} = E_2 + I_c \times R_2 = E_2 + \frac{Q \times \sigma\%}{24} R_2 \tag{7-13}$$

由此可见，浮充电压应按电池的容量、质量（自放电的多少）而定，特别是阀控式密封铅酸蓄电池，因其自放电很小，可降低浮充电压。

对于阀控式密封铅酸蓄电池，因电解液、隔离板均由厂家出厂时密封为定值，故应增加个自放电的指标。

4. 低电压恒压充电（均衡充电）技术

所谓低压恒压充电，即传统的恒压充电法，但其不同点是，低电压恒压充电一般采用蓄电池平均端电压为 2.25 ~ 2.35 V 的恒定电压充电。充电之初为防止充电电流过大，充电整流器应具有限流特性，故仍处于恒流充电状态；当充入一定电量后，蓄电池电势升高，充电电流才逐渐减小。这种充电方式由于有以下优点而被推广使用。

（1）充电末期的充电电流很小，故氢气和氧气产生量极小。它能改善劳动条件、降低机房要求，是全密闭电池适用的充电方式。

（2）充电末期的电压低，对程控电源等允许电压变化范围较宽的用电设备，可在不脱离负载的情况下进行正常充电，以简化操作，提高可靠性。

（3）整流器的输出电压最大值较小，可减小整流器中变压器的设计容量。

5. 放电深度的控制

电池的充放电次数是无法控制的，但放电深度可以控制。长时间停电的基站一般在放出实际容量的 50%之前就会有工程维护人员给基站提供电源，避免电池由于深度放电而减少寿命。

6. 环境温度的控制

应注意的是，在浮充运行中，阀控电池的浮充电压与温度有密切的关系，浮充电压应根据环境温度的高低作适当修正。不同温度下，阀控电池的浮充端电压可通过下式来确定：

$$U_t = 2.27\ \text{V} - (t - 25^\circ\text{C}) \times 3\ \text{mV}/^\circ\text{C} \qquad (7\text{-}14)$$

从式（7-14）可以看出，当温度低于 25 °C 太多时，若阀控电池的浮充仍设定为 2.27 V/°C，势必使阀控电池充电不足。同样，温度高于 25 °C 太多时，若阀控电池的浮充电压仍设定为 2.27 V/ °C，势必使阀控电池过充电。

在浅度放电的情况下，阀控电池在 2.27 V/°C（25 °C）下运行一段时间是能够补充足其能量的。

在深度放电的情况下，阀控电池充电电压可设定为 2.35 ~ 2.40 V/°C（25 °C），限流点设定为 0.1Q，经过一定时间（放电后的电池充足电所需的时间依赖于放出的电量、放电电流等因素）的补充容量后，再转入正常的浮充运行。

通常情况下，在市电正常供电时，电池房一般都有空调，温度控制在 25 °C 左右，但是停电后没有空调，电池还要放电升温，机房的温度急速上升，这是造成电池容量不足或老化的一个重要原因（电池在 25 °C 的基础上每升高 10 °C，使用寿命减少一半），尤其是大负载配小电池的站点。

实际案例：有一个机房配有 48 V/300 A · h 电池两组，实际负载是 48 V/98 A，上半年测试两组电池的实际容量为标称容量的 90%以上，经过几次停电后，下半年测试，两组电池一组的容量是原标称容量的 30%，另一组是 40%。其主要的原因是该机房是一个楼顶轻质机房，是用彩钢板搭建的，机房内部空间比较小，据测量，该机房夏天停电 1 h，温度可以上升 10 °C 以上，这对电池是非常不利的。

解决方法：一是电池扩容到 500 A · h 两组，减小电池的放电深度；二是像这种负载较大的基站尽量缩短发电抢修时间，最好不使用轻质房这种夏季容易吸热，不宜散热的轻质彩钢板机房，建议采用空间较大的砖瓦房，这样便于散热，达到延长电池使用寿命的目的。

7. 更换较差电池原则

在电池组的测试中会发现个别单体电池容量不足或内阻偏大，如果继续使用，会造成有些电池浮充偏高，有些则偏低，有些电池一充就满，而有些电池充电不足，结果造成其他实际容量较大的电池容量也变小，所以必须更换这些故障电池。这里可用更换较差电池的原则，有几个方案可供选择：相同年限电池较多的，同年份、同规格型号、同厂家的电池，在通过电池数据分析后，把电池实际容量较高的整合在一起，较差的整合在一起；不同基站分别对待，负载容量较大的基站配实际容量大的电池组，负载小的配实际容量小的电池组，延长后备供电时间。通过长期的容量测试，从大量的数据中得到这样一个结论：一只故障电池在标准放电量的情况下，从 1.8 V 下降到 1.0 V 只要 10 min 左右，一组电池只要有 4、5 只这样的电池，电池组电压可以下降 3 ~ 4 V，其他电池再好，但总电压已下降到负载设备不能工作的电压值。

实际案例：有一个基站在没有调整时电池维持供电时间是 4 h，调整后可以维持 7 h。在相同规格电池少的情况下，可以采用同站两组内部调整，较好的组合成一组，其他的组合成另一组。

实际案例：有一个基站在没有调整时电池维持供电时间是 2 h，调整后可以维持 4 h。

8. 加液修复

这里介绍两种加液修复方式：一种是把原电池内部液体全部清除，然后重新加液；另一种是通过加适量的配方液体，用以溶解电池内部的沉淀物，达到恢复电池容量的效果。但是，这两种修复方法要求电池极板没有严重损坏，电池实际容量需在额定容量10%以上。

1）方法一

把容量不足的电池在底壳上开个小孔，让原电池的电解液流出，然后补好小孔，重新加电解液，充电。这种方法相对较好，但有几个缺点：一是要破壳，电池的密封性能要比原电池差许多；二是要回收原电解液，难度较大，需要专业的厂家在特定的厂房才能做，原电解液需要做回收处理，否则危害较大。这种方法实际操作难度较大，也费事费力，成本较高。

2）方法二

先对电池进行放电处理，至少放掉容量的10%以上，然后把电池的气阀打开，加入适当的配方液体，在气阀开口的情况下进行高压恒流充电，目的是通过充电的化学反应消除沉淀物。这种方法相对于第一种方法实际操作性较强，比较容易实施，成本较低，但效果相对要差一点。在实际的工程应用中，用这种方法可以对6组48 V/400 A·h电池进行修复试验。

下面是几个实际案例。

第一批是使用了6年的两组不同容量的电池，通过放电测试，抽出实际容量在额定容量的25%左右的单体电池组合成一组，采用此种修复方式后，电池整体容量恢复到额定容量的60%，抽出的第二组（实际容量为40%的）恢复到了90%。

第二批是使用了7年的两组电池，原实际容量约为额定容量的20%左右，通过放电测试，共去掉了5只容量特别差的电池，补上5只实际容量25%以上相同型号的电池，充电激活，再放电测试，把48只电池按照容量大小重新组合成两组，在后期测试中，一组恢复到额定容量的60%，一组恢复到90%。

第三批是使用了7年的两组电池，原实际容量约为额定容量的30%左右，通过加液修复，两组均恢复到额定容量的60%。

这2种修复模式在实际工程应用中都可以采用，其优点显而易见，但是要产生较好的效益，需要在修复后进行分组，这就需要大批量的同规格型号、同年份的电池做修复才比较可行。另外，由于这种方式补充加入了一些液体，对那些因失水而容量不足的电池效果可能更好些。

3. 影响电池寿命的其他因素及对策

影响电池寿命的主要因素除了温度、配备电池容量偏小这两个因素之外，还有两点要注意：

（1）放电后得不到及时的充电，造成电池内部产生大量结晶物沉淀，在后期的充电中无法清除，所以电池放电后需及时得到充电，一般不能超过24 h。

（2）尽量避免电池的大电流充电和小电流长时间放电。大电流充电会造成电池内部充电反应剧烈，大量气体产生，压力过大而喷出，同时可能带出一部分电解液，造成电池的失水和腐蚀接线端子。小电流长时间放电会造成和第一种情形一样的结晶沉淀物产生，后期很难清除。

7.5.3　蓄电池的常见故障

1. 极板硫化

1）故障特征

（1）极板硫化是指极板上生成一层白色粗晶粒的 $PbSO_4$，在正常充电时不能转化为 PbO_2 和 Pb 的现象。

（2）硫化的电池放电时，电压急剧降低，过早降至终止电压，电池容量减小。蓄电池充电时单格电压上升过快，电解液温度迅速升高，但密度增加缓慢，过早产生气泡，甚至一充电就有气泡。

2）故障原因

（1）蓄电池长期充电不足或放电后没有及时充电，导致极板上的 $PbSO_4$ 有一部分溶解于电解液中，环境温度越高，溶解度越大。当环境温度降低时，溶解度减小，溶解的 $PbSO_4$ 就会重新析出，在极板上再次结晶，形成硫化。

（2）电解液液面过低，使极板上部与空气接触而被氧化，在移动过程中，电解液上下波动与极板的氧化部分接触，会生成大晶粒 $PbsO_4$ 硬化层，使极板上部硫化。

（3）长期过量放电或小电流深度放电，使极板深处活性物质的孔隙内生成 $PbSO_4$。

（4）新蓄电池初充电不彻底，活性物质未得到充分还原。

（5）电解液密度过高，成分不纯，外部气温变化剧烈。

3）排除方法

轻度硫化的蓄电池，可用小电流长时间充电的方法予以排除；硫化较严重者，应采用去硫化充电方法消除硫化；硫化特别严重的蓄电池应报废。

2. 活性物质脱落

1）故障特征

活性物质脱落通常是指正极板上的活性物质 PbO_2 的脱落，其故障特征是：蓄电池容量减小，充电时从加液孔中可看到右褐色物质，电解液浑浊。

2）故障原因

（1）蓄电池充电电流过大，电解液温度过高，使活性物质膨胀、松软而易于脱落。

（2）蓄电池经常过充电，极板孔隙中逸出大量气体，在极板孔隙中造成压力，而使活性物质脱落。

（3）经常低温大电流放电使极板弯曲变形，导致活性物质脱落。

（4）通信车辆行驶中的颠簸震动。

3）排除方法

对于活性物质脱落的铅蓄电池，若沉积物较少，可清除后继续使用；若沉积物较多，则应更换新极板和电解液。

3. 极板栅架腐蚀

1）故障特征

极板栅架腐蚀主要是正极板栅架腐蚀，极板呈腐烂状态，活性物质以块状堆积在隔板之间，蓄电池输出容量降低。

2）故障原因

（1）蓄电池经常过充电，正极板处产生的 O_2 使栅架氧化。
（2）电解液密度、温度过高，充电时间过长，会加速极板腐蚀。
（3）电解液不纯。

3）排除方法

（1）腐蚀较轻的蓄电池，电解液中如果有杂质，应倒出电解液，并反复用蒸馏水清洗，然后加入新的电解液，充电后即可使用。
（2）腐蚀较严重的蓄电池，如果是电解液密度过高，可将其调整到规定值，在不充电的情况下继续使用。
（3）腐蚀严重的蓄电池，如栅架断裂、活性物质成块脱落等，则需更换极板。

4. 极板短路

1）故障特征

蓄电池正、负极板直接接触或被其他导电物质搭接称为极板短路。极板短路的蓄电池充电时充电电压很低或为零，电解液温度迅速升高，密度上升很慢，充电末期气泡很少。

2）故障原因

（1）隔板破损使正、负极板直接接触。
（2）活性物质大量脱落，沉积后将正、负极板连通。
（3）极板组弯曲。
（4）导电物体落入池内。

3）排除方法

（1）出现极板短路时，必须将蓄电池拆开检查。
（2）更换破损的隔板，消除沉积的活性物质，校正或更换弯曲的极板组等。

5. 自放电

1）故障特征

蓄电池在无负载的状态下，电量自动消失的现象称为自放电。如果充足电的蓄电池在 30 天之内每昼夜容量降低超过 2%，称为故障性自放电。

2）故障原因

（1）电解液不纯，杂质与极板之间，以及沉附于极板上的不同杂质之间形成电位差，通过电解液产生局部放电。

（2）蓄电池长期存放，硫酸下沉，使极板上、下部产生电位差引起自放电。

（3）蓄电池溢出的电解液堆积在电池盖的表面，使正、负极柱形成通路。

（4）极板活性物质脱落，下部沉积物过多使极板短路。

3）排除方法

自放电较轻的蓄电池，可将其正常放完电后，倒出电解液，用蒸馏水反复清洗干净，再加入新电解液，充足电后即可使用。自放电较为严重时，应将电池完全放电，倒出电解液，取出极板组，抽出隔板，用蒸馏水冲洗之后重新组装，加入新的电解液重新充电后才能使用。

6. 单格电池极性颠倒

1）故障特征

单格电池极性颠倒是指单格电池原来的正极板变成负极板，负极板变成正极板。此时，蓄电池电压迅速下降，不能继续使用。

2）故障原因

没有及时发现有故障的单格电池（如极板短路、活性物质脱落等），当蓄电池放电时，该单格电池由于容量小，首先放电至零，再继续放电时，其他单格电池的放电电流对它进行充电，使其极性颠倒。

3）排除方法

对极性颠倒的单格电池应更换新极板。

7. 蓄电池的更换

1）更换判据

如果蓄电池电压在放出其额定容量 80%（对照相应放电率的容量如 G_{10}、C_3 等参数）之前已低于 1.8 V/单格（1 h 率放电为 1.75 V/单格），则应考虑加以更换。

2）更换时间

蓄电池属于消耗品，有一定的寿命周期。综合考虑使用条件、环境温度等因素的影响，在到达蓄电池设计使用寿命之前，用新电池予以更换，充分保证电源系统安全、正常运行。

7.5.4　蓄电池的技术状态检测

1. 外部检查

（1）检查蓄电池封胶有无开裂和损坏，极桩有无破损，壳体有无泄露，否则应修理或者更换。

（2）疏通加液孔盖的通气孔。

（3）清洁蓄电池外壳，并用钢丝刷或极柱接头清洗器清洁极桩和电缆卡子上的氧化物，清洁后涂抹一层凡士林或润滑脂。

2. 检测蓄电池电解液液面高度

1）玻璃管测量法

测量时可以采用内径为 3 ~ 5 mm 的玻璃管，液面高度标准值为 10 ~ 15 mm，如图 7-12 所示。

2）观察液面高度指示线法

观察液面高度指示线法如图 7-13 所示，正常液面高度应介于两线之间，液面过低时，应加入蒸馏水补充，

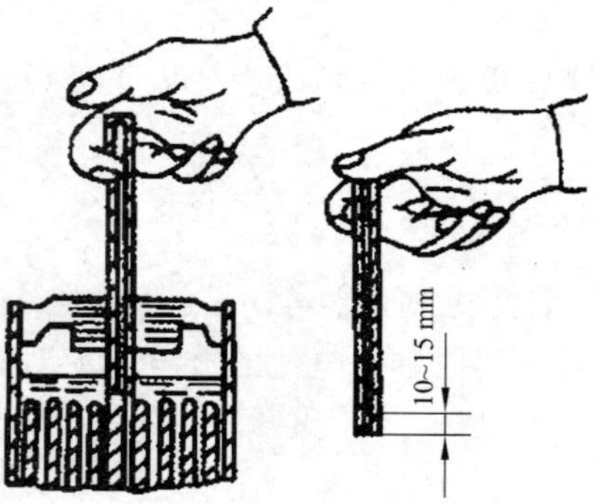

图 7-12　玻璃管测量法

图 7-13　观察液面高度指示线法

3. 检测蓄电池电解液密度

电解液密度的大小，是判断蓄电池容量的重要标志。测量蓄电池电解液密度时，蓄电池应处于稳定状态。蓄电池充、放电或加注蒸馏水后，应静置半小时后再测量。

1）用吸式密度计测量电解液密度

测得的密度值应用标准温度（25 °C）予以校正（同时测量电解液温度），不同温度条件下电解液密度有不同的修正值。

通过对各单格电池电解液密度的测量，可以确定蓄电池是否失效。如果单格电池之间的密度相差 0.05 g/cm³，则该电池失效。

2）放电程度的判断

电解液密度与放电程度的关系是：密度每下降 0.01 g/cm³，相当于蓄电池放电 6%。当判定蓄电池在夏季放电超过 50%，冬季放电超过 25%时，不宜再继续使用，应及时进行补充充电，否则会使蓄电池早期损坏。

4. 蓄电池开路电压的测量

测量蓄电池开路电压时，蓄电池应处于稳定状态，蓄电池充、放电或加注蒸馏水后，应

静置半小时再测量。蓄电池开路电压可用万用表的电压档测量，将万用表的正、负表笔分别与蓄电池的正、负极连接即可。蓄电池端电压可以反映蓄电池的存电程度，它们之间的关系如表 7-1 所示。

表 7-1　蓄电池端电压和存电程度的关系

存电状态/%	100	75	50	25	0
蓄电池端电压/V	12.6 以上	12.4	12.2	12	11.9 以下

5. 负荷试验检测

负荷试验要求被测蓄电池至少存电 75%以上，若电解液密度低于 1.22 g/cm³，用万用表测得静止电动势不到 12.4 V，则应先充足电，再做测试。

1）使用高率放电计检测

高率放电计是用来检测蓄电池容量的仪表。它由一只电压表和一负载电阻组成。由于在检测时，蓄电池对负载电阻的放电电流可达 100 A 以上，能比较准确地判定蓄电池的容量和基本性能，是目前普遍使用的检测仪表。以 12 V 蓄电池为例，使用方法如下：

将高率放电计的正、负放电针分别压在蓄电池的正、负极柱上，保持 15 s，若电压保持在 3.6 V 以上，则说明性能良好；若稳定在 11.6 ~ 10.6 V，则说明存电充足；若电压迅速下降，则说明蓄电池已经损坏。

但是，这种测量不能连续进行，必须间隔 1 min 后才可以再次检测，以防止蓄电池损坏。

2）随车启动测试

在启动系统正常的情况下，以启动机作为试验负荷。拔下分电器中央高压线并搭铁，将万用表置于电压档，红、黑表笔分别接在蓄电池正、负极柱上，接通启动机 15 s，读取电压表读数，对于 12 V 蓄电池，应不低于 3.6 V。

7.5.5　蓄电池组落后单节的检测

电信基站发生“掉站”事故，通常有几方面的原因，为了减少这类事故发生，通信部门采取过许多对策，但收效不大。在造成“掉站”事故的诸多因素中，电池组中单节容量不均衡性是主要原因。而有效检测技术的采用，可大幅度减少“掉站”事故，提升设备的运行质量。

1. 基站蓄电池供电的容量分配关系

蓄电池组不能正常供电时，通常是由于电池组中有落后单节造成的。按照现行电池容量下限是 80%的标准，基站蓄电池的供电容量用于通信使用的只有 40% ~ 50%，交流电停电后，当蓄电池保有容量在 80% ~ 90%时，蓄电池组的端电压迅速降低到标称电压，48 V 有效供电电压只有 2 V，其关系如图 7-14 所示。从图 7-14 中可见，有效供电电压只有一个电池的标称电压 2 V，如果电池组中有一个失效单节电池，就会很快造成“掉站”。在实际容量复原工作中，通信部门下线的电池通常一组电池只有 1 或 2 个失效电池。如果不能及时检测出落后单节，为保障通信电源的可靠性，就要整组更换蓄电池，这不但增大了电池维护的工作量，而且会造成大量电池的误报废。

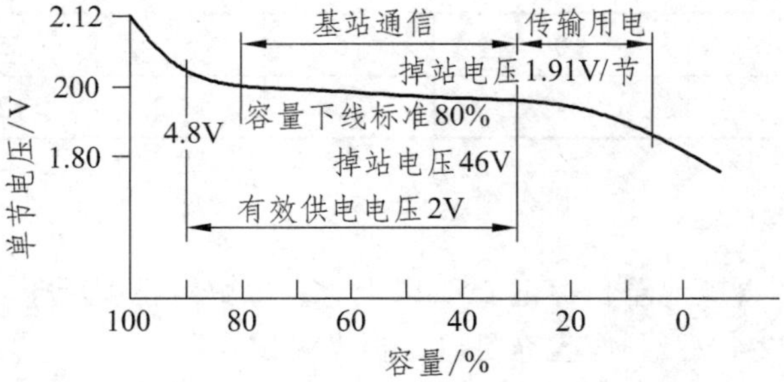

图 7-14　基站蓄电池供电容

2. 蓄电池保有容量的检测方法

在实际维护工作中，如何查找失效单节，在电池失效前就发现故障电池，对保障设备安全运行和降低生产成本有重要的意义。现在使用的方法有：

1）恒流放电检测法

这种方法检测精度高，但由于作业时间长，检测的工艺性差，难以在基站电池运行状态的巡检和普查中使用。

2）电导式内阻法

电导式内阻法检测仪由于没有电池容量合格值标准，操作者不能依据检测值对失效电池定位。这类检测仪检测电池时不对电池放电，没有电流流经电池极板，所以仪表显示值是蓄电池的静态内阻而不是动态内阻。电池的失效都是因动态内阻增大造成的，用静态内阻不能表达动态内阻的技术内涵。市面上流行的电池电导类检测仪，由于检测数据没有采集供电电流参数，导致检测数据的散差较大，可信度较低。即使用电导仪检测得出的西门子数值，仪表销售商也不能提供仪表显示的数据与容量的对应关系，现行密封电池维护规程和标准中也没有用西门子表达的安全限界门槛值。因此，在操作者手中，电导仪实际是一把没有刻度的尺子，维护操作中的使用者难以用测量值决定电池的取舍。

3）负载电压法

负载电压法是一种非常实用的无损检测方法。利用负载电压法制作的使用保有容量检测仪可以在线、便捷、快速、定量、无损地检测每个电池的实际供电能力，所以可定期检测电池的动态实际容量。用检测得到的数据控制蓄电池的运行质量，可把蓄电池事故消灭在萌芽状态中，保障设备的安全运行。

检测仪的原理是对被检测电池施加一个大功率的恒定电流负载，在特定的时间，锁定电流值和对应的电压值，测量过程由计算机控制。对一个确定规格型号的蓄电池，在不同的保有容量条件下，检测仪锁定的电压值是相对确定的，这种对应关系如图 7-15 所示。由于这种检测仪可以测量蓄电池的保有容量，所以称为保有容量检测仪，简称 CB 仪。检测仪在检测管式极板的固定电池时，由于电池内部特性差异较小，检测精度可控制在 8%。检测涂膏式极板的密封电池，由于电池内部的差异较大，测量偏差较大，最大偏差可以控制在 20%以内。造成检测值偏差的主要原因，并不是检测仪本身的数字处理过程，而是电池内部物理结构和电化学结构的差异。但是这种检测精度，对维护蓄电池组容量均衡性已经有效了。检测电池时把检测仪的测试脚压接在电池上，按动“测量”按钮，计算机控制电池以恒定电流放电，几秒钟后放电终止，就能把电流值和电压值同时锁定在面板上。如果电流值不能稳定在 200 A，那么检测锁定的电压值就无效。锁定的有效电压值大于安全标准的门槛值，蓄电池就处于正常状态；小于门槛电压值的蓄电池，就是落后单节。

检测 2 V 单体电池的保有容量测试仪的外观如图 7-16 所示。

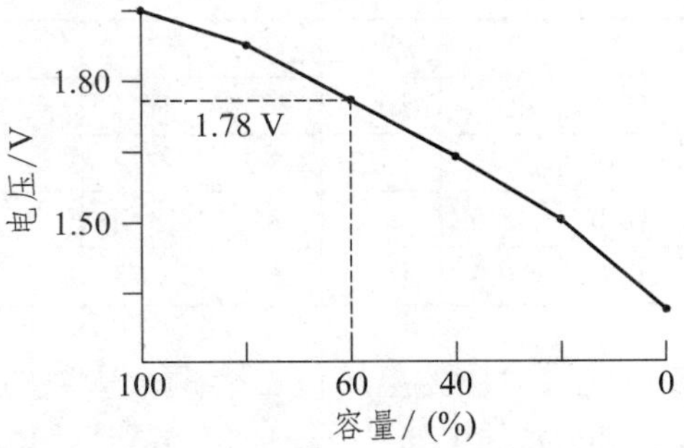

图 7-15　某电池的 CB 检测值与对应电压的关系

图 7-16　2 V 电池保有容量测试仪

这种检测仪的监测数据偏差都是负偏差。这是由于测量时有几百安电流流过测量引脚，接触电阻波动会产生干扰。但是检测仪锁定的电压检测数据总是小于真值，不会发生把失效电池判断为良好电池的错误，保障了维护工作结果的可靠性。这种偏差符合“事故倒向安全”的原则。

（1）几种典型 2 V 电池的单独检测数据。

用 CB 检测仪检测电池时，需要对被测蓄电池做一次标定，以确定检测的对应关系，表 7-2 所示的数据就是检测某厂家 1000 A · h，500 A · h 和 150 A · h 单体电池的标定数据。这 3 种规格涵盖了通信电源使用的大部分电池规格，供用户参考。用户也可自己做标定，以减小测量误差。

表 7-2　CB 检测仪对 3 种电池的标定数据

CB/%	100	90	80	70	60	50	40	30	20	10	0
U1000/V	1.88	1.87	1.85	L 83	1.82	1.80	1.78	1.75	1.73	1.70	1.60
U500/V	1.84	1.83	1.82	1.80	1.78	1.75	1.74	1.72	1.70	1.65	156
U150/V	1.61	1.59	1.57	1.55	1.53	1.51	1.50	1.48	1.41	1.33	1.20

通常用这种检测仪控制蓄电池组的容量均衡性。操作者只需记住安全的门槛值，把低于安全标准的电池下线，用合格备品替换即可。表 7-2 中 60%的数据是多数单位可以接受的门槛值。中心机房使用的 1500 A · h 和 3000 A · h 的电池实际结构是由 4 个独立的单体电池组合在一个外壳里，通过串并联组成 12 V 单元。对这两种电池的检测，需要断开电池组的并联

线，否则不能检测到落后单体电池的准确位置。检测基站一组 24 个电池，需要检测 15 min。

（2）对 12V 电池的检测。

12 V 电池多用于 UPS 电源，一些直放站和基站也使用 12 V 连体电池。连体电池检测仪的检测原理和过程与 2 V 检测仪大体相同。只不过由于 12 V 电池的极柱间距变化较大，它的负载用软线压接在极柱上，电压信号通过快速接头送入检测仪。

这种检测仪可以在线逐个连续测量电池组中的每一个电池。所以对比检测到的数据，就可方便地定位失效电池。

3 种常用的电池负载电压与 CB 值的对应值如表 7-3 所示，通信 UPS 电源中使用的连体电池负载性能与同规格的电池没有大的差异。

表 7-3　某厂 3 种规格的电池检测对应表

电池型号	CB 值										
	100%	90%	80%	70%	60%	50%	40%	30%	20%	10%	0%
6Q60	10.4	10.2	10.1	3.9	3.74	3.58	3.25	8.95	8.5	7.7	5.7
6Q100	10.6	10.4	10.35	10.25	10.15	10.0	3.75	3.5	3.1	8.5	6.4
6Q200	11.0	10.9	10.8	10.65	10.58	10.45	10.3	10.1	3.9	3.65	3.2

这类检测仪由于同时锁定负载电流值 I 和与该电流值对应的电压值 U，两个参数的乘积就是电池的输出功率。根据开路电压 U_1 和锁定的电压值 U_2 的电压差、电流值 I 可计算电池的内阻 R：

$$R=(U_1-U_2)/I \tag{7-15}$$

这个内阻值与电导仪测出的内阻值技术内涵完全不同。电导仪测量值是在不放电的条件下测得的蓄电池静态内阻，与电池的放电能力无关，通常用 Ω的倒数表示，其检测数据的主要构成是极板间电解液的电导阻值。用 CB 检测仪测量的内阻是电池的动态内阻，实际是纯物理量的静态内阻和放电时的电化学极化内阻两个量的叠加，这个数值直接与放电能力相关。电池的失效都是因为动态内阻增大，使电池放电时电压在内阻上下降较多，造成电池的端电压下降造成的。因此，依据负载电压制作的检测仪得到的数据可信度较高。这种检测方法已在铁路机车蓄电池可靠性检测中使用多年，有效地保障了机车电池的可靠性。

在电池的维护工作中用 2 V 电池 CB 检测仪对河南某通信公司的 240 个基站电池做了检测。该公司的南京分部曾用进口电导仪检测过一批 300 多只 UPS 电源 12 V 100 A・h 电池，由于不能分辨其中的失效单节，只能整组下线待报废。用连体电池检测仪对这批下线的电池检测，真正失效的电池只有 12%。

电池的运行质量是个动态的过程。电池组中的单节容量均衡性，总是从均衡向不均衡发展，只要不危及安全运行，就不必处理，但是掌握变化动态的检测是必需的。维护的责任就是把不均衡性控制在不发生事故的程度，在发生事故前就能及时排除潜在故障。发现和诊断电池组容量的不均衡性，是维护的核心技术。

在基站使用的蓄电池，许多容量低下的原因并不在电池，而是控制柜的计算机控制系统偏差超限造成的。这种 CB 检测方法对容量的检测还达不到恒流放电法的检测精度，但兼顾了精度、效率和便携这三方面的要求，所以是个实用的维修工具。用这种检测仪检测蓄电池，可准确定位故障电池，查找真正的故障原因，可以避免蓄电池的误报废。这种检测方法是现在流行的几种检测手段中工作效率和可信度较高的一种。

7.6　铅蓄电池在通信工程中的应用

7.6.1　通信基站蓄电池的安装

1. 蓄电池安装的地点选择

电池工作和存放的地点应该清洁、通风、干燥，严禁有火花、火焰等引燃物，并配备有灭火器，电池安装地点应远离热源和易产生火花的地方，避免阳光直射，周围无有机溶剂和腐蚀性气体。同时，也应避免空调或通风系统的通风口直接影响电池单体温度，造成电池电压不均匀。

2. 蓄电池安装的温度要求

电池系统的工作环境温度一般要求为 15 ~ 30 °C。由于电池在 25 °C 的温度下运行性能最佳，因此需安装空调，以保证电池具有更优良的性能及更长的服务周期。

3. 蓄电池安装空间的要求

应保证有足够的空间来安装电池。由于电池安装方式有很多种，单体有竖放、横放，整组有单层、双层及多层安装，因此不能明确规定如何安装是最恰当的，但要掌握几个原则：

（1）便于每个单体电池电压的检测。

（2）便于每个单体电池的更换。

（3）便于观察每个单体电池外表情况（是否可以看到表面的溢酸、极柱和连接条的腐蚀）。

（4）单体电池之间要留有一定的空隙，便于电池的散热。

4. 蓄电池安装楼面的承载能力

由于阀控密封式铅酸蓄电池的主要原料是铅，大家都知道铅的比重在常用金属里是最大的，所以蓄电池体积小，重量大，安装时要综合考虑空间大小、地面和楼面的承载能力，一般在楼面建议采用单层平铺，增大接触面积，减少单位面积的压力，严格按照国家和厂家所提供的关于楼面安装负载能力要求执行。

7.6.2　移动通信基站蓄电池的维护

1. 维护规则

浮充电压在环境温度 25 °C 情况下的正常的浮充电压为 2.23 ~ 2.25 V/单体。温度补偿系

数为 – 3.5 mV/°C，当电池浮充运行时，蓄电池单体电压不应低于 2.18 V，如单体电压低于 2.18 V，则需要进行均衡充电。

均衡充电（即均充）：一般采用恒压限流进行充电，充电电压为 2.35 V/单体（环境温度 25 °C）。温度补偿系数为 – 5 mV/°C。均充频率一般为 2 月一次。

阀控密封式铅酸蓄电池遇有下列情况时需按均充制度进行均衡充电。

（1）单体电池浮充电压低于 2.18 V。

（2）电池放出 5%以上的额定容量。

（3）搁置不用超过 3 个月以上。

（4）全浮充运行 2 个月以上。

注意：同控电池被搁置 10 个月以上，内部将严重硫酸铅化，会影响电池容量及寿命，甚至不能正常使用。

实际案例：在两组新电池投入使用不久，因为外电原因，18 个月没有浮充，结果后期充满电后，容量无法恢复。用智能负载测试后发现，个别电池实际容量只有额定容量的 10%，其他电池不足额定容量的 30%。

2. 日常维护

阀控密封式铅酸蓄电池不用加酸加水维护，但并不是不需要管理。为了保证电池使用良好，需要做一些必要的维护工作，需要检查的项目如下：

（1）单体和电池组的浮充电压测量（1 次/月）。单体低于 2.18 V 需均充，总电压低需检查各环节的接触电阻是否过大。

（2）电池外壳和极柱温度（主要是在电池放电时测量），一般温度升高很快说明该电池内部电阻过高。

实际案例：在 12 V 的 UPS 后备电池容量测试中，有个别电池的电池外壳温度比其他的电池高 10 倍，极柱的温度则更高，初步判断为内阻过高，后用内阻仪测试果然如此，同时容量也是严重不足。

（3）极柱、安全阀周围是否有渗液和酸雾溢出。一般是在充电时观察，从化学反应式来看，电池在充电时会产生氧气和氢气。如果充电电流过大，反应比较剧烈，产生的氧气和氢气来不及复合，达到一定的压力就会从气阀中冲出来，同时可能带出部分酸液。由于水和酸液的损失，影响了电池的容量，需要后期的容量测试跟进，使用后电池容量肯定会减少，只是程度不同而已。

实际案例：有一个基站电池运作了 2 年左右，多次出现漏液现象，后经过容量测试后，发现有 10%的电池容量不足额定容量的 80%。

（4）电池盖有无变形和渗液（1 次/月）。这种现象发生在充电电流过大时，反应比较剧烈产生的气体来不及复合，达到一定的压力，由于气阀没有及时打开，电池壳变形，甚至把电池壳冲破。

实际案例：一个基站有两组电池，其中 3 个电池由于气阀气压过大，顶壳被冲破。另外几个电池壳体变形的原因是极板的生长，极板在长时间使用后硫酸铅化，极板增大，使外壳鼓起来，也可以说明该电池容量已经不足。

实际案例：在 12 V 的 UPS 后备电池容量测试中发现那些极板鼓起的电池都有不同程度的容量不足。

（5）连接处有无松动（新装电池半年内需全部拧紧 1 次，以后一般每年 1 次即可）。

实际案例：在电池维护过程中发现一些电池极柱松动，但主要是在新装电池上出现较多，而且都是比较严重的虚接，导致电池不能正常使用。

（6）两组同样的电池组充放电电流不同，单体压差大，除了电池本身的原因外，一般是连线与极柱接触不良所致。所以新装电池必须半年内就紧固 1 次，而经过二次紧固的电池后期一般不会出现严重的松动现象。

实际案例：在做新电池容量测试时发现，一组电池一放就空（单极柱连接的电池组），经检查发现有一只电池极柱没有拧紧，螺纹差了四圈。根据经验，一般老电池的极柱在长期使用中松紧程度不超过螺纹的一圈，基本不会造成电池间的压差。所以旧电池的紧固时间可以适当延长，以节省工作量。

此外，也要注意定期对开关电源的电池管理参数进行检查，保证电池参数符合要求。

3. 蓄电池容量测试

（1）蓄电池每年可以以实际负荷做一次核对性放电，放出额定容量的 30%～40%（10 h 率）。该方法是最简捷，最节约人力、物力的测试方案。有几种可操作的方法：

利用一些智能开关电源控制器自带的测试软件，可对电池进行核对性放电。它是设定一个比较低的浮充电压，电池电压比整流器高，负载转为电池供电，电源内部有电池容量计算公式，可以计算实际放出容量。如果电池电压下降较快，供电容量不多，则说明电池容量不足。另外一些开关电源不具有这些功能，可以手动降低浮充电压，相当于上面的放电方式的手动操作。

还有一种方法是把整流器关掉。但是这样操作风险较大，如果电池很差，电压急速下降会影响用电设备。而前面介绍的方法是不会出现这种情况的，因为它没有关闭整流器的输出，当电池电压急速下降到设定的电压时，会转为由整流器供电。

在日常的工作中有一个便捷的处理方法。通常，一些无人基站每年都会因各种原因导致停电，停电时间长的需要发电抢修，这时可以让发电抢修人员带好万用表和记录表格，在电池电压不是很低的情况下快速测量单体电池电压和总电压、负载电流，查看停电记录，得到一份电池的容量测试记录。这是花时间最少、最节约人力物力的方法，同时也能得到电池最新的容量情况。

（2）每 3 年做 1 次容量试验，放出额定容量的 80%（10 h 率）。

根据国家有关要求，蓄电池每 3 年做 1 次容量试验，放出额定容量的 80%（10 h 率），6 年以后每年做 1 次容量试验（蓄电池容量满足额定容量的 80%表示电池合格，可以正常使用）。现在一般用智能负载测量，自动记录贮存放电数据，自动结束放电，后期通过软件对数据进行分析。一般基站最安全的测试方式是第一天测量一组电池，第二天测量第二组电池。理论测试时间是每次 8 h（10 h 率）。这里有一个利用智能负载放电的实际操作方法：一天两组（因为一般基站只配备两组蓄电池），白天放一组，晚上放一组；测试时间也由原 8 h 改为 7 h。这样做有两个原因：一是放电的效率提高了很多，基站来回的次数少了一次，节约了成本，电池虽少放 1 h，但通过长期的测试比较，一般电池放 7 h 后做数据分析完全可以得出满足额定容量 80%的结论；二是电池放电深度越深，电池容量越不易恢复，所以少放 1 h 对蓄电池本身也比较有利。

4. 预防性维护

局部开关电源蓄电池容量下降的早期发现对保证系统的安全运行相当重要，最好能对蓄电池的容量进行预测，实现预防性维护。

预测的主要方法还是对电池进行核对性放电试验，如果只靠平时的浮充电压检测，基本发现不了容量不足的电池。只有在电池充放电时，测量电池单体电压才能发现容量下降的问题，同时也可检测出电池接线的压降问题，从而进行预防性维护。

5. 在开关电源中对电池的运行参数设置

1）均充电压设置

正常的均充电压设置，一般单体均充电压的选择 2.35 V 就够了，如果再高会有气体产生，造成电池的失水。

实际案例：在蓄电池均充时，由于内阻不均，个别单体电池电压上升到 2.4 V 以上时，气阀里有气体喷出，而此时的电池充电电流却不大，其他充电电压在 2.35 V 以内的就没有气体溢出，所以过高电压时对电池充电是不可取的。

2）浮充电压设置

正常的浮充电压设置，单体浮充电压的选择为 2.23 ~ 2.25 V，除了厂家另有具体要求外，新电池选择单体 2.23 V 充电电压就可以了，而旧电池则可选用 2.25 V，原因是新电池内阻较小，连接端子接触面电阻较小，各电池单体电压也较均衡，所以一般电池单体电压都可到达 2.25 V 以上。而旧电池内阻相对较大，连接端子接触面电阻由于长时间的氧化腐蚀也相对较大，有部分压降，各电池单体电压不是很均衡，所以可以选用 2.25 V，这样设置后，一般电池单体电压都可到达 2.23 V 以上。

3）负载下电控制

关于负载下电控制问题，大容量负载二次下电，下电电压通常设置为 45 V，比一般的通信系统规范要求的 44.5 V 高了 0.5 V，这样设定的原因是：从长期的电池容量测试数据中得出，不管电池实际容量为多少，一旦电池放电到 45 V，电池实际剩余不足额定容量的 10%，电池组放电后期的电压下降就会非常快，留下的容量分给小负载的传输设备就大大减少了，为保证传输等重要设备长时间不掉电，所以适当调高下电电压。

实际案例：某基站电池容量配备相对较小，负载较大，由于下电电压设置在 44.5 V，到电池电压下降到 43.2 V 电池保护电压才维持了 9 min，所以应小幅提高电压。至于电池保护电压，设置在 43.2 V 一般来讲较为合理，因为如果总电压下降到这个值，电池已经全部放空，如果电压继续降低，传输设备就不能正常工作了。

7.6.3　移动通信基站直流负载电流与蓄电池容量配比

移动通信基站直流负载电流与蓄电池容量配比在不考虑特定地区的供电情况以 1∶10～1∶20 为最经济，这样配比主要有以下几个原因。

1. 供电局限定了检修时长

一般供电局每年都对线路进行停电检修，停电时间一般为 10～15 h。如果出现多处线路检修，应急发电不足的情况下部分基站也能避免因停电而停止运行。

2. 负载增加

有些工程中对负载进行扩容，一般对基站直流开关电源配备和扩容都做了考虑，留有足够的电源整流模块扩容余量，扩容电源整流模块也比较容易做到。而电池一旦安装完毕，要进行扩容就不宜，就算使用了大容量电池，原来的小容量电池一般不能并联使用，拆下后若不能再用（容量不够）就比较浪费。扩容电池的安装也要考虑到机房空间大小、承重等方方面面的问题，二次投入的人力、物力、财力比较大，所以首期配比应留有适当的余量。

3. 电池故障老化

基站的后备电池如果容量配比不足，在市电线路停电时由于发电抢修有一定的时间限制，不可能一停电就发电，等到基站由移动油机发电时电池已深度放电，长此以往，加速了电池老化。一旦电池组开始故障老化，很短时间内电池实际容量就可能大幅度下降，缩短电池使用年限。

此外，有些市电供电环境比较差的地方以及一些偏远的地方，经常停电限电，可以考虑适当将电池容量配大一点，一般需要配到 20 h 以上的后备时间。这样应急性较强，长时间停电也不必发电，节约了一些发电成本。

实际案例：有一个基站，虽然负载与电池的配比为 1∶10，但由于该站市电经常停电，该站离市区又远，停电后不能及时发电，结果三四年后，电池只维持供电 1 h 了。而且几年下来的发电费用，足可以买两组大容量电池。

7.6.4　局用阀控式铅酸蓄电池核对性放电及容量试验方法

1. 局用阀拉式铅酸蓄电池核对性放电

局用蓄电池核对性放电试验一般用负载放电即可，这样做的原因主要是核对性放电试验要求释放额定容量的 30%～40%，电压下降不大。另外，一般维护单位没有大容量假负载，如果自己用电热丝制作大功率假负载，散热又是个问题，安全性也得不到保证，更无法很好地控制放电电流和电压，所以建议采用实际负载放电。

2. 局用阀控式铅酸蓄电池容量试验

局用蓄电池的容量测试最好采用智能负载分组测试，这样比较安全，因为容量测试要求的放电深度比较深，电池组电压下降比较大。例如：在 10 h 率发电条件下的 48 V 电源系统，如果放出容量的 30%～40%，电池电压将降到 49 V 左右（实际容量是 100%的新电池），最低也在 48 V 以上（实际容量是 90%以上的旧电池）。而如果放电到 70%，同样的电池电压会下降到 47.5～46.3 V，如果不脱离系统用真负载放电，由于电池组母排到实际负载之间存在一定的线压降，可能会造成负载电压过低而不能工作，导致通信事故。而在电池容量不足的情况下，电池电压会在后期发电过程中急速下降。

如果没有智能负载，只能用真负载放电，也是可以操作的，但要承担比较大的风险，实际操作下来，须满足以下几个主要要求（48 V 电源系统）。

（1）容量测试自始至终都要注意测量实际负载的电压（需在负载侧测），保证负载侧电压始终在设备最低工作电压以上。

（2）系统不关机，只是降低整流输出电压，而且电池的放电电流一定不大于 10 h 放电率，若放电电流过大，电池下降太快，则电源系统有可能出现控制延时。

（3）测试放电绝不能超过 70%，电池组总电压最好设置在 47 V 以上。因为一般 48 V 的通信设备要求最低工作电压在 40～44 V 之间，留有一定的线压降余量。

（4）注意是否有最低工作电压在 44 V 以上的设备。

7.7　铅蓄电池的发展方向

铅蓄电池是将电能转化成化学能储存起来，在需要时再将化学能转化为电能的一种储能装置。在信息化社会中，高科技电子电源设备与人们的生活息息相关，后备直流电源的应用也越来越不间断广泛，作为后备直流电源重要组成部分的蓄电池，其质量的优劣对保证后备直流电源正常运行显得尤为重要。通信业的发展要求供电系统既合理又安全、稳定、可靠，因而促进了蓄电池的技术不断开拓、更新，制造工艺的提高又保证了电池的各项技术指标、性能的稳定可靠，延长了电池的使用寿命。

1. 新固化和化成技术

固化是 VRIA 电池生产的重要工序，对电池的初期容量、寿命都有较大影响。传统的固化工艺形成 $3PbO_2 \cdot PbO_2 \cdot H_2O$（3BS），若采用 800 °C 下高温和膏技术可得到 $4PbO_2 \cdot PbO_2$（4BS），4BS 制造的电池不仅容量高而且寿命长。化成过程中采用监控软件，可以提高化成工序的生产效率及产品质量。采用红丹可缩短固化与化成时间，使固化易于控制，提高初期容量和生产效率。

2. 板栅合金工艺技术的更新

传统的耐腐蚀板栅不但构造复杂，而且还易引起早期容量损失、正极膨胀、伸长和寿命短等问题，因为铅膏与耐蚀板栅结合困难。在板栅合金中添加适量的微量元素可大大提高板栅的性能。从长远看，板栅材料及工艺技术有 3 个方向。

（1）冷却合金，使得所有元素均匀混合，耐蚀性大大提高。

（2）轻型板栅，用铝、铜网做基材，表面涂敷铅；或采用玻璃纤维丝，表面热挤压包覆铅锡合金，成为铅丝，再编织成铅布作为板栅。

（3）网板栅（板栅可减薄），由于采用冷挤压成型，金属组织比重力浇铸的要细密得多，耐蚀性明显提高，增加了寿命，提高了生产效率。

3. 催化栓技术

铅酸蓄电池在通信行业中大部分在浮充状态下使用，正极电位很高，氧的析出严重，而催化栓放于密封电池内部的上端，补充了传统氧气再复合机理的负极作用，即正极析出的氧被直接复合，这部分氧不必到负极去复合，减轻了负极的去极化负担，同时负极排放量减小，水损失减少。

由于铅资源丰富、工艺逐步成熟、适用范围广、具有良好的可逆性，今后相当长一段时间内铅酸蓄电池仍将广泛使用于通信电源领域中。但是高能电池、燃料电池（绿色能源）和自动化、智能化技术，以及产品技术标准也在我国加大了研究的力度。

第 8 章　动力环境监控系统

8.1　通信电源的管理概述

电源是通信系统的重要组成部分。一个通信工程的电源系统通常由 5 部分组成：交流配电单元、整流模块、直流配电单元、蓄电池组、监控系统。这样组合的通信电源系统有着广泛的应用意义，它不仅适用于电力系统通信，也适用所有专网通信和公众网通信。

1. 通信电源的基本要求和特点

通信电源系统的基本要求是可靠性和稳定性，一般通信设备发生故障的影响面较小，是局部性的，但通信电源系统一旦发生故障，通信系统将全部中断。所以电源系统要有备份设备，电源设备要有备品备件，市电要有双路或多路输入，交流和直流互为备用。

我国对通信电源的要求是：防雷措施要求完善，设备允许的交流输入电压波动范围大，多重备用系统以防止电源系统发生电源完全中断故障。由于电网分布和利用市电的条件千差万别，许多地方的市电电压波动范围很大。特别是一些变电站、微波站、光通信站、模块等有时交流电压波动范围达 30%以上。为提高市电的可用度，要求电源设备具有更宽的工作电压范围，否则就要增加稳压装置。

2. 通信电源的管理原则

1）加强对电源设备的重视

电源设备与通信网中的其他设备（如交换、传输等设备）有较大的不同。本质上，电源设备是机电设备而非通信设备。正因为如此，在通信行业中，它得不到充分的重视，无论是在组织机构、人员、资金还是管理上，都不能得到相应的保证。然而，必须看到，通信电源作为整个通信电信网的能量保证，它的作用是整体性和全局性的。虽然它不是通信网主流设备，但它却是通信网中最重要、最关键的设备。

2）加强电源管理上的专业化

通信电源要求通信网上的各级管理层次和建设、维护方面都应该有独立的电源专业管理机构和人员。因为通信电源是一个专业，而且是个包括多种系统和学科的大专业，所以，应该对它作相应的专业管理，由其他专业人员来兼管电源专业是不够的，也是不科学的。

3）重视通信电源系统初期的设计、安装

电源系统设计时应充分考虑容量大小、地理位置、空间布置、未来发展、设备质量、工程勘察与设计、运行方式选择、建设管理、运行维护管理等各个相关环节。其中，对于设备选择、方案设计、工程管理等环节尤其要加强重视和管理。

4）加强对蓄电池的维护

通信电源涵盖范围很广，它至少应包括交流高低压、自备柴油发电机、USP、整流装置、蓄电池组、防雷接地、动力环境监控等几大系统。在这几类系统中，直流系统和 UPS 是直接供给通信负荷的，因此最为重要。而在这些系统中，蓄电池作为不间断供电的保证，在整个电源系统中最为关键。蓄电池不但在交流系统或整流器出现问题时保证不间断供电，而且还能在市电和自备柴油发电机正常转换时提供保证，所以蓄电池是整个通信电源系统维护的关键。

3. 电源设备购置与维护的具体措施

（1）在购置通信电源的过程中，除考虑性价比外，还要考虑高可靠性、多种自动保护功能、宽电压、良好的均流均衡性能、在线运行模式. 考虑是否严格按照 ISO-9000 质量保证体系组织生产。另外，系统故障率、防雷和电涌措施、交直流配电一体化等都是分析考虑配置的重点。要选用可靠性高的设备，合理配置备份设备。

（2）供电方式要大力推广分散供电，要有备品和备份，使用同一种直流电压的通信设备，采用两个以上的独立供电系统。

（3）为了尽量缩短设备的平均故障修复时间，要经常分析运行参数，预测故障的发生，并及时排除。

（4）设备宜采用模块化、热插拔式，便于更换和维修。另外，平时应建立起对电源故障的应急措施，保证可靠供电。最后，要提高技术维护水平，大力推广集中维护体制。实施集中监控管理是技术发展的必然趋势，是现代化通信网的需要，也是企业减员增效的措施之一。随着通信设备的日益集成化、小型化，各种电源设备也要智能化、标准化，符合开放式通信协议。集中监控必须逐步实施，在实施过程中，三遥（遥信、遥测、遥控）设施的设备要配置合理，绝不是越多越好，否则其效果适得其反。

8.2　通信整流器的运行要求

通信整流器是通信电源中的一个重要组成部分，对它的性能要求，则由其在通信电源中的位置来决定。

欧洲通信标准委员会已根据通信电源站的三级电源组成，在 1995 年制定了第二级电源和含第三级电源的主机设备的连接界面上的技术要求标准。它分为 A、B 两部分：A 部分是交流供电系统的，B 部分是直流供电系统的。虽然在直流供电系统和交流供电系统的第二级及交流供电系统的第三级电源中都有整流器，但要求不尽相同。例如，交流供电系统第二级电源中的整流器并不直接连接通信设备，其对整流器的输出杂音要求比较低。而第三级电源中的整流器因无电池并联，故动态要求相对较高。至于由多个整流模块（rectifier modules）组成的整流器列架电源（rack power）也会和单个模块要求有些不同。首先，第二级电源与第一级电源、第三级电源各形成一个界面，故整流器应满足 2 个界面的相关规范要求。其次，要作为不间断电源，整流器必须与蓄电池相连，故整流器还应满足蓄电池性能及电池管理的要求。此外，整流器还应满足自身运行的一些要求。

1. 直流输出电压及其调节范围

整流器的作用是将交流电转换成直流对电池充电，并对并联在一起的通信负载供电，其直流输出电压主要应满足电池浮充、均充、初充和放电后再充电的需要。

防酸隔爆电池初充的最高电压，我国目前按低压恒压充电法推荐值为 2.40 V，但国外（如印度等国）也有的采用 2.70 V。整流器输出电压范围为 2.0 ~ 2.40 V，对标称值为 48 V 的系统，电压范围为 18.00 ~ 57.80 V。如考虑到便于利用输出电压检验欠压、过压告警点，则范围宜再放宽到 43 ~ 59 V。

2. 静态稳压精度

稳压精度是指输入交流电压和负载电流这两个扰动因素变化时，在浮充和均充电压范围内（非全部输出电压范围），输出电压偏差的百分数。整流器的稳压精度也是针对电池的要求来定的，因为稳压精度低，无异于浮充电压设置值的不准确。例如，在 20 °C 时电池要求浮充电压 2.25 V，如整流器稳压精度为 ± 1%，电压就要变化 22 mV 左右，即浮充电压将低至 2.23 V，高至 2.27 V（ ± 22 mV），也意味着温度变化 ± 7 °C 时补偿电压作用的抵消。浮充电压的设置不当或温度补偿作用的削弱，都会对阀控电池的漏电流有影响，甚至在极端情况下也可能造成电池的热失控，故稳压精度宜优于 1%。

3. 浮充工作时的温度电压补偿

由于阀控电池漏电流对温度的敏感性，常用温度补偿的办法来抑制漏电流的恶性增长，即当温度升高时采用降低浮充电压的办法来平衡漏电流的增加。温度补偿的电压值通常为温度每升高/降低 1 °C，电压降低/升高 3 mV（每只电池），即在一定温度区间电压-温度关系是用一条斜线补偿的，但也有采用阶梯形曲线的。

4. 整流器输出限流和电池充电限流

整流器输出限流和电池充电限流是两个独立的限流功能。整流器的输出限流是对整流器的保护，而电池充电限流是对电池的保护，过去整流器往往只有本身输出限流，但这样对充电自动管理很不方便。如整流器具有接受外来信号作输出电压微调的功能，则充电限流及浮充电压的温度补偿就是轻而易举的事。充电限流的调整范围一般按电池要求为 0.1 ~ 0.15 °C。

5. 输出端杂音电压

整流器的输出电压中除了直流成分外，还存在着一定分量的交流成分，称之为杂音电压或噪声电压。它们对通话质量或电子电路的工作有一定影响，输出端含有交流分量的复杂波形是由一系列不同频率、不同幅度和相位的交流正弦所组成。但衡量这些杂音电压的影响，通常采用衡重杂音、峰峰杂音、宽频杂音、窄频杂音和离散杂音来表示。

6. 功率限制/恒功率输出特性

整流器的负载电流有电池电流，通信负载中的线性负载电流和恒功率负载电流。一般在电池放电后再充电时，电压较低，电流总和最大。而平常浮充或均充末期，虽然电压较高，但电流较小。因此，整流器具有功率限制/恒功率输出特性，有利于以较小设计功率满足实际使用需要。对于 48 V 系统，以最大限流值作为额定电流，以 57 V 作为额定电压，以二者的乘积作为额定功率值比较经济合理。

7. 动态响应

整流器输出电压受外界扰动因素干扰后再回到其稳定值，会有一个超调量和调整恢复时间，考虑到所述整流器带有大容量后备蓄电池，它不同于第三级电源中的整流器要直接供给负载，超调量和恢复时间对实际使用不会产生大的影响。对整流器增加这个特性要求，主要是通过对这项性能的测试间接了解其系统稳定性、是否容易产生振荡等，对其指标要求不宜过于苛求。但对其调整过程波形，因着眼于稳定性要求，还是以单调调整方式为宜。动态指标的确定与允差带、电流上升率和电流跃变量三者密切相关。动态响应中的超调量一般小于 ± 5%，而恢复时间以 5 ~ 10 ms 为宜，但在多台并联运行中，恢复时间要长得多。

8. 电磁兼容性（EMC）要求

EMC 要求是对当前电子、电气设备的强制性要求，其目的是在复杂的电磁环境中，让各电子电气设备保持相互兼容，正常工作。

EMC 的内容分为干扰和抗扰。干扰（disturbance）是指电子设备对外界产生的影响；抗扰（immunity）是指电子设备对外来干扰的耐受力。

干扰又分为传导发射（conducted emission）和辐射（radiated emission）。传导发射指通过导线产生电磁干扰；辐射是指通过空间发射产生电磁干扰。

对于整流器，以前在德国，凡重复频率在 10 kHz 以下的，划归家用电器标准。10 kHz 以上的按工、科、医设备标准分类。对于通信用整流器现在已逐步明确，鉴于它是和信息设备配套使用的，虽不属信息设备，但应按信息设备要求执行。1995 年，ITU 已明确要求按 CISPR22（信息技术设备无线电干扰限值标准）执行。CISPR22 是属 IEC 的国际标准。除国际标准外，比较有影响的地区标准还有德国的 VDE0878 和美国的 FCC 标准，CISPR22 在欧洲已等同转化为 EN55022。对传导干扰而言，三者主要差异在于频率起始点，VDE0878 标准为 10 kHz，EN55022 标准为 150 kHz，FCC 标准为 450 kHz，当然电子要求也不同。在整流器的输入端和输出端都应有传导干扰要求，对于输出杂音要求，离散杂音要求实际上就是 EMC 的传导干扰要求。上述各项标准的干扰要求都有 A、B 两个等级。

至于抗扰要求是从对整流器自身安全可靠上着眼的。现 IEC 和 ITU 规定了静电、雷电浪涌、脉冲群、电源电压瞬变跌落等抗扰项目，其中雷击和电压瞬变跌落对整流器的工作影响较大。对于抗扰性要求，不论从整流器本身，还是从通信电源系统来看都应特别注意严格执行相关标准。

9. 输出电压和输入电流的软启动

整流器的输出电压如果没有软启动性能，则开机后陡增的电压将对低内阻的电池产生大的冲击电流，这既对电池不利，也影响到输入电流出现冲击。对备用发电机组也是不利的。为减小多台整流器并联运行时的影响，有时采取各台整流器不同延时开通的办法，进一步减小对小容量机组的冲击，一般软启动时间要求 3 ~ 8 s 或更长。

10. 并联运行

当系统容量大于整流器模块容量时，需采用多模块稳压并联运行方式，这是必要的也是经济的。如前期容量小时，可安装少量模块，扩容时可方便并联增容。但并联运行必须解决两个问题：

（1）均流（load sharing），这是指各并联运行模块应平均分担负载电流，并且偏差应在 ± 5%以内。

（2）选择性过电压，这是指并联工作的模块，如其中有一个因故障产生过电压，那它必须及时单独退出系统，而其他模块仍能在系统中正常运行。

11. 效率

无论是功率器件、电路拓扑和吸收电路的改进，以及软开关技术的采用，目的都是减少损耗，提高效率。因为效率的提高不仅意味着节省能源，同时也意味着损耗的减少（即发热量的降低），从而促使整流器可靠性或功率密度的提高。目前 48 V/100 A 整流器的效率可达 93% ~ 94%。效率的提高始终是整流器设计者的追求目标。

12. 功率因数

功率因数或全功率因数应包括位移因数和畸变因数两部分，即全功率因数 $R = p$cos&1。其中位移因数 cos&1 是电压与基波电流的相位差余弦，p 为畸变因数，指电流波形有畸变时，基波电流与基波及谐波的总有效电流 1 之比，p 和 cos&1 均小于 1，故 R 也小于 1。对于高频开关整流器而言，功率因数主要受制于畸变因数。功率因数低意味着无功功率和无功电流的增大，有时常使人误认为是整流器的效率低。此外，功率因数低，特别是畸变因数低的时候还因谐波电流的增大而影响电网的质量。为提高功率因数，目前采用无源功率因数校正和有源功率因数校正的办法，可分别使功率因数提高到 0.94 和 0.99 以上。

13. 电流谐波

当输入电流中含有 3 次、5 次、7 次等高次谐波，且其幅度较大时，将影响电网质量，即会造成电网电压的畸变，从而影响网上电机及其他电气设备的正常运用。因此，对整流器的输入电流中的谐波必须有所限制。目前，IEC1000-3-2 及 1EC1000-3-4 分别对线电流为 16 A 及 16 A 以上的设备提出了谐波限值的要求。对于 16 A 以下设备的限值标准，IEC100-3-2 有两个特点。

（1）以各次谐波电流的最大允许值来对设备进行限制。

（2）当多台设备（例如多个模块）装于一个列架时仍视为各台设备分别接入电网。对于 16 A 以上设备的限值标准 IEC1000-3-4 与 1EC1000-3-2 不同之处在于：① 用谐波系数作限值标准；② 当多台设备（例如多个模块）装在一个列架中时作为一个整体按限值标准考虑。

14. 可靠性

可靠性是任何电子设备都要求的，作为通信整流器更不例外。值得注意的是元件失效率的选用、应力系数的选用和失效判据这 3 个问题。

此外，作为可靠性的基本指标有：平均故障间隔时间（无故障工作时间）*MTBF*、平均维修时间 *MTTR*、可用度 *A* 和不可用度 *U*。由于可用度 *A* 与不可用度 *U* 之和为 1，因此常用独立参数为 *MTBF* 、*MTTR* 、*U* ，如果可靠性指标只提 *MTBF* 一项，是不便于计算系统可靠性的，故 3 个参数必须提供 2 个。

此外，目前常采用多个模块并联冗余运行，但对于 *N*+1 冗余要有一个正确认识，*N* 的值不同，多模块并联冗余运行时的可靠性是不同的。当 *N* 增大时，系统 *MTBF* 下降很快。

例如，假设 100 A 整流模块和 50 A 的整流模块的 *MTBF* 相等，对于一个 400 A 系统可采用 5 个 100 A 模块（4+1）冗余或 9 个 50 A 模块（8–1）冗余，其系统 *MTBF* 分别为 0.45 *MTBF* 和 0.24 *MTBF* ，即使 50 A 采用（8+2）冗余方式，也仅为 0.34 *MTBF* 。

8.3　通信机房电源设备维护管理方法

通信电源在整体通信机房中占据重要作用。面对电信拆分、人员重组等新的发展形势，电源维护管理工作有了更新、更高的要求。

近年来电信技术的发展及产品技术的更新，使得当前通信设备呈现网络规模大、智能化程度高、品牌系列繁杂、无人值守、集中监控化程度高的新特点，而电信的拆分、人员的重组、职业生涯的晋升，使得维护上的人力资源和技术力量的发展，明显滞后于通信设备的发展，维护人员对厂商的依赖性增强，设备故障带来的损失风险增大。通信电源作为通信设备的心脏，面对新的形势，也应对维护管理工作提出更新、更高的要求。在现代通信机房的供电配置中可以用以下几种典型的方法来做好电源设备维护管理工作。

1. 依据管理目标选择电源品牌

当前电源设备品牌繁杂，按照入网检验标准规定的性能指标，各家设备大同小异，而在结构、人性化设计、智能化监控、地域/特定环境解决方案，以及售后服务保障上，各家则千差万别。这些品牌设备如果选用不当，将会使维护资源分散、力量削弱，维护工作难以深入，售后服务难以获得厂家保障。

依据管理目标，遵循“保证运行可靠、状态监测受控、维护时间缩短、成本费用降低”的原则和优先顺序对品牌和设备进行考察筛选，优选品牌数量最好不超过 3 个，以利于技术人员提高技术水平。设备有了一定的规模，也容易争取到较好的售后服务条件。同时，同一品牌设备尽量安排在同一地区使用，以利于维护人员能单一、深入地进行维护。

2. 预防性工作的调研和执行

预防性工作贯穿于设备的选择、安装与维护的全过程。

设备选用前，应预先调查设备工作环境（包括地理条件、气候条件、市电环境、值守条件、支撑体系等）及被选设备对工作环境的适应性。实践证明，一些设备的功能和性能并不一定适用于所有条件，同一设备在不同的工作环境下，故障率会大相径庭。因此，选择设备前，一定要进行对自身环境的调查。对选用设备的分析，并广泛听取其他各地市电信部门的具体使用情况的调查意见。对不适用的功能，应予以去除或屏蔽；对重要指标，必要时可作相应的测试，甚至在实验网或非重要局（站）试用。

安装及验收工作也是预防工作的一个关键点，经厂家检验合格的产品，经过多次转运、颠簸（尤其山区地区）后，到达安装现场可能会发生内外部电气接触的松动和脱落；出厂参数设置也不一定与实际相符合，这些都会成为日后运行的故障隐患。在安装及验收工作中，将这些因素进行排除、校正，将对设备日后可靠运行提供必要的保障。

在基础管理工作的基础上，首先倡导主动维护、预防性维护，消除故障苗头。通过每年进行诸如“夏季供电高峰期前电源设备防掉电”“夏季供电高峰期后加强电源设备维护保养和预检预修、提高设备完好率”等专项治理及劳动竞赛，以自查、互查、评比和交流形式，锻炼维护技术队伍、提高维护人员积极性、提升设备维护管理质量。同时，充分利用各类监控手段，及早发现故障，然后集中技术力量，以最快的速度处理，以压缩故障历时。对于突发供电故障，应制定应急处理预案，并定期加强演练。

3. 建设分级支撑体系

目前电信系统维护资源相对设备运行总量而言，还略显薄弱，部分设备维护承包责任人还没有足够能力及时解决、排除各种故障。在此情形下，在地市范围内，或扩展到全省范围内，建立一个包含技术专家组、技术骨干队伍、日常维护人员在内，并将厂商技术人员纳入其中的分级技术支撑体系，通过逐级、实时申告的流程实施分级技术支持，对电源的维护保障工作将有十分重大的意义。

在支撑体系范围内，对典型故障的调研、对各类故障的分类统计（如质量类、外因类、疏忽类等），以及数据档案存档、信息资源共享等措施，将对维护队伍的技术快速提升提供一个良好的平台。

4. 供电系统的合理化配置

供电系统的合理化配置必须注意以下几点：

（1）在交流供电系统中，逐步推广自动倒换装置，并具备机械式手动切换功能，以备紧急时使用。大容量（2000 kV · A 以上）交流供电系统中，提倡用两个子供电系统（变压器和油机）分别供电，子供电系统之间采用联络柜互为备用，油机尽量不使用并机运行。重要局（点）（如枢纽局数据中心、IDC 中心等）要争取引入两路不同变电站的高压线路，提高供电可靠性。由于大容量低压断路器一般不留备件，一旦损坏，判断故障原因和维修时间较长，应及时启动应急预案用临时电缆跨接临时供电（要排除短路因素才可），避免因时间不足，导致电池电量耗尽的事件发生。

（2）单套高频开关电源容量不宜过大。电源模块开机数量要依据环境和故障情况确定，具有整体破坏性因素（如市电过压）的局站，开机数量不宜多。电池充电电流限制在 $0.1C_{10}$，直流熔丝的额定电流应不大于最大负载电流的 2 倍，保证负载端短路时熔丝及时熔断，避免影响整个直流供电系统的输出电压大幅瞬降。

（3）大容量 UPS 是电源维护管理工作的难点，组网应优先选用“$N+1$”并机方式。设计、会审和安装时，维护部门务必须全程介入，关注以下问题：UPS 主路和旁路供电最好由两个空气开关分别供电；UPS 输出零地电压过高会造成网络数据丢包率提高，应采取措施将 UPS 输出零地电压降低到 1 V 以下；UPS 电池尽量使用单体为 2 V 阀控密封式蓄电池；对 UPS 设备，应重点关注输入功率因数和谐波含量等重要指标，特别要协调好与油机的配合，油机容量与 UPS 容量比应在 2 倍以上，确保油机和 UPS 都能正常工作。

（4）柴油发电机组作为备用电源，要保证良好的备用状态。电信系统选用油机额定容量一般按备用功率取值，使用时要注意满载控制在 1 h 以内，长时间运行要按 90%的备用功率使用。发动机功率与发电机配比至少要在 1.1 以上，发电机优先选用永磁、DVR 型号，能有效避免负载的谐波干扰。同时要保证油机能充分发挥作用，设计应考虑油机和市电之间自动切换要有电气连锁，还应考虑油机房通风、排烟、避震和消噪、定期维护保养、试机、启动电池检查和自动抽油系统等事项。

（5）蓄电池是电信通信网上后备电源的核心。应根据维护规程的要求，制定出一套蓄电池容量测试和核对性容量试验的操作规程，定制采购蓄电池容量测试设备，其中包括蓄电池容量测试仪、移动式假负载、移动式充电机、蓄电池单体活化仪，并配备到各区域维护站。同时，对通信电源站的蓄电池进行容量测试和核对性试验，希望消除旧蓄电池带来的故障隐患。针对部分接入点电池经常小电流长时间放电容易出现落后电池的问题，宜采取调节整流器的自动均充、浮充的设定，调整整流模块开机数量和定期进行容量试验等方法，实践证明效果比较理想。通信电源的管理工作应根据技术发展、管理发展和实践反馈不断地探索、改进，终极目标是不断改进管理工作，提高设备运行的可靠性。

8.4　电源监控系统

8.4.1　电源监控系统的作用与特点

1. 电源监控系统的作用

电源监控系统是电源系统的控制、管理核心，它使人们对通信电源系统的管理由烦琐、枯燥变得简单、有效。通常其功能表现在3方面。

（1）电源监控系统可以全面管理电源系统的运行，方便地更改运行参数，对电池的充放电实施全自动管理，如记录、统计、分析各种运行数据。

（2）当系统出现故障时，可以及时、准确地给出故障发生部位，指导管理人员及时采取相应措施、缩短维修时间，从而保证电源系统安全、长期、稳定、可靠地运行。

（3）通过“遥测、遥信、遥控”功能，实现电源系统的少人值守或自动化无人值守。

2. 现代电源监控系统的特点

1）多级管理体系

监控系统采用以微处理器为核心的多级管理体系，对整流模块、交流配电屏、直流配电屏、电池组实施全方位监视、测量、控制。

2）双重测量显示、控制管理模式

这种设计思想将监控系统引入的故障因素减小到最低程度，即使监控系统出现故障仍可保证整个电源系统安全、可靠地运行。

3）扩展性能好

监控模块可以方便系统扩容和参数调整。

4）开放式接设计

电源系统监控模块提供RS-232、RS-485、MODEM等多种通信方式，用户可根据需要，组成多种形式电源集中维护系统。电源后台维护管理软件在Window操作环境下运行，提供友好的全中文图像界面，充分考虑了各种通信线路的情况，具有多种纠错功能。

5）大屏幕液晶显示

现代电源系统监控模块通常采用大屏幕点阵式液晶显示器，各种状态、报警信息显示直观、明了，可使用户及时、准确掌握电源系统的运行状况。监控操作采用全汉化显示、对话式操作方式，非常便于学习掌握。

8.4.2 电源监控系统的分类

通常，中大容量和大容量系列通信电源采用集散式电源监控系统，此类监控系统的特点是系统监控模块通过整流模块监控单元、直流屏监控单元、交流屏监控单元分别采集数据，分级显示，集中管理。典型产品有安圣公司PS系列产品：PSM-4、PSM-6、PSM-23、PSM-A、NP 9801等。

中小容量系列通信电源采用集中式电源监控系统，此类监控系统的特点是监控模块直接采集系统数据，集中显示，统一管理。典型产品有安圣公司PS系列产品：PSM-15、PSM-52等。

在集散式电源监控系统中，各整流模块、交流配电单元及直流配电单元均有自己单独的

CPU 功能，而集中式电源监控系统却没有。在本节中，以结构相对复杂的集散式电源监控系统为例进行功能模块的分解介绍。

1. 集散式电源监控系统

集散式监控系统通常采用三级测量、控制、管理模式。最高一级为电源监控后台，电源监控后台通过 PS -232 或 RS -485 及 MODEM 通信方式与电源系统的监控模块连接；电源系统监控模块构成电源监控系统的第二级监控；电源监控系统的第三级监控由各整流模块内的监控单元、交流配电监控单元和直流配电监控单元等组成。

电源系统监控模块通过 RS -485 接口与直流配电监控单元、交流配电监控单元和各整流模块监控单元的 RS -485 接口并联连接在一起。直流配电、交流配电、整流模块内部的监控单元均采用单片机控制技术，它们是整个监控系统的基础，直接负责监测各部件的工作信息并执行从上级监控单元发出的有关指令，如上报有关部件工作信息，完成对部件的功能控制。电源监控系统的监控量有：

1）遥测量

（1）系统输出总电压、负载总电流。

（2）电池电压，电池充放电电流。

（3）输入市电电网电压，中相电流，电网频率。

（4）各整流模块的输出电压、输出电流。

2）遥信量

（1）直流配电各输出支路熔断器通断状态。

（2）电池组熔断器通断状态。

（3）电池充电电流过大，电池电压欠压、过压。

（4）市电电网停电、缺相，电网电压过高、过低。

（5）整流模块工作温度过高、整流模块输出电压过高、过低。

（6）整流模块输出过流保护、整流模块输入交流电压过高、过低、缺相或相间电压严重不平衡。

3）遥控量

（1）整流模块输出电流限流控制。

（2）整流模块开启、关停控制，整流模块均充、浮充控制。

4）遥调量

整流模块的输出电压。

2. 整流模块监控单元

整流模块监控单元功能主要分为两方面：

（1）测量整流模块的运行参数，并通过 RS-185 接口传送给电源系统的监控模块进行信息处理。

（2）接收监控模块发来的对整流模块的各种控制命令并具体完成。

具体来说，测量的模拟量包括整流模块的输出电压和输出电流；采集的报警量有交流输入过低报警、交流输入过高报警、电压不平衡报警、模块过热报警、输出电压过低报警、输出电压过高报警、输出过流报警；对整流模块的控制包括均充、浮充控制，限流点的改变，整流模块的开启和关停，以及调节整流模块电压升降等。

整流模块监控单元的模拟量测量采用零点和满度自校准方式，当工作温度改变或工作时间延长引起测量电路参数改变时，仍能保证测量数据的准确性。

3. 直流配电监控单元

直流屏监控单元的主要功能是：

（1）测量直流屏的各种参量及故障报警信息，并给出声、光报警。

（2）通过 RS-485 接口将其监测到的各种参量和故障报警信息传送给电源系统的监控模块，作为监控模块管理电源系统的重要依据。

直流屏监控单元测量的模拟量主要有系统输出总电流、系统输出总电压、二组电池组充放电电流。采集的报警量有各直流配电输出熔断器通断状态、二组电池熔断器通断状态、电池充电电流过大预报警、电池充电电流紧急报警、电池电压欠压预报警、电池电压欠压紧急报警、电池电压过压预报警、电池电压过压紧急报警等。

4. 交流配电监控单元

交流监控单元除测量交流电压外，还要检测空气开关是否跳闸、防雷器是否损坏等。同时，对电网出现的如电网停电、电网电压过高、电网电压过低等情况给出具体指示，并发出声光报警。当电网停电时，交流监控单元还将接通照明接触器，以提供紧急照明用电。上述各种交流数据及参量通过 RS-485 接口传送给监控模块，作为监控模块全自动管理、控制电源系统的依据之一。

交流信号转变为直流信号采用的是真有效值转换器,也就是说无论交流信号有何种畸变，最终测量的结果仍然保证是有效值。

8.5 动力环境监控系统

8.5.1 动力环境监控系统的发展

电源监控是保障通信电源稳定运行的基础。通信电源集中监控技术在通信电源中的应用，标志着通信电源的维护和管理从人工看守式的维护管理模式向计算机集中监控和管理模式转换，其目的：

（1）与通信技术发展相适应，提高对通信电源设备的维护管理水平。

（2）提高通信电源供电质量，使供电系统有更高的可靠性和经济性。

（3）充分发挥计算机技术优势，使电源设备管理向自动化、智能化方向发展。

（4）实现通信电源设备的少人/无人值守。

（5）提高维护效率，降低维护成本。

从 20 世纪 90 年代，初福州电信局的第一套通信电源监控系统的开发应用，到现在已过去十多年。在此期间，电源监控系统无论在技术上，还是在系统实施的规模上都有了很大的发展，人们对计算机集中监控系统的认识有了较大的提高。可以说，目前通信电源集中监控技术发展与监控系统的实施已进入一个新时代——动力环境监控系统时代，实现了对通信局站电源、空调及环境的集中监控和管理。

在功能上，为实现对电源设备少人/无人值守的要求，动力环境监控系统更强调对电源设备故障事件的快速响应和故障告警的准确性。现在电源监控系统在对基本功能（如遥控遥信遥测、监控信息查询、数据存储记录、实时历史趋势、系统配制、远端操作、密码管理、支持联网等功能）不断完善的基础上，同时也不断扩展新的智能系统。

1. 智能设备的接入

由于通信电源设备种类较多，对于智能设备来说，即使是同一种类设备不同厂家的协议也各不相同，加上电源设备供货的厂家繁多，协议种类更为繁杂。在监控系统的实施过程中，为了更好地利用智能设备的资源，将智能设备通过对通信接口和通信协议的转换直接接入监控系统，智能设备基本上都有 RS-232、RS-485、RS-422 通信接口。而通信协议的转换在过去一直是困扰监控系统实施的棘手问题，目前这个问题已得到初步解决，一方面大部分电源设备厂家能积极提供其设备的通信协议，另一方面智能设备有了统一的协议，为协议的转换提供了条件。目前通信协议和通信接口的转换主要是采用协议转换器的方式。所谓协议转换器的方式，就是将一种被称作是协议转换器的装置接入智能设备和局（站）监控主机之间，一端与智能设备的串口相接，另一端与局（站）监控主机的串口相接，从而完成通信协议和通信接口转换。

简单地说，协议转换器是一个具有 CPU、EPROM、RAM、串行通信口的微机系统，协议转换一般具备两个条件：

（1）至少有两个串口，且分别与被转换的智能设备的串口及局（站）监控主权的串口相匹配；

（2）将智能设备的通信协议转换为局（站）监控主机协议，转换软件固化在协议转换的 EPROM 里。这种方式对多个不同协议智能设备同时接入一个监控主机的情况更有效。

此外，还有一种转换方式是将协议转换功能放在局（站）监控主机里，但这种转换方式在实际应用中并不多见，因为这种方式只适用于将具有单协议的智能设备接入一个监控主机的情况，如果在监控主机里采用的协议种类过多会造成监控主机负担过重，影响监控主机的正常工作，同时也给监控主机软件开发带来很多困难和问题。另外，统一的通信协议出台为智能设备接入提供更好的解决方案。

2. 监控系统的可靠性

新技术、新工艺及高质量的器件在通信电源设备的生产制造中的广泛的应用，使监控系统的可靠性、自动化程度有了很大的提高，如开关电源设备、UPS、柴油发电机组等智能设备，以及目前普遍使用的阀控蓄电池组等非智能设备都已具有较高的可靠性，这对通信电源集中监控管理，实现通信电源设备少人、无人值守的目的提供了较好的条件。而通信电源监控系统的可靠性问题也同样至关重要，因为监控系统可靠建立和发展，影响到能否提高通信电源设备维护管理水平，提高通信电源供电质量，实现少人无人值守的目的。因此，在动力环境监控系统的性能不断完善的基础上，要注重改善监控系统的可靠性。

3. 监控系统的自检功能

为了使监控系统更有效地发挥作用，除了要不断完善监控系统基本功能外，同时还要注重利用计算机数据处理的优势，开发完善高智能化性能，从根本上改变传统维护模式，有效利用现代监控技术。

监控系统的实施是以新的维护模式为基础，即以区域为监控管理中心对相应局（站）进行监控管理，局（站）少人/无人值守，而城市监控管理中心对其区域监控管理中心进行统一管理的模式。这种计算机式的集中监控管理与人工看守式管理除维护管理模式不同外，其更大的区别是监控系统对通信电源设备实现计算机自动实时监控，例如，当电源设备发生故障时，监控系统将做出快速响应，且及时上报到相应的管理中心。为适应这种计算机监控管理方式，要求从根本上改变传统的维护模式。监控系统的实施虽然是建立在新的维护模式基础上，但对监控系统的要求仍遗留有人工看守式维护管理模式的痕迹。例如，在过去人工看守式时期，每小时一次的例行抄表，是为了对设备进行定时查看，而现在采用计算机监控系统，对电源设备进行实时监控，但仍有每小时一抄表的要求，且以日报表的形式存储并打印，并要求将这些报表存放 2 ~ 3 年。其结果是打印存放这些数据占用了监控系统较大的资源，然而这些数据却很少能派上用场。面对这些问题，对监控系统在某些功能应该进行重新考虑。

（1）在被控设备（电源设备）可靠性不断提高的基础上，全面提高监控系统的安全可靠性。

（2）从被控设备和监控系统整体综合考虑，既然电源设备和监控系统的安全性、可靠性都能得到基本保证（电源设备中的可靠性指标要求为：开关整流设备 $MTBF > 50\ 000$ h，电池 $MTBF > 350\ 000$ h，交直流配电设备可靠性指标要求更高，监控系统的可靠性指标要求为 $MTBF > 100\ 000$ h），监控系统的实施应向简单化、实用化、高智能化方面发展，同时保证监控系统的告警、预警性能的准确性和快速性，再加上统计分析智能化功能的不断完善，使得类似“一小时一抄表”这样的功能变得没有太大的意义。

（3）更新人们过去那种人工看守式的维护观念，建立新的维护制度。监控系统实施的又一重点是从根本上改变传统维护模式，更有效利用监控技术，使电源监控系统在通信电源维护管理中发挥更大的作用。

4. 监控系统的入网检测

对监控系统实施检测是一件很困难的事情，将受到下列条件的限制。

（1）对监控系统实施检测，首先在检测的项目、指标、检测条件及检测方法等方面需要有标准依据，目前虽然有一些监控系统方面的技术要求，但作为监控系统检测的标准依据还远远不够。

（2）监控系统与一般的电源设备相比采用了更多的计算机技术，更强调系统的网络性、系统软件的实时性，以及系统的功能性，由此对监控系统的实用性、技术性能的评估造成一定的难度。

（3）监控系统是一个大型的实时性网络系统，具有一定的容量特征（包括软件容量特征及硬件容量特征），各种性能指标的实现在满容量运行时才有意义，作为监控系统性能指标的检测，建立一个满容量的系统是不可能的。

（4）受到通信方式、通信条件等其他方面的限制。

虽然对监控系统实施检测确实面临着很大的困难，但是通过一定的方法对监控系统实施检测以达到最大程度逼近，对监控系统性能指标进行描述和评估还是有必要和有意义的。

8.5.2　动力环境监控系统设计原则及实现方式

1. 动力环境监控系统设计原则

依据当前通信行业中各基层用户的使用需求和相关电源系统、设备的监控需要，要设计好电源、空调及环境集中的动力环境监控管理系统需要遵循以下原则。

（1）监控系统的增加，不能对供电系统造成运行上的影响，一定要确保各现有供电系统的安全性。

（2）充分利用各种供电设备本身已有的监控功能，优先考虑使用设备本身的通信接口来实现对设备的监控。

（3）必须保证监控系统运行的可靠性，即监控系统自身的故障率一定要尽可能低。

（4）必须保证监控系统运行的独立性，即监控系统应能屏蔽掉外来的非法数据入侵。

（5）监控系统应具有较强的灵活扩展性和适应性。

（6）注意投资的经济性，即监控系统建设后所能节约的人力、物力和提高、维护质量所带来的效益应远远大于建设监控系统的投资。

动力环境集中监控管理系统设计应满足“真正实现无人值守”“提高维护质量”和“节省人力、物力、财力”3 个目标。

2. 动力环境监控管理系统功能实现方式

动力环境监控系统通过对电源、空调设备的各种参数的监视、管理和控制，为设备的集中操作维护和提高生产效率提供技术手段。其主要功能是使各级监控中心的用户能够通过此系统自动/手动、实时/定时地访问各电源、空调设备，了解其运行数据。

整个监控系统在逻辑上可分为由监控中心、监控站和监控单元组成的 3 级结构（见图 8.1）。

在通信局站设置前置计算机可构成监控系统的最低级——监控单元（SU），系统通过监控单元对下层各种监控模块进行监控和管理（监控模块指带有通信接口的各种供电或空调设备，或指新增的用于监控环境信息的采集设备等）。在监控单元一般要求无人值守，所以，前置计算机主要功能在于接收和发送上下级的各种信息。

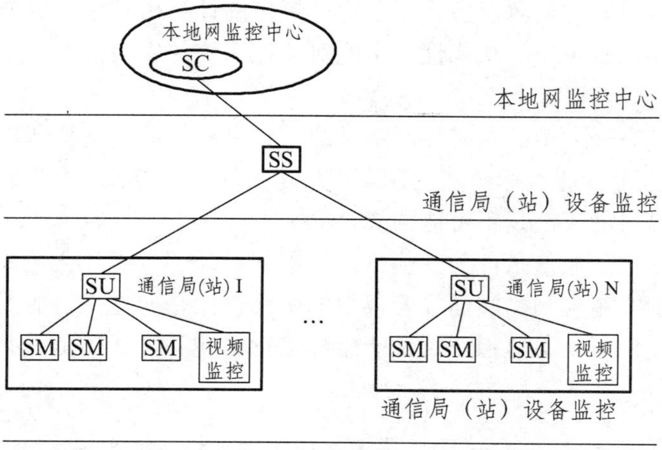

图 8-1　通信电源、空调及环境集中管理系统 3 级结构

监控站与监控中心的功能类似，均为最终用户提供操作和维护的平台。二者不同之处在于，如果设置了监控站，则监控中心对监控站管理范围内的设备的监视和控制均会削弱，仅记录重要的运行和故障信息，以便了解整个地区的总体运行情况和进行全网范围的统计、分析工作。各地区、各公司可以根据各自的维护方式（包括维护人员的配置、维护责任的划分等等），将系统的操作维护重点或主要的监控手段放在监控站（SS）或监控中心（SC）。

8.5.3　动力环境监控系统的组成结构

整个监控系统在逻辑上分为 3 个层次，分别是端局层次、监控中心层次和用户浏览器层次。端局负责采集电源、空调的各种信息。监控中心负责从端局收集信息，保存信息并提供 Web 服务。系统的用户原则上可以使用任意一台计算机，以浏览器方式，通过 DCN 网络访问监控中心读取数据和发送命令。

以地市级移动通信环境动力监控系统工程为例，为方便集中管理与维护，监控系统各地市的监控主机通常设置在省会城市交换局，各地区设置监控业务台、基站业务台与图像业务台，监控业务台从省会城市交换局的监控主机获取本地区的动力监控数据。

整个监控系统在网络上采用逐级汇接的树型结构，同时将各地区的监控主机设置在省网管中心。省监控中心负责对省属所有通信局站的动力及环境系统进行实时监控，地市级监控中心负责对本地所有通信局站的动力及环境系统进行实时监控。两个监控中心主要由数据服务器、各种业务台、监控主机等组成，省监控中心计算机与移动其他网管计算机系统在工程需求时，可实现相互间的信息交互。

被监控局（站）内的监控模块与被监控设备之间采用 RS-232、RS-485/422 进行通信，采集模块根据局站的规模采用一条或多条 RS-422 总线的组网方式。交换局图像监控则从摄像机直接进入图像服务器，通过 100 M IP 接口进入交换局内的交换机，传输到各级监控中心。在省监控中心可采用三层交换机，所有监控主机、监控业务台都连接到三层交换机，通过路由器实现与各地区的连接；在各交换局采用交换机与路由器，所有分控中心业务台都连接到地区交换机。通过交换机划分 VLAN 和路由器的访问控制，可方便地实现系统内所有 IP 间的访问控制，有效地控制网络风暴，提高网络的安全性。

在省监控中心从基站的 OMC 获取基站的监控信息，在各地区配置基站业务台。各地区的基站业务台从省监控中心的 OMC 基站监控主机及基站数据服务器获取本地区的基站实时告警和历史告警数据。

环境动力监控系统的所有重要功能均集中在监控中心（SC）。要求监控中心具有强大的数据处理能力和高度的可靠性。监控中心的硬件由以下部分组成：数据库服务器、通信和 Web 服务器、磁盘阵列、工作台、打印机、大屏幕显示设备等，如图 8-2 所示。

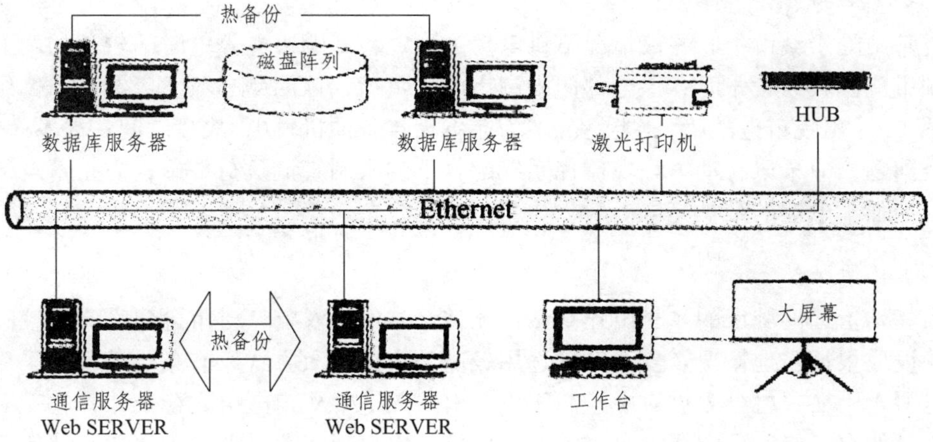

图 8-2　监控中心结构

各被监控的端局拥有各自独立的 IP 地址，对上层直接提供局域网口，监控中心可以通过 IP 地址直接访问各端局。在端局前置机以总线形式或多串口形式与各监控模块建立连接，由前置机对监控模块直接收发信息并进行监控管理。

8.6　移动通信基站电源设备管理

移动通信基站电源系统为移动通信系统主体设备及传输设备的配套支撑系统之一，涉及动力机械学、化学、电子、通信与自动控制技术、计算机应用等多个专业学科。其维护工作的目的是保证通信设备获得持续、稳定、可靠的能源，为通信设备提供正常运行的环境，保证系统的安全。对此，维护人员需要具备一定的专业技能。

8.6.1　通信电源设备维护的要素

电源设备种类较多，受外界因素影响较大，如果维护不得力，设备总体的故障率就会很高，动力环境监控系统失去效用，运行成本开支大，基站不安全因素较大。为降低运营成本，防止蓄电池组早期报废，需要对基站市电环境及对电源维护的重点进行分析。

1. 基站市电环境因素

在整个通信行业中，移动通信基站所处的环境较为复杂，市电引入的建设因受基站环境条件限制，建设配置要求有所不同，维护要求有所差异，如许多基站建于高楼或高山上。客观上讲，基站的市电环境大多没有交换局要求高，但对电池的质量要求较高，这给蓄电池组的配置、维护和管理增加了许多困难，如果维护不当，将会造成电池组的早期失效。

1）高楼基站

此类基站处于城市中，一般情况下供电较为稳定。影响市电停电时间较长的两大因素：一是当城市能源较为紧张时，供电部门限制市电压负荷，该问题一般发生在夏季，用户端电话电压低；二是出现市电故障，此类情况多为业主无自备油机发电，故障时间一般不超过 24 h。对于此类问题，应采取在动力环境监控系统配合下的限制直流负荷措施，防止蓄电池组过放电，事后加强蓄电池的维护充电。

2）高山基站

高山基站指远离城市的乡村山丘基站，此类基站使用农电，对市电建设要求较高。此类基站的建设应根据当地情况及安全条件选用较高的市电引入方式，有条件的最好采用 10 kV 高压市电引入。在农村电力供应中，高压市电引入较 380 V 市电引入稳定，并且受人为因素的影响小。如有可能，可配置一台自动发电机组，以实现交流供电自动化。基站位于农村山丘，由于移动油机不便接入发电，基站应配置一台自动发电组，这样可以确保外市电引入稳定、可靠，保障通信畅通。

3）一般基站

无论什么基站都应注重市电引入建设，任何一个基站的市电引入都将经历一个从建设到维护、再根据当地市电状况进一步优化完善的过程，以保证当市电被阻断时，能可靠地接入固定油机或移动油机对电池组进行充电。因此，移动油机发电接入应建立“移动油机发电制度”，保证在动力环境监控系统的配合下，进行即时、可靠、安全的操作，做好蓄电池维护。

2. 蓄电池的维护

蓄电池维护是整个电源维护工作中的重点，一切电源维护都围绕此项工作展开。一般说来，阀控式铅酸电池维护的关键在于控制环境的温度及电池的充放电，因此，控制好电池的充放电是蓄电池维护的重要环节。电池的充电分为浮充充电和均衡充电。所谓浮充，是指在市电正常时，蓄电池与开关电源并联运行，开关电源输出电压符合蓄电池厂商规定的要求，一般为 2.23 V/只，用于满足电池的自放电、氧循环的需要。

从浮充的定义可知，浮充电压只能满足电池的自放电、氧循环的需要，不能作为电池放电后的补充充电。蓄电池的补充充电是通过开关电源的均衡充电来完成的。均充时，充电电压提高到 2.35 ~ 2.40 V/只，以 $\leqslant 0.10C_{10}$ 的电流对电池充电，其充电过程的控制是通过对开关电源的设置，由开关电源智能控制实现。在日常维护中，可通过动力环境监控系统，定期对其进行检查，以防范整流设备参数的改变，避免造成电池受损。

蓄电池使用不当将直接影响电池以后的运行效果及使用寿命，特别是基站电池受市电影响较大，更应注重其选用技巧。在基站电池选型时，应重点考虑负载性质及负荷大小、机房负荷要求和电池基本支持时间 3 个因素。

（1）负载性质及负荷大小。包括主体设备用电量、传输设备用电量和监控设备用电量。

（2）机房负荷要求。出于安全考虑，当所有设备安装完毕后不得超过建筑荷重。

（3）电池基本支持时间。主要指交流供电设备出现故障后的应急处理时间，通常根据市电条件确定其支持时间，一般选择 8 ~ 10 h。

基站主体设备对电源的要求没有交换设备高，基站电源的阻断不至于造成数据丢失不能恢复，无须两组电池并联使用。在基站市电环境下，两组电池并联不利于电池长期在恶劣条件下使用，因为两组电池完全处于两个不同的化学集合中，受电池连线及螺母拧紧等因素影响，不易将两组电源的内阻保持一致，经过一段时间运行后，电池内阻发生变化而使个别电池因长期得不到补充充电产生落后电池，从而使电池容量受损的概率较一组电池单独使用时高。因此，基站电池配置一组为好。

3. 预检预修

任何设备故障的发生都有一个从积累（不安全因素的增大超过其设备允许极限）到集中爆发的过程。只有进一步熟悉它所处环境对其的影响，主动采取防范措施，才能掌握维护工作的主动性。影响电源设备正常运行的 3 大因素：季节变化对电源的影响、人为因素对电源系统的影响以及设备的老化。

1）季节变化对电源的影响

入冬后的雨雾天气使户外线路绝缘能力降低，此时取暖电器增加，是电源故障多发期；另外，盛夏天气湿度大，绝缘相对较低，此时制冷电器大规模增加，也是电源故障多发期。为防止重大事故发生，消除事故隐患，应加强安全用电检查，检查重点为市电引入线路、变配电设备和空调机组等。

2）人为因素对电源系统的影响

农村公用变压器接 380 V 或 220 V 电源时，应防止因火线、零线接错而造成重大故障。

3）设备的老化

此类故障多为电缆线路老化。

4. 重视电源辅助设备动力环境监控系统的建设和维护

基站动力环境监控系统是保证移动配套设备在无人值守条件下正常运行的远端在线重要测试工具，是配套设备维护基础网络。因此，加强基站动力环境监控系统的维护管理是保障远端电源系统稳定、可靠运行的基础。基站动力环境监控系统维护工作的重点是防范系统误告警，提高系统稳定性，完备系统测量功能，基本任务为：

（1）保证基站动力环境监控系统运行畅通，定期清理转存重要信息，防止病毒侵袭。

（2）保证基站动力环境监控系统的配套设备电气检测性能、设备控制性能、系统告警性能。重要维护技术指标、网络指标符合标准。

（3）合理调整系统网络，保证系统安全运行，提高设备利用率，延长系统设备使用时间，发挥其最大效能。

（4）迅速准确地排除故障，避免因系统故障对配套设备造成影响和因延误设备维护时机造成损失。

（5）采用新技术，优化系统配置，改进维护方式，提高工作效率。

（6）妥善保存技术资料。工程竣工资料包括系统信号线配置图、智能设备通信协议文本（设备厂家提供）、协议开发竣工文件和设备配置清单。

（7）监控系统的扩容升级在原则上不得影响系统正常工作。如对系统有影响，在扩容升级前必须说明影响部位、处理时限、处理方案，待相关管理部门批准后方能实施。

（8）监控系统开通交付使用后，监控系统不得任意中断，中断时限超过 24 h 应视为重大故障处理。

8.6.2 通信机房的节能降耗管理

随着通信网络规模和用户数量的不断增大，电信运营市场竞争日益激烈。由于受到国家政策的不对称管制和新技术、新业务的冲击，特别是电缆被盗和灾难损坏造成有线维护成本的增加，固网电信运营商的业务发展和创收日趋困难，各大电信企业通过挖掘网络潜力、发展新业务，在扩大市场份额和业务种类的同时，通过减少运营支出、开源节流来提高企业经营收益。目前通信机房的节能降耗主要从电源、空调、机房管理等几个方面入手。

1. 电源系统的节能降耗

1）合理选用变压器

通信系统中，变压器损耗约占总损耗的 25%～30%，其中空载损耗主要以磁场通过铁心产生涡流形成的铁损为主，负载损耗主要以励磁电流通过电阻产生的铜损为主。以高压进线的通信局站，在选用变压器的时候，应根据局（站）负荷性质以及负荷同时率、变压器效率、功率因数等因素，合理选配变压器容量，尽量选择不低于 S11 变压器技术指标的节能变压器。由于变压器的负载率越低，变压器的电能损耗越大，在通信电源设计时，要合理选择变压器容量并匹配相应容量的负荷，保证负荷率的平稳性。对于变压器容量较小、电压波动比较大的农村地区机房和移动基站，一般配用稳压器来保证设备的安全运行。

2）保证油机的经济运行

通信保障用油机要定期检查维修，定期检查调整气门间隙、喷油压力、供油时间等技术指标，保证油机在最佳工况下运行。一般要求使用沉淀净化后的油料，严禁使用劣质再生油，防止杂质堵塞柱塞和喷油嘴，造成供油时间不准、供油不均匀、雾化不良，导致油耗增加，油机功率下降甚至不能启动。油机使用中要及时清除积炭和水垢等污物，油机运行中一般要保持水温在 45 ~ 65 °C 比较合适，水温过低会造成柴油燃烧不完全，冷却水最好不含矿物质。油机超负荷运行，机器会冒黑烟增大油耗，缩短零部件的使用寿命；长时间处于低于 30%的轻负荷状况下运行，油机转速较高也不节油，且机件非常容易损坏。

3）减少线损

配电系统的线损电量通常包括两部分：技术线损电量和管理线损电量。

技术线损电量是在传输过程中直接损失在线路设备上的电量，如正比于电流平方的负载损失和与运行电压有关的空载介质损失。技术线损电量可以通过采取相应的技术措施予以降低。管理线损电量是计量管理环节造成的，包括电表的误差、错抄、漏抄，设备漏电及窃电造成的电量损失，只能通过采取必要的管理措施来避免和减少。

减少线损的技术措施包括：缩短配电距离和减少配电级数，更换破损的导线和老化的设备、开关及连接金具，减少接头数量，降低接触电阻，按经济电流密度选择导线截面等。

4）优化直流电源系统

通信企业目前已经大量采用新一代开关电源设备，相比老式的相控电源，开关电源体积小、容量大、智能化程度和转换效率比较高。在实际应用中需要注意的是，开关电源的容量配置要略高于负载容量，这样既节省投资，又节约电能，如果容量配置过小，则电源模块发热容易烧坏，且热负荷也变大。多模块并联供电情况下，如果单模块电流小于 30%额定容量，应该关闭几个模块，使模块电流负荷率达到 60%以上。蓄电池应防止容量过大和过小设计，节约电池和开关电源的购置费用，避免长时间小电流放电、电池终了电压上升引起电池提前不可逆损坏和短时间大电流放电引起电池容量下降。

5）治理谐波和改善功率因数

首先，电网中非线性负荷产生非正弦谐波电流流过导体时，由于集肤效应的作用，线路有效电阻增加，导体会发热严重，变压器附加损耗增加，电能损耗加剧，谐波电流会引起电力系统中继电保护装置误动作。其次，低频谐波电流通过磁场耦合，会干扰通信系统的工作，谐波还会导致浪涌冲击，在中性线上产生过电流，导致三相电压不平衡，使得功率因数下降。谐波治理可以局部重组电网结构，隔离产生电力污染的设备。可以使用电源净化滤波设备进行治理，也可以通过在电网中安装无功补偿设备补偿负载所消耗的无功功率，降低线路和变压器的无功电能传输损耗，提高功率因数。

2. 空调系统的节能降耗

实现空调节能的根本途径，在于巧妙地利用室内外条件、维护结构与空调设备的相互作用关系，制定出有效的节能方案。测试证明，夏季室内温度降低 1 °C 或冬季升高 1 °C，工程投资将增加 6%，能耗增加 8%，且加大室内外温差不符合卫生学要求。从舒适性上讲，夏季比较理想的室内温度是比室外温度低 5 ~ 8 °C。

空调安装时室外机要有足够的散热空间，尽量避免阳光直射；冷热负荷要均匀分配，多机安装时，冷热气流不能形成“气流短路”，选择更利于制冷效果发挥的风向；尽量缩短管路弯道减少沿程压力损失；尽量缩短室内外机高度差，使压缩机处于下方位置。压缩机在下方时，室内机、外机高度差最好为 20 ~ 25 m，超过 10 m 就要加装回油弯或油分离器；压缩机在上方时，室内、外机高度差最好为 3 ~ 5 m，否则压缩机因为润滑不良而容易损坏。机房空调尽量采用单冷空调，如果采用冷暖空调最好取消制热功能。机房精密空调一般可以不配置加热、加湿功能，不要将空调设置为“自动”状态，以防止室内温度过低时空调机自动启动制热功能。搞好空调维护保养可大大减少空调耗电量。据测试，定期对空调进行维护保养，能使耗电量减 5% ~ 10%。

目前市场常用的几种空调节能技术，各有其优、缺点，要根据不同应用环境因地制宜地选用。

1）空调冷凝器加水冷系统

空调冷凝器翅片积灰结垢，散热不畅，导致空调制冷效率不高，加大耗电量，系统压力过高易使高压压力开关动作，使压缩机停止工作。空调冷凝器加水冷系统利用雾化的水冲击空调冷凝器来达到清洗、散热、降温、节电的目的。测试证明，风冷冷凝器增加了冷凝器水冷系统后，风机运转电流和运转噪声大大减小，但风冷系统的水冷改造，需要在原有系统上增加额外的管路和设备，费用相对较高，且自动水量控制系统的安装使用，无形中增加了空调维护工作量。

2）中央空调变频改造

中央空调耗电量大，设计冗余度也大，很有节能潜力。压缩机变频技术通过变频器来改变压缩机供电频率，即依靠调节压缩机转速的快慢达到控制室温的目的，避免了压缩机频繁的开停对设备造成的损伤。压缩机的降速运行和软启动，减少了振动、噪声和磨损，以及对电网的冲击，使耗电量大大下降，从而实现了高效节能。但是由于变频的高频脉宽调制技术会产生谐波，谐波窜入通信低压配电系统会干扰通信设备，影响其正常工作。所以配电时应尽量将空调电源与通信电源分开，空调变频器应与通信设备保持距离并做好电磁防护措施。

3）室外冷源的利用

新风系统利用机房室外的自然环境为冷源，依靠通风将机房内的热量带走实现室内散热，从而达到降低机房内部温度和节能的目的。自然通风新风系统直接利用室外较低温度的冷风送入机房内降温，兼有空调功能，系统效率高、节电量效果明显。但室外微尘易引入机房，影响机房洁净度，电网易结灰尘，需经常清洗，所以自然通风新风系统不适合在室外灰尘多的环境下使用。热交换新风系统采用了隔绝换热的工作方式，室外空气并不直接进入室内，不改变机房内湿度，室外灰尘不进入机房，应用范围相对较广，但室内外须有 5 °C 以上的温差才有明显效果，其转换效率明显低于前者。

4）空调节能添加剂的使用

目前在市场上出现了一些号称可以节能环保的 R4 制冷剂，用于替代现在常用的 R12、R22 等制冷剂。这类添加剂加入空调系统后，与制冷剂一起循环，到达系统内的各部位，抑制管道内油泡的产生，其活性极化分子能穿透管道内的油膜组织，嵌入金属表面晶格间隙中，逐渐分解并清除沉积在金属表面的油膜。加入防腐抗氧化剂后，还能在系统组件表面形成保护膜，从而恢复、提高系统的热传递效率，达到节能目的。但由于使用节能添加剂必定会改变空调设备工况，不同厂商的产品效果还需要在工程实际运用中检验。

3. 通信机房的节能管理

除了采用以上技术从硬件环境上来减少通信机房的能耗，还需要特别注重从软管理的角度，通过建立健全各类制度，并有效地监督执行，来达到节能降耗的目的。另外，还要注重研究节能方案的安全性和经济性，节能不能以影响机房环境质量、降低设备使用寿命、影响通信网络安全为代价，节能还要考虑其投入的成本与可能产生的效益两者之间的比例，看是否能真正做到既节约能源，又降低企业运营成本。

1）机房环境的节能

在机房设计和外租机房时，应注重机房的隔热和通风，通信机房尽量布置在二到三楼，尽量不要使太阳光直射机房，机房的内外壁应尽量使用白色涂料，以增大对日照的反射率和对天空长波的反射，减少热负荷。机房在顶层的要在机房顶部安装隔热层，不具备条件的可增加防火窗帘，减少外界热辐射。面积较大的机房要增加隔断。要注重门窗的密封性和合适的窗墙比，实践证明，透过外窗的耗热量占建筑物总耗热量的 35%～45%，窗墙比过大时，由于太阳的直射，致使房间温度无法调节，既浪费电能，又无法取得良好的效果，一般各朝向的窗墙比控制在 20%～30%为宜。通信机房的门窗、孔洞在条件允许时应使用封堵密闭，减少室内冷气外漏或室外热量进入。

空调参数的设置应以低于室外温度 6 °C 为宜，在满足规程及设备要求的前提下，空调温度在需制冷时宜设定在上限值，在需制热时宜设定在下限值。

对于安装了多套空调系统的机房，空调参数设置要一致，避免一台空调制冷、台空调制热的情况发生，机房空调应轮流切换使用，不要同时开启和同时关闭。采用合理的送风方式，使用挡板消除无用机架空位，合理组织室内气流，使空调运行得更有效率，进出机房必须随手关门。模块局一般设为 24～26 °C，农村光节点机房一般可以设为 26～28 °C，并且根据不同的季节设置不同的温度参数，夏季设置下限，冬季设置上限。对设备安装较少、发热量较小的节点机房，冬季应关闭空调电源，在开放式机架的情况下，冬天也可以拔掉机架风扇，既节能，又可以防止农村长期电压不稳损坏空调设备。

机楼照明除了采用楼道声光控制开关和遵照“人走灯熄”的制度管理外，还应采用高效节能灯具。常用电感镇流器是一个高感抗和高电阻的器件，串联在电路中要消耗有功功率和无功功率；电子镇流器与之相比，具有不需要启动、有功消耗少、功率因数高、点燃速度快、无噪声干扰、无频闪、健康环保等优点，但其劣质产品产生的三次谐波仍对电源和通信设备有干扰和污染，所以机房照明在选用气体放电灯时，一般应选用品牌电子镇流器。

2）机房设备的节能

虽然机房通信设备相对空调而言，节能的空间比较小，但仍大有可为。通信设备的功耗下降 1 kW，配套通信电源系统和机房空调设备的建设投资费用将减少约 1.97 万元，其相关的运行和维护成本中仅电费一项一年就可节约 1.51 万元。机房设备的节能，主要从节能通信设备的选型、停用设备的及时下电、冗余设备的合理配置等几方面入手。

从源头上控制能耗，选择那些既节能又环保的通信产品是降低机房能耗的基本手段。在招标采购通信设备之前，应安排专业人员对交换、传输、数据、无线等通信设备的耗电量指标、通信电源设备的转换效率指标进行检测，以确保产品能够达到节能、环保标准。在机房中尽量采用较少的设备，通过先进的技术减少设备使用材料的数量，以此降低设备的能耗。在工程改造中，应逐步淘汰发热量大、效率低的通信设备，在安全条件允许的前提下，按最节能方式合理调整电源设备工作负荷率。

通信网络总是处在不断调整、优化和升级中，设备调整后经常有老设备被淘汰，工程人员经常由于疏忽，忘记关掉下网设备的电源，造成能源损失。在工程中，经常有过度冗余配置的情况，备用板卡数量过多，没有开通业务却长时间插在机框里面，势必造成能源的浪费，所以设计时一般要选择最小冗余配置。

8.7 通信电源设备维护的内容

为了保障系统稳定、可靠地运行和优质供电，良好的电源设备运行管理和维护工作是非常必要的。电源设备维护工作的基本任务是：

（1）保证向电信设备不间断地供电，供电质量符合标准。

（2）通过经常性的维护检修和定期大修，保证设备稳定、可靠运行，延长设备使用时间。

（3）迅速准确地排除故障，尽力减少故障造成的损失。

（4）经常保持设备和环境整洁，使机房环境符合设备运行的基本要求。

（5）采用新技术，改进维护方法，逐步实现集中监控，少人值守或无人值守。

概括起来说，电源设备维护包括日常维护、机房管理和巡检 3 个方面。

8.7.1 日常维护

电源设备维护涉及电池、交直流配电设备、油机发电机、开关电源设备、空调照明设备、动力环境监控设备，以及机房环境等，每种设备维护又包括许多项目。多数项目的检测标准并没有权威的定义，为了便于维护操作，而采取现场可以判断的描述性定义，需要电源设备维护人员灵活把握运用。

1. 机房环境与消防设备维护

1）温湿度

检测标准：电力电池机房温度范围 – 5 ~ 40 °C。

相对湿度：20% ~ 80%。

检测工具：温湿度计。

检测方法：湿度计测量的是相对湿度，测量时要注意保持水气采集的干净、无污染。

2）粉　尘

检测标准：无明显积尘。

检测方法：对粉尘易于堆积的地方进行目测检查，如墙角、机柜顶部等。

3）照　明

检测标准：机房照度可以满足机箱内维护操作。

检测方法：对电源设备背离光源的部分进行目测检查。

4）通　风

检测标准：电池机房必须有良好通风。

检测方法：定期开启门窗通风，减少机房腐蚀性、易燃易爆性气体富积。

5）噪　声

检测标准：空调、整流模块风扇运行无异常声音，变压器、滤波器无异常声音，噪声符合指标（50 dB）要求。

检测工具：指标测试可用声级计。

6）消防器材

检测标准：消防设备布置符合设计规定，消防器材在有效期内并年检标志齐全。

检测方法：符合性、有效性检查，采用目测方法。

7）密闭性

检测标准：门窗关闭后，刮风时没有明显的进风啸叫，机房没有屋顶渗漏、窗户与管线进水，

检测方法：目测，耳听。

2. 接地系统与过压防护设备维护

1）接地电阻

检测标准：接地电阻符合参考标准要求（或两次测量没有明显差别）。

检测工具：地阻仪。

检测方法：符合性测试，注意测量辅助点的选取，保证每次测量取点一致，以减少因测量方式不同造成的偏差。

2）接地连接

检测标准：地网引出点焊接良好，无锈蚀；接地排上接地线连接牢固可靠。

3）防雷部件

检测标准：防雷接地连接良好；防雷部件无变色、变形、开裂等。

4）雷击告警

检测标准：防雷器指示灯显示正常，防雷部件过压损坏时能告警。

检测方法：对于有告警结点的压敏电阻防雷器或设计有告警电路的防雷器，模拟压敏电阻损坏时应能告警。

3. 电源交流供电检查

1）电网接地

接地规范：交流用电设备应采用三相五线制引入，零线不准安装熔断器，在零线上除电力变压器近端接地外，用电设备近端不许接地。交流用电设备采用三相四线制引入时，零线不准安装熔断器，在零线上除电力变压器近端接地外，用电设备和机房近端应重复接地。每年检测一次接地引线和接地电阻，其电阻值应不大于规定值。

2）过压防护

防护要求：进、出变配电室的交流高压馈线超过避雷保护范围时，应分别装置高、低压避雷器。

3）交流断路器配置

检测标准：照明回路的交流熔断器的额定电流值按实际负荷配置，其他回路不大于最大负荷电流的 2 倍。

检测方法：根据断路器状态检查，断路器无热变形、接点发黑、接点附近电缆老化、龟裂等。

4）相不平衡度

检测标准：相不平衡度低于 4%（部标）。

检测工具：用万用表测量各相电压，将电压差最大值与标称值（220 V/380 V）进行比较。

5）电网波动范围

检测标准：交流 220 V 为 187 ~ 242 V，交流 380 V 为 323 ~ 418 V。

检测工具：万用表或查阅日常记录。

检测方法：测量点为受电端子，记录电网电压的最大值和最小值，一般要利用日常记录。

4. 密封电池的维护

1）电池端电压

检测标准：全组各单体电池端电压的最大值不低于 2.18 V /节。

检测工具：数字万用表。

测试方法：逐节电池测量。

测量包括三种状态：充电过程完成时各单体电压，放电 20%以上时各单体电压，以及均衡充电时各单体电压。但是，不论在哪种状态下检测到某节电池电压异常，均需要对该电池作单独补充电或更换处理，以保证整组电池性能一致。

2）电池连接（牢固、腐蚀）

检测标准：电缆连接牢固；充放电电缆护层无老化、龟裂现象；均衡充电时电缆无明显发热。

检测方法：通过视觉和触觉判断。

3）电池外观结构

检测标准：电池外形无鼓胀变形，电池壳体无漏液痕迹。

检测方法：视觉判断。

4）放电维护

放电维护的基本要求是：

（1）每年应以实际负荷做一次核对性放电试验，放出额定容量的 30%～40%。

（2）每 3 年应做一次容量试验，使用 6 年后宜每年一次。

（3）蓄电池放电期间，每小时应测量一次端电压、放电电流。

5. 开关电源设备维护

1）系统均流

检测标准：各模块超过半载时，整流模块之间的输出电流不平衡度低于 5%。

检测方法：通过监控单元观察每个模块的输出电流，计算不平衡度；通过观察各模块上的输出电流显示值，计算不平衡度。

处理方法：当出现模块之间输出电流分配不均衡（不平衡度大于 5%）时，可以通过监控单元或模块面板上的电压调节电位器，将输出电流较大的模块输出电压调低至电流均衡，或将输出电流较小的模块电压调高至均衡。

2）电压电流显示

检测标准：模块电压、母排电压、监控单元显示各输出电压之间偏差小于 0.2 V，模块显示电流、充电电流、负载总电流代数和不大于 0.5 A。

检测方法：从监控单元、整流模块读取各电压、电流值，根据以上标准做出判断。

3）参数设定

检测标准：根据上次设定参数的记录（参数表）作符合性检查。

处理方法：对不符合既定要求的参数进行重新设定。

4）通信功能

检测标准：系统各单元与监控单元通信正常；告警历史记录中没有某一单元多次通信中断告警记录。

5）告警功能

检测标准：发生故障必须告警。

检测方法：对现场可试验项抽样检查。可试验项包括交流停电、防雷器损坏带告警灯或告警接点的防雷器、直流熔丝断（在无负载熔丝上试验）等。

6）保护功能

检测标准：根据监控单元参数设定或设备出厂整定的参数作符合性检查。

检测时机：运行中的设备一般不易检测此项，只有在设备经常发生交流或直流保护，判断为电源保护功能异常时才做此检测。

检测方法：通过外接调压器试验交流过、欠压保护功能，通过强制放电检测直流欠压保护功能。

7）管理功能

检测标准：监控单元提供的计算、存储和电池自动管理功能，可查询项未告警历史记录，可试验项的电池自动管理功能。

检测方法：模拟告警，监控单元将记录告警信息（检查存储功能），交流下电 15 min 以上，上电后系统进入自动均充转浮充充电过程（检查电池自动管理功能）。

8）杂音指标

检测标准：衡重杂音不大于 2 mV；峰-峰值杂音：不大于 200 mV。

检测工具：杂音计、示波器。

检测要求：杂音测量时要求将电池与电源设备分离，但为了供电安全，现场操作不容许断开电池，只是在局（站）通信质量较差，认为电源设备供电质量不合要求时做杂音指标检测。

检测方法：衡重杂音，用杂音计测量，由正负母排输入，杂音计置于“电话杂音”测量挡，峰-峰值杂音用示波器测量。

9）耐压测试（停机大修时测试本项目）

耐压测试主要用来测试电源设备的输入对机壳、输出对机壳、输入对输出之间的绝缘电阻与强度。

检测标准：绝缘电阻检测为加压直流到 500 V 测得电阻大于 10 MΩ；绝缘强度检测为在交直流输入与输出之间施加电压 2000 V/50 Hz 持续 1 min 应无击穿，且漏电流小于 30 mA，在直流输出与地之间施加电压 500 V/50 Hz，持续 1 min 应无击穿，且漏电流小于 30 mA。

检测工具：兆欧表、耐压测试仪。

测试方法：耐压测试仅在电源设备发生过耐压不足类型故障时做检测，如机壳放电、交流侧故障造成直流侧损坏。耐压测试时要将防雷器、模块内去耦电容等元器件分离后再进行操作。

10）内部连接

检测标准：插座连接良好，电缆布线与固定良好，无电缆被金属件挤压变形，连接电缆无局部过热和老化现象。

11）风道与积尘

检测标准：模块风扇风道、滤尘网、机柜风道等无遮挡物、无灰尘累积。

检测工具：毛刷、皮老虎等。

检测方法：对风道挡板、风扇、滤尘网等进行拆卸清扫、清洗，晾干后装回原位。

12）直流电缆

检测标准：线路设计时确定的容许压降，一般低于 0.5 V（低阻配电）。

检测方法：记录电缆上流过的最大电流，从设计资料上查阅电缆线径、布线长度，计算线路压降，核对线路压降是否符合设计要求。

13）直流熔断器配置

检测标准：直流熔断器的额定电流值应不大于最大负载电流的 2 倍，各专业机房熔断器的额定电流应不大于最大负载电流的 1.5 倍。

检测方法：根据各负载最大电流记录来检查熔断器的匹配性。

14）节点压降与温升

检测标准：1000 A 以下，每百安培压降≤5 mV；1000 A 以上，每百安培压降≤3 mV；节点温升不超过 40 °C。

检测工具：万用表、点温计。

检测方法：用万用表检查节点两端电缆或母线之间的压降，根据流过节点的电流核算节点压降的合理性；用点温计测量节点温升，测量结果必须满足温升限制和压降限制双重标准。

8.7.2　机房管理

1. 机房管理的一般要求

1）机房的环境要求

（1）应保持整齐、清洁。

（2）室内照明应能满足设备的维护检修要求。

（3）室内温湿度应符合本规程的要求。

2）机房的管理

（1）应设置灭火装置，各种灭火器材应定位放置，定期更换随时有效，人人会使用。

（2）保持设备排列正规，布线整齐。

（3）应配备有仪表柜、备品备件柜、工具柜和资料文件柜等，各类物品应定位存放。

（4）门内外、通道、路口、设备前后和窗户附近不得堆放物品和杂物，以免妨碍通过和工作。

（5）认真做好防火、防雷、防冻、防鼠害工作。

（6）无人值守机房必须安装环境监视告警装置，并将告警信号送到监控管理中心。

（7）维护人员应严格执行机房管理细则。

2. 仪表工具的管理

工具、仪表是专用器材，应认真管理，并做到：

（1）专人管理，放置整齐，账、卡、物一致。

（2）定期检验仪表、工具，不合格的工具、仪表不得使用。

（3）工具、仪表借用时应办理借还手续，禁止私自领取做他用。

3. 维护备品备件和材料的管理

电源室或电源维护中心的备品备件和材料，实行集中管理，专人保管。

（1）加强零备件的计划管理，每年按时汇总，并办理申报手续；

（2）储备一定数量的易损零备件，并根据消耗情况及时补充，为防止零备件变质和性能劣化，存放环境应与机房环境要求相同。

（3）加强零备件和材料的质量检查，不合格产品不出库。

8.7.3 巡 检

作为通信动力设备核心通信电源，在使用中处于在线不间断运行状态，不可能通过停机大修等方式实施半年或年度检修，动力维护单位通常采用的做法是对设备进行巡检。

巡检是一种有目的、有计划地对设备的运行状态、性能指标进行检查和测试的方法。从提高工作效率和降低费用上考虑，尽量不要单独针对电源设备做巡检。一般每次巡检要求能覆盖所有的动力设备与环境，包括机房环境、基础电源、油机发电机、电池、低压配电柜、空调、接地系统、防护设备、消防设备、动力环境监控设备等。

通信电源的不间断在线运行方式也使得巡检中对电源设备检测的全面性受到限制。如何从可检测项中获得完整的设备运行信息，消除设备潜在的事故隐患，是巡检实施中需要认真考虑的问题，因此，对巡检操作需要进行细致的策划。

1. 巡检策划

1）巡检目的

电力电池电源设备巡检一般包括春季巡检和秋季巡检，两次巡检的目的是不完全一样的。春季巡检是为了保障设备在潮湿的雨季和雷季中的运行安全，对设备接地系统状况、耐压参数与防雷部件等做检查。秋季巡检是为了保证设备在干燥的冬季，特别是春节期间，保持良好的运行状态，对设备的性能指标、负荷能力、电池容量、供电安全、机房安全等做检查。不论是春季还是秋季巡检都需要检查的项目包括机房温度湿度、设备防尘、电线电缆状况、连接点状态等。

2）巡检要求

巡检往往是在设备处于正常运行状态下实施的，这使得巡检非常容易流于走形式。因此，在巡检策划时必须明确对巡检的要求，并有良好的检查控制措施。对巡检的基本要求一般包括：

（1）明确巡检内容。

巡检内容是根据巡检所要达到的目标，确定本次巡检的具体项目，编制每个检查项的操作程序。

（2）规定巡检对象和范围。

在维护部门管理的设备量较多时，每次巡检不可能全检。因此在巡检策划时，要明确界定哪些设备必须检查，哪些设备可以不检查，尽量降低巡检成本。确定巡检对象时，按重要局（站）、事故多发局（站）、较长时间没有检修的局（站）优先的原则。

推荐的巡检范围界定原则是：

① 安装运行 3 个月没有返修和巡检的设备。

② 距离上次维修超过 3 个月没有巡检的设备。

③（春季巡检）运行环境可能发生水侵的设备。

④（夏季巡检）周边环境容易遭受雷击的设备。

⑤（秋季巡检）供电电压波动大的局（站）设备。

⑥ 偏远的无人值守局（站）等。

（3）限制巡检时间。

巡检要有计划控制，保证巡检工作的效率。

（4）做好费用预算。

巡检中会涉及人力、车辆、工具、材料、备件等费用的产生，在巡检前一定要做好费用预算，保证巡检工作有较高的投入产出比。

另外，巡检开始前的培训工作和巡检路线安排也很重要。用户在巡检前，可以请电源厂家的服务工程师做巡检前的培训或现场演示。

3）巡检计划

巡检策划的结果是形成巡检计划。动力设备维护部门可以自行编制巡检计划，巡检计划应包含以下内容。

（1）人员安排。

（2）车辆安排。

（3）工具、材料采购计划。

（4）巡检实施进度控制表等。

对于巡检实施进度控制表，计划必须做到具体的局站、具体的责任人、具体的实施日期等，以提高计划的可控性，避免操作的随意性。

2. 巡检操作

1）准　备

巡检准备的内容比工程准备简单得多，主要是按照巡检计划落实人员安排、车辆安排、工具材料购买等事项，保证巡检能顺利实施。

2）现场作业

巡检现场作业的主要工作包括检查、试验和测量。检测根据策划报告规定的项目实施，巡检操作项目根据需要从日常维护条例中选取。

3）巡检记录

巡检一般用表格记录，表格的内容在巡检前确定。

3. 巡检总结

1）统计分析

巡检结束后，要对巡检做统计分析，基本分析项目包括：

（1）巡检覆盖率。巡检覆盖率是指本次巡检局（站）数量与维护部门维护的局（站）总量的比值的百分值。

（2）计划完成率。本次实际完成巡检量与计划完成巡检量的比值的百分值。

（3）问题统计分析。根据“电力电池设备巡检记录表”的巡检项目对发现的问题进行分类统计，在检测内容不多时可以直接安装检查内容分项统计。

（4）预算执行分析。策划时预计的费用与实际完成费用的比较分析。

2）巡检报告

（1）报告目的。

巡检报告写作的目的是为了对巡检工作做一个总结，特别是对巡检中发现的问题进行分析总结，同时也对今后维护工作提出建议或对策。巡检报告也是上级领导对相关工作做决策的依据之一。

（2）报告内容。

巡检报告应该包括的主要内容：数据统计、数据分析与说明、问题与对策建议等。

① 数据统计包括巡检覆盖率、计划完成率、预算执行分析、问题分类统计等。

② 数据分析与说明是对每一个数据做说明和解释，即面向结果分析原因。

③ 问题与对策部分主要是经过详细分析后，总结出维护中需要解决的2或3个关键问题，以及有代表性的问题，做出对策分析，并制定整改计划。

3）巡检记录文件

巡检报告撰写完成后，除了将巡检报告送交上级主管部门审查并作为工作决策参考外，动力设备维护部门还要将巡检的过程文件归档，作为设备维护记录之一。巡检记录文件一般包括：

（1）巡检策划报告：上级主管部门审批件。

（2）巡检计划书：巡检执行部门主管审批件。

（3）巡检单：每个局（站）一张表单，集中归档。

（4）巡检过程记录，如电池测试记录、监控系统打印报表、有人站日常记录等。

（5）巡检总结报告：归档文件主体。

以上报告和文件编目时作为巡检报告附件。

第 9 章　防雷接地系统

9.1　联合接地概述

大地有导电性，并具有无限大的电容，在吸收大量电荷后仍能保持电位不变，因此可以用来作为良好的参考电位。

为了保证通信质量并确保人身与设备安全，通信局（站）必须有良好的接地装置，使各种电气电子设备的零电位点与大地有良好的电气连接，具有近似大地（或代替大地的导电体）的电位。

通信局（站）的接地，必须采用联合接地方式，并符合我国通信行业标准《通信局（站）防雷与接地工程设计规范》（YD 5098—2005）、《通信局（站）在用防雷系统的技术要求和检测方法》（YD/T 1429—2006）及《通信局（站）防雷与接地工程验收规范》（YD/T 5175—2009）等标准的相关要求。

9.1.1　联合接地的定义与联合接地系统的组成

联合接地就是按均压、等电位原理，使通信局（站）内各建筑物的基础接地体相互连通形成一个共用地网，并使电气电子设备的工作接地、保护接地、逻辑接地、屏蔽体接地、防静电接地，以及建筑物防雷接地等共用一组接地系统的接地方式。

联合接地系统由接地网、接地引入线、接地汇集线钢筋（包括接地汇流排）和接地线组成。

设备接地的路径：设备中的接地端→接地线→接地汇集线（包括接地汇流排）→接地引入线→接地网大地。接地连接线不得使用铝材。

通信局（站）采用联合接地，把建筑物钢筋结构组成一个笼式均压体，同时实施等电位连接，从而较好地保障了工作人员和设备的安全，并对通信设备起到了一定的屏蔽作用。

1. 接地网

1）接地网的定义

为达到与地连接的目的，一根或一组与土壤（大地）密切接触，并提供与土壤（大地）

之间的电气连接的导体，称为接地体。接地网由一组或多组接地体在地下相互连通构成，为电气电子设备或金属结构提供基准电位和对地泄放电流的通道。接地网简称地网。

2）机房接地网

通信局（站）应围绕机房建筑物散水点外埋设环形接地体（包括水平接地体和垂直接地体），将环形接地体与建筑物基础地网多点焊接连通，从而构成机房接地网。

3）对接地体的要求

接地体埋深宜不小于 0.7 m（接地体上端距地面的距离）。在严寒地区，接地体应埋设在冻土层以下。在土壤较薄的石山或碎石多岩地区可根据具体情况决定接地体埋没深度，在雨水冲刷下接地体不应暴露于地表。

垂直接地体宜采用长度不小于 2.5 m（特殊情况下可根据埋设地网的土质及地理情况决定垂直接地体的长度）的热镀锌钢材、铜材、铜包钢或其他新型接地体。通常采用长度为 2.5 m 的不小于 50 mm × 50 mm × 5 mm 的热镀锌角钠，或直径不小于 50 mm、壁厚不小于 9.5 mm 的热镀锌钢管。垂直接地体的间距宜不小于其长度的 2 倍，当敷设地方受到限制时，间距可适当减小，但一般不小于垂直接地体的长度（当接地体的间距太小时，入地电流的流散相互受到排挤，反而影响接地效果）。垂直接地体的具体数量可以根据地网大小、地理环境情况来确定。地网四角的连接处应埋设垂直接地体。

水平接地体应采用热镀锌扁钢（或铜材）。

接地体之间的所有连接必须使用焊接。焊点均应做防腐处理（浇灌在混凝土中的除外），一般采用在焊点处涂抹沥青的方法防腐。为了便于焊接，水平接地体扁钢的宽边应与地面垂直，垂直接地体角钢的侧面应与扁钢平行。接地体搭接处的焊接长度，扁钢应为其宽边的 2 倍（三面焊接）；采用圆钢时应为其直径的 10 倍（双面焊接）。

接地体应避开污水排放口和土壤腐蚀性强的区段。难以避开时，其接地体截面应适当增大，镀层不宜小于 86 μm；也可选用混凝土包封电极或其他新型材料。

建筑物周围设置的环形接地体应与建筑物基础地网每隔 5 ~ 10 m 相互做一次连接。

地网宜在不同方向上至少设两个测试点，并有明显的测试点标志，以便测量接地电阻。

2. 接地引入线

接地网与接地总汇集线（或总汇流排）之间相连的导电体称为接地引入线。

接地引入线的长度不宜超过 30 m，材料宜采用 40 mm × 4 mm 或 50 mm × 5 mm 的热镀锌扁钢。

接地引入线不宜从铁塔塔脚附近引入，不宜与暖气管同沟布放。

接地引入线与接地体的连接必须采用焊接。接地引入线在地下应作三层防腐处理：先涂沥青，然后绕一层麻布，再涂沥青；其出土部位应有防机械损伤和绝缘防腐的措施。

3. 接地汇集线

接地汇集线是指作为接地导体的条状铜排（或热镀锌扁钢等），在通信局（站）内通常作为接地系统的主干（母线），可以敷设成环形或线形。不同金属的连接点应防止电化学腐蚀。

接地汇集线的截面面积应根据最大故障电流和材料的机械强度来确定，一般应采用截面面积不小于 160 mm^2 的铜排，高层建筑物的垂直接地主干线应采用截面面积不小于 300 mm^2 的铜排。

接地汇流排是接地汇集线的一种形态，它与接地母线相连，作为各类接地线连接端子矩形铺排。

4. 接地线

各类设备的接地端与接地汇集线（或接地汇流排）之间的连接导线，称为接地线。对通信局（站）的接地线有以下要求。

（1）接地线应采用多股铜芯绝缘导线布放（不准使用裸导线布放），线芯的截面面积应根据最大故障电流和机械强度选择。

（2）一般设备（或机架）的保护接地线应使用截面面积不小于 16 mm^2 的多股铜线。当相线截面面积 S 大于 35 mm^2 时，保护地线截面面积应不小于 $S/2$。环境监控系统等小型设备的接地线应采用截面面积不小于 4 mm^2 的多股铜线连接到本机架的汇流排，然后用 16 mm^2 的多股铜线连接到接地汇集线或接地汇流排。

（3）开关电源系统的直流工作接地线，应根据系统容量采用 70 ~ 95 mm^2 的多股铜导线，单独从接地汇集线或接地汇流排上引入。

（4）严禁在接地线中加装开关或熔断器。

（5）接地线应尽量短、直，多余的线缆应切断，严禁盘绕。

（6）多股接地线与接地汇集线及设备连接时，必须加装接线端子（铜鼻），接线端子尺寸应与线径相吻合，压（焊）接牢固。接线端子与汇集线（或汇流排）应采用镀锌螺栓连接并加装平垫片和弹簧垫片，其接触部分应平整、紧固，无锈蚀、氧化，不同材料连接时应涂凡士林或黄油防锈。

（7）一般接地线宜采用外护套为黄绿相间的电缆，大截面面积电缆应保证接地线与汇集线（或汇流排）的连接处有清晰的标识牌。

（8）光缆的金属加强芯和金属护层应在分线盒或光纤配线架内可靠连通，并与机架绝缘后使用截面面积不小于 16 mm^2 的多股铜线，引到本机房内第一级接地汇流排（或汇集线）上。

（9）室内的走线架及各类金属构件必须接地，各段走线架之间必须电气连通。走线架的接地线宜采用截面面积不小于 35 mm^2 的铜导线；走线架（或金属槽道）连接处两端宜用 16 ~ 35 mm^2 铜导线做可靠连接，连接线宜短直，连接处要去除绝缘层。

（10）当机房设有防静电地板时，应在地板下围绕机房敷设闭合的环形接地线，作为地板金属支架的接地引线排，其材料为铜导线，截面面积应不小于 50 mm^2；从接地汇集线上引出不少于 2 根截面面积为 50 ~ 70 mm^2 的铜质接地线，与引线排的南、北或东、西侧连通。

9.1.2　室内接地系统的等电位连接

将不同的电气装置、导电物体等用接地导体或浪涌保护器（SPD）以某种方式连接起来，以减小雷电流在它们之间产生的电位差，称为等电位连接。

通信局（站）室内接地系统的等电位连接，有网状（M 型）、星形（S 型）和网状-星形混合型接地三种结构，如图 9-1 所示。其中，（a）图为等电位连接的基本结构，（b）图为等电位连接的组合方式。

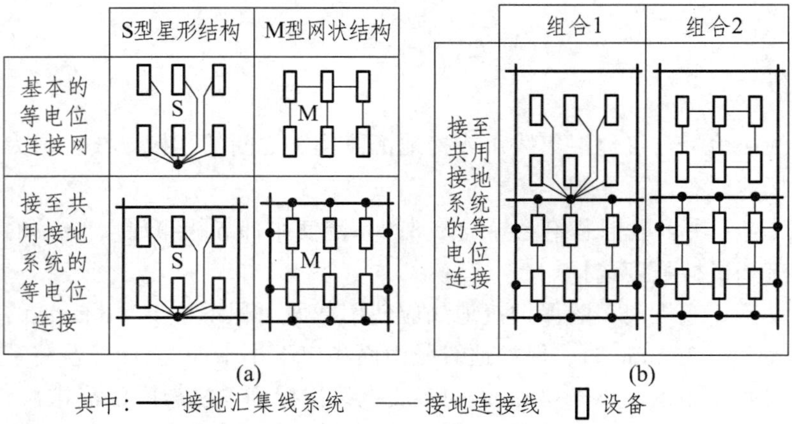

图 9-1　等电位连接的基本结构和组合方式

1. 网状接地结构（M 型结构）

网状接地结构为多点接地，其主要优点：① 各种设备可从不同的方位就近接地，设备之间等电位效果较好；② 在高频时可获得一个低阻抗网络，对外界电磁场有一定的衰减作用；③ 建筑物内的金属构件、电缆支架、槽架无须专门做绝缘处理，在通信局（站）内实施通信设备的安装施工较为容易。其缺点是异常电流的方向和路径很难确定，个别情况下可能会引入低频干扰。

网状接地结构一般适用于分布范围较大的系统或设备之间、设备与外界的连接线较多而且复杂的情况。

2. 星形接地结构（S 型结构）

星形接地结构只允许单点接地。星形接地容易解决通信系统间的低频干扰问题（在高频下较易引入干扰），因为这种接地方式减少了环流的干扰，使得干扰电流不能形成回路。由星形接地形式衍生出的树枝形接地结构要求从地网只引出一根垂直的主干地线到各机房的分汇流排，再由分汇流排引至各列机架。当采用星形接地结构时，系统的所有金属组件除连接点外，应与公共连接网保持绝缘。星形接地结构的缺点：当系统规模较大、设备间连接复杂时，等电位效果较差。

3. 网状-星形混合型接地结构

网状-星形混合型接地集中了两类结构的优点。主体采用网状接地结构，减少了不同设备接地之间的电位差，方便就近接地；有些对低频干扰较为敏感的设备则采用局部星形接地结构。这种等电位连接方法方便灵活、接线简便，安全性和可靠性较高。

通信系统的等电位连接采用何种形式的接地结构，除考虑通信设备的分布和机房面积大小外，还应根据通信设备的抗扰度及设备内部的接地方式来选择。

9.2　综合通信大楼的接地系统

9.2.1　接地网

综合通信大楼（包括通信综合楼、交换局、传输局和大型数据中心等）应采用联合接地方式，将围绕建筑物的环形接地体、建筑物基础地网及变压器地网相互焊接连通，共同组成联合地网。局内设有地面铁塔时，铁塔地网必须与联合地网在地下用水平接地体多点连通。

在局（站）内有多个建筑物时，应使用水平接地体将各建筑物的地网相互连通，形成封闭的环形结构。当距离较远或相互连接有困难时，可作为相互独立的局（站）分别处理。

综合通信大楼的地网如图 9-2 所示。

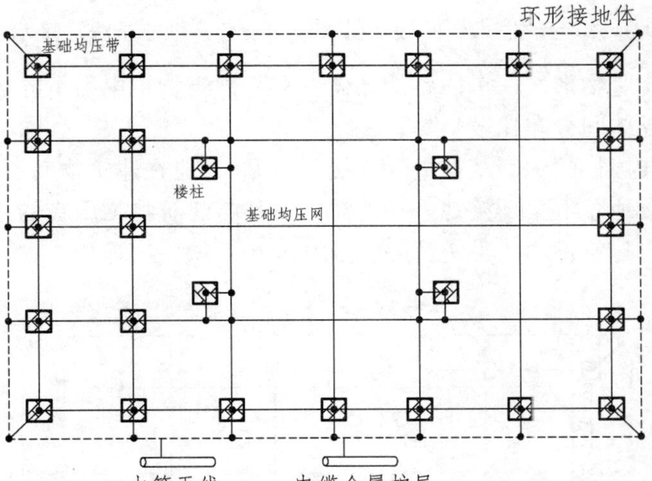

图 9-2　综合通信大楼的地网示意图

9.2.2　接地引入线与接地汇集线

综合通信大楼的接地引入线和垂直接地主干线（VR）连接示意图如图 9-3 所示。从地网上引接多根接地引入线与底层环形汇集线连接。

综合通信大楼的接地汇集线分为垂直接地主干线（VR）和水平接地汇集线两部分。垂直接地主干线垂直贯穿于通信局（站）建筑物各层，可设置一根或多根，其下端连接在建筑物底层的环形接地汇集线上，同时与建筑物各层钢筋或均压带连通，并就近与各楼层的水平接地汇集线（或楼层汇流排）连通。水平接地汇集线应根据通信设备的分布分层设置，各类通信设备的接地线应就近从水平接地汇集线（或局部汇流排）引入。

垂直接地主干线的数量可根据机房平面大小和竖井的数量确定。在高层建筑物内，垂直接地主干线至少应每隔一层与楼层均压带连通一次。

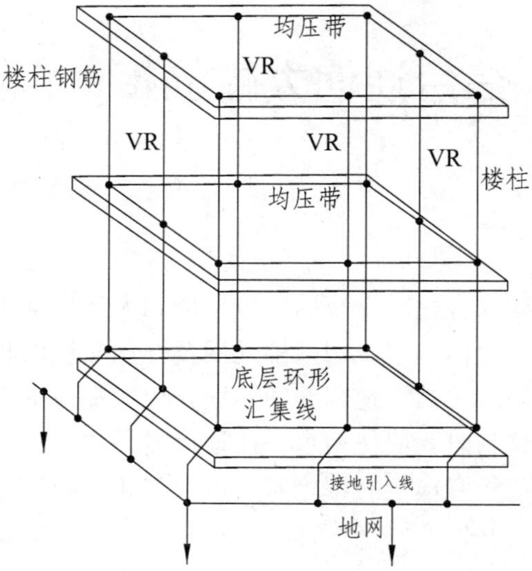

图 9-3　综合通信大楼的接地引入线和垂直接地主干线连接示意图

均压带是围绕建筑物形成一个回路的导体，它与建筑物雷电引下导体间互相连接，并且使雷电流在各引下导体间分布比较均匀。

当建筑物横梁和楼柱的钢筋结构电气连接不可靠时，应在建筑物底层设置接地总汇集环，垂直接地主干线由接地总汇集环接地。接地总汇集环与建筑物均压带的连接方式如图 9-4 所示。接地总汇集环与建筑物均压带应每隔 5 ~ 10 m 相互做一次连接。

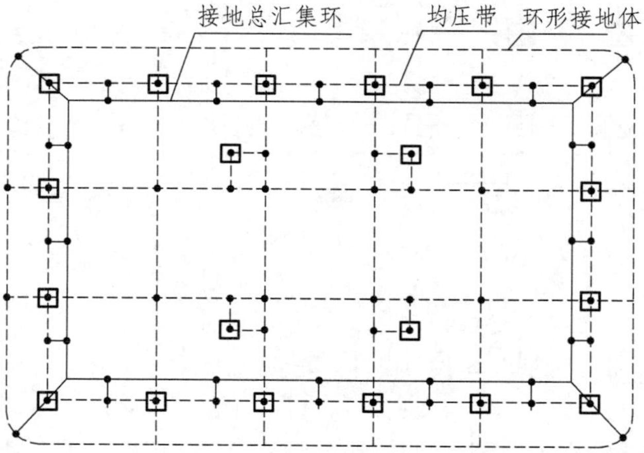

图 9-4　底层接地总汇集环与均压带的连接示意图

9.2.3　各楼层接地系统的两种连接形式

综合通信大楼内各楼层的接地系统可根据建筑物的结构、楼层面积、楼层数量和通信设备情况选用以下两种连接形式。

1. 网状-星形混合型接地

第一种连接形式为网状-星形混合型接地结构，各楼层（或机房）的等电位连接方式可参照图 9-5 执行。图中，FEB 为楼层汇流排，即建筑物内各楼层的第一级接地汇流排；LEB 为局部等电位汇流排，即机房内做局部等电位连接的接地汇流排。

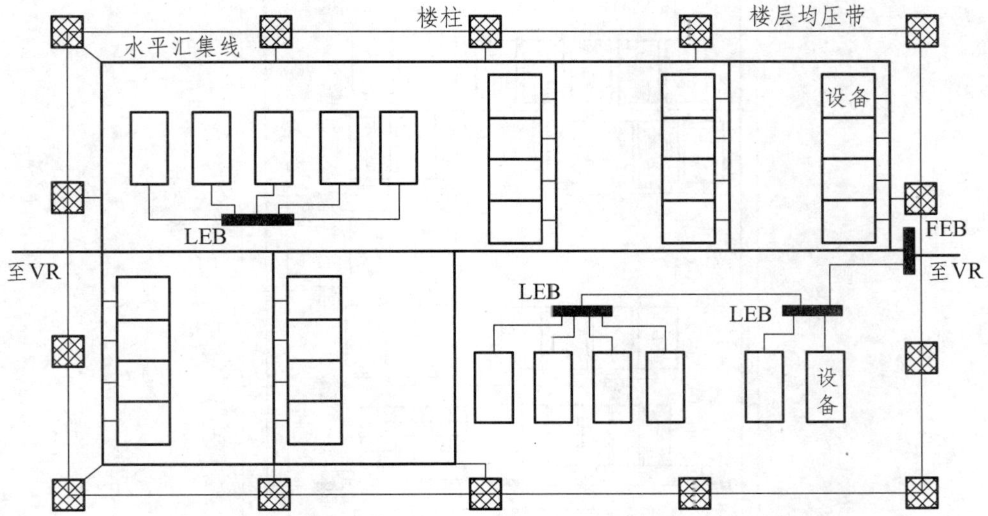

图 9-5　综合通信楼内各楼层接地系统第一种连接形式示意图

网状-星形混合型接地连接形式应符合以下要求。

（1）应使用多根垂直接地主干线（VR），垂直接地主干线与每层机房的水平接地汇集线连通。当建筑物的钢筋结构符合国家标准建筑物防雷设计规范》（GB 50057—2010）中“第二类防雷建筑物”利用建筑物钢筋作防雷装置的规定时，可不设垂直接地主干线，水平接地汇集线可直接利用机房内楼柱钢筋引出的预留接地端子多点接地。

（2）水平接地汇集线宜敷设成封闭的环形结构。

（3）水平接地汇集线应沿墙壁或走线架安装，并与垂直接地主干线连接，同时就近与室内楼柱预留接地端多点连通。

（4）根据机房内的设备布置情况，可在环形水平接地汇集线范围内，沿走线架增设水平接地汇集线形成适当的网格；水平接地汇集线上应预留连接孔（一般直径 8 mm）。

（5）机房通信设备应由水平接地汇集线就近接地。

（6）机房内使用星形接地的子系统，其局部汇流排（LEB）应连接到楼层汇流排（FEB）或就近与水平接地汇集线连通。LEB 与 FEB 之间的连接线在距离较短时，可采用截面面积为 16 mm^2 的多股铜线；当距离较长时，其截面面积应不小于 35 mm^2。

2. 星形接地

第二种连接形式为星形接地结构，各楼层的等电位连接方式可参照图 9-6 执行。图中，MET 为总接地汇流排，即单点接地的星形接地系统中第一级主汇流排；CEF 为电缆入口设施；

CEEB 为电缆入口接地排。

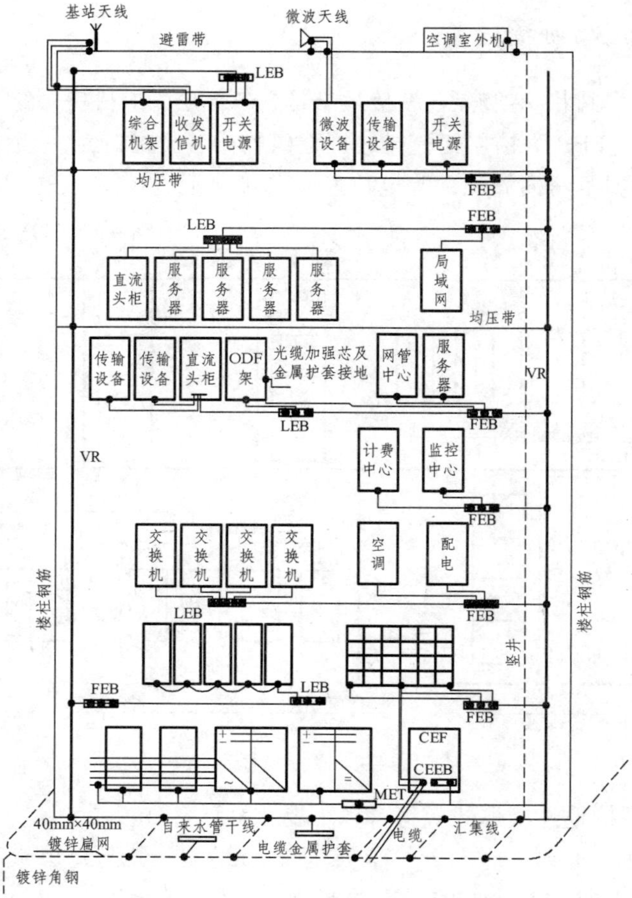

图 9-6　综合通信楼内各楼层接地系统第二种连接形式示意图

机房采用星形等电位连接方式时，各楼层汇流排（FEB）应就近与垂直接地主干线（VR）连接。当使用多根垂直接地主干线时，每条 VR 应与楼层均压网相互连通。

9.2.4　通信设备和其他设施的接地

1. 通信设备的接地

（1）总配线架（MDF）宜设置在大楼底层的进线室附近，MDF 的接地引入线应从地网两个方向就近分别引入（或从建筑物预留的接地端子及底层接地总汇集环引入），连接到 MDF 的汇流排上。

（2）当不同通信系统或设备之间因接地方式引起干扰时，可分别设置局部等电位汇流排（LEB），各通信系统设备的接地线连接到各自的 LEB 后，再分别引至楼层汇流排（FEB）或水平接地汇集线接地。

（3）采用分散供电的综合通信大楼，直流电源应在各自机房的水平接地汇集线（或机房内第一级接地汇流排）接地。

2. 其他设施的接地

（1）机房楼顶的铁塔和各种金属设施，均应分别与楼顶避雷带或雷电引下线就近多点连通。

（2）楼顶和铁塔上的航空障碍灯、彩灯及其他用电设备的电源线应采用有金属外皮的电缆。在楼顶横向布设的电缆，其金属外护套或金属管应与避雷带或接地线就近连通。上下走向的电缆，其金属外护套应至少在上、下两端各就近接地一次。

（3）机房内各类金属管道均应就近接地。大楼所装电梯的滑道上、下两端应就近接地，距离地面 30 m 以上时，宜向上每隔一层就近接地一次。

（4）大楼竖井内的金属槽道或连通式垂直电缆柜的节与节之间应确保电气接触良好，并就近多点接地。

9.3　移动通信基站的接地系统

9.3.1　基站地网

移动通信基站必须采用联合接地方式，并应根据基站构筑物的形式、周边环境、土壤组成、土壤电阻率、地形，以及地网的雷电有效冲击半径等因素，确定地网的边界和形状。

1. 基站地网的组成

移动通信基站的主地网是由机房地网、铁塔地网和变压器地网组成的一个周边封闭的环形地网，如图 9-7 所示。必要时增设辐射形等接地体。当电力变压器设置在机房内时，其地网可合用机房地网；当铁塔建于机房屋顶时，铁塔与机房地网合为一个地网。

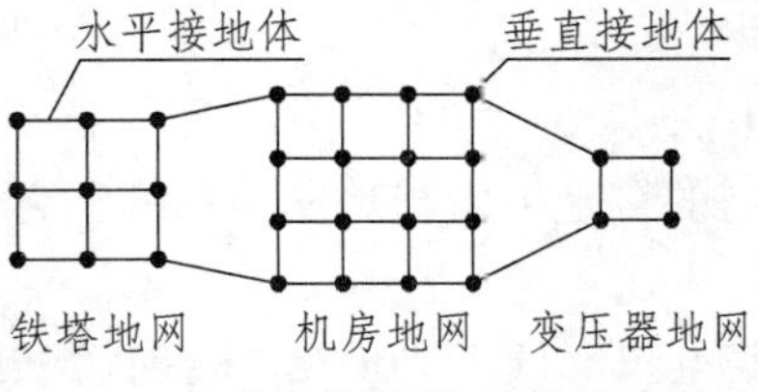

图 9-7　移动通信基站主地网示意图

1）机房地网的组成

机房地网由机房建筑基础接地体（含地桩）和外围环形接地体（包括水平接地体和垂直接地体）组成。环形接地体应沿机房建筑物散水点外敷设（距离建筑物地基 1 m 以上），并与机房建筑物基础横、竖梁内两根以上主钢筋焊接连通。机房建筑物基础有地桩时，应将各地桩主钢筋与环形接地体焊接连通。环形接地体每边长一般为 10 ~ 20 m。

在土壤电阻率较高的地区，宜敷设多根辐射形接地体。辐射形接地体为水平接地体，长度宜为 20 ~ 30 m，其走向为联合地网向外辐射方向，在辐射形接地体终端附加垂直接地体。

2）铁塔地网的组成

角钢塔：基站使用角钢塔时，铁塔地网应采用 40 mm × 4 mm 的热镀锌扁钢，将铁塔 4 个塔脚地基内的金属构件焊接连通，铁塔地网的网格尺寸可采用 3 m × 3 m 或 5 m × 5 m。角钢塔位于机房旁边时，应采用 40 mm × 4 mm 的热镀锌扁钠，在地下将铁塔地网与机房外环形接地体焊接连通。铁塔地网与机房地网之间可每隔 3 ~ 5 m 相互焊接连通一次，且连接点不应少于两点。

机房被包围在铁塔 4 脚内时，铁塔地网与机房的基础地网应连为一体，外设环形接地体应在铁塔地网外敷设，并与铁塔地网多点焊接连通。

钢管塔：基站使用钢管塔时，应从钢管塔基础处敷设不少于两根辐射形水平接地体，水平接地体应根据周围的地形环境，向远离机房的方向敷设。制管塔的地网应和机房地网在两侧用水平接地体可靠连通。

3）变压器地网

专用电力变压器设置在机房外时，通常由围绕变压器台敷设的闭合环形接地体（包括水平按地体和垂直接地体）构成变压器地网。若变压器地网与机房地网的边缘距离不超过 30 m，应采用水平接地体将这两个地网焊接连通。当它们的边缘距离大于 30 m 时，变压器地网宜独立设置，可以不与机房地网连通。

4）按地电阻超过 10 Ω时的应对措施

根据国家标准《交流电气装置的接地设计规范》（GB 50065—2011）的附录 A，面积大于 100 m^2 的闭合地网，其接地电阻简易计算公式为

$$R \approx \frac{0.5\rho}{\sqrt{S}} = \frac{0.28\rho}{r} \tag{9-1}$$

式中 R——工频接地电阻（Ω）；

ρ——土壤电阻率（Ω · m）；

S——地网面积（m^2）；

r——地网等效半径（m）。

由式（9-1）可知，闭合地网的接地电阻与地网面积的平方根成反比，扩大地网面积是减小接地电阻的有效措施。

移动通信基站所在地区土壤电阻率低于 700 Ω · m 时，基站地网的工频接地电阻宜控制在 10 Ω以内。当地网的接地电阻值达不到要求时，可适当扩大地网的面积，即在地网外围增设 1 圈或 2 圈环形接地装置，使接地电阻不超过 10 Ω。环形接地装置由水平接地体和垂直接地体组成，水平接地体周边为封闭式，可根据地形、地理状况决定其形状，水平按地体与地网宜在同一平面上。水平接地体的间距宜不小于 5 m，当敷设地方受限时，其间距可适当减小。环形接地装置与地网之间，以及坏形接地装置之间应每隔 5 m 左右相互焊接连通一次。也可在铁塔 4 角设置辐射形接地体，其长度宜限制为 10 ~ 30 m。

当移动通信基站的土壤电阻率大于 700 Ω · m 时，可不对基站的工频接地电阻予以限制，此时地网的等效半径应不小于 20 m，并在地网 4 角敷设 20 ~ 30 m 的辐射形水平接地体，以利于分散雷电流。

5）地网的网孔个数

在土壤电阻率一定的条件下，决定地网接地电阻大小的主要因素是闭合地网的外环所围面积，而不是地网内接地体的网格数量。网格又称网孔。我国通信行业标准《无线基站防雷的技术要求和测试方法》（YD/T 2324—2011）附录 C 中介绍，美国《电磁兼容性设计手册》（AFSC-DH1-4）认为：从设计的经济效益方面考虑，地网应尽可能覆盖更大的面积以降低其接地电阻，而网孔数日不宜多于 16 个。这与我国水利电力部门的试验结果是相符的，当接地网孔大于 16 个时，接地电阻值随网孔数目增加而减小得很慢。因此，从优化设计的角度考虑，地网的网孔数宜不超过 16 个。

2. 基站地网的形式

1）铁塔建在机房旁的地网

机房、落地塔（包括角钢塔和钢管塔）、变压器的地网相互连通组成一个共用地网。当落地塔设有避雷针雷电引下线时，其引下线应接至落地塔地网远离机房一侧。机房内的接地引入线应接至机房环形接地体远离落地塔的一侧。

当大地电阻率较低时，仅采用周边封闭的共用地网即可。当大地电阻率较高并需引外接地时，宜将引外接地体埋在低电阻率区域或土壤潮湿区域，同时应注意引外接地处与基站地网边缘距离不宜超过 30 m。

大地电阻率较高、有引外接地时铁塔建在机房旁的地网示意图如图 9-8 所示。若大地电阻率不高，则不需要引外接地；当大地电阻率较低时，辐射形接地体也不必敷设。

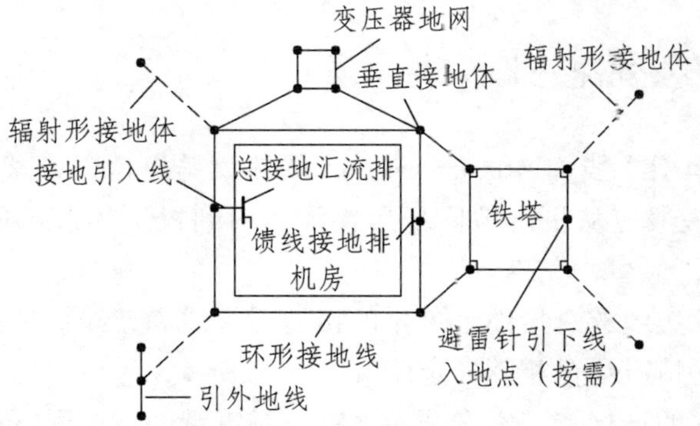

图 9-8　大地电阻率较高、有引外接地时铁塔建在机房旁的地网示意图

2）铁塔建在机房上的地网

当铁塔设在基站的屋顶时，铁塔 4 脚应与屋顶避雷带就近不少于两处焊接连通，机房铁塔应利用建筑物框架结构建筑 4 角柱内的钢筋作为雷电引下线。接地系统除利用建筑物基础接地体外，还应环绕机房设置环形接地体共同组成地网，并在地网 4 角设置辐射形接地体。

若设有专用的铁塔避雷针雷电引下线，该引下线应接至专设的避雷针接地体，避雷针接地体宜设在机房某侧环形接地体向外延伸约 10 m 处。

铁塔建在正方形机房上时，应在机房两对角线设辐射形水平接地体，并在其相交处焊接，机房内的接地引入线应从两对角线的水平接地体相交焊接处引接；馈线接地排的接地引入线应就近接至机房环形接地体上。其地网示意图如图 9-9 所示。

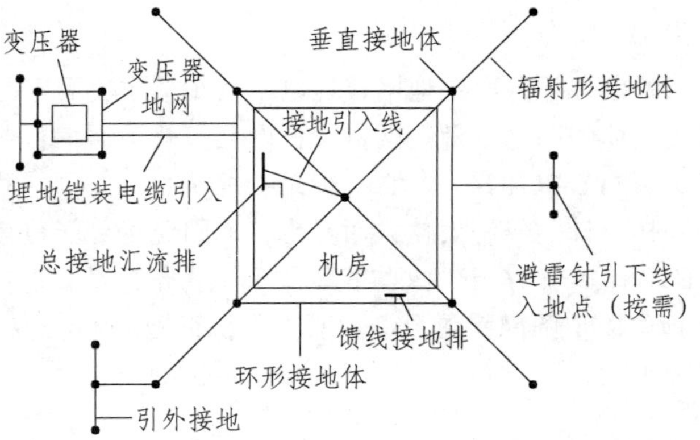

图 9-9　铁塔建在机房上的地网示意图

3）铁塔 4 角包含机房的地网

铁塔 4 角包含机房是指基站机房建在铁塔 4 角塔脚之内，机房通常采用框架结构建筑。机房的基础接地体和铁塔地网应就近互连，并在铁塔 4 角外设环形接地体，三者共同组成共用地网，接地网的面积应不小于 15 m × 15 m。当大地电阻率大于 700 Ω · m 时，应在原地网的基础上增设辐射形接地体。对变压器地网与机房地网相连的基站，辐射形接地体的敷设可根据实际情况处理。

设有专用的铁塔避雷针雷电引下线时，避雷针接地体的设置、雷电引下线的引接方式，以及机房内的接地引入线和室外馈线接地排的引接要求同 2）。

9.3.2　基站的接地引入线

移动通信基站接地引入线为 40 mm × 4 mm 的热镀锌扁钢，或截面面积为 95 mm^2 的多股铜缆。接地引入线一般应从机房地网环形接地体引到机房环形接地汇集线或总接地汇流排。

机房内环形接地汇集线或总接地汇流排的接地引入线和馈线接地排的接地引入线在地网上的引接点应根据实际情况尽量相隔一定距离。

接地引入线与地网的连接点，宜避开避雷针、避雷带的雷电引下线与地网的连接点及铁塔塔脚，其间距应>5 m，条件允许时，宜取 10 ~ 15 m。

9.3.3　基站的接地汇集线及接地汇流排

1. 采用网状接地结构

当移动通信基站机房内的等电位连接采用网状接地结构时，应在机房内沿走线架或墙壁设置环形接地汇集线。环形接地汇集线的材料按 YD 5098—2005 中规定，应采用截面面积不小于 90 mm^2 的铜材或 160 mm^2 的热镀锌扁钢；有的通信运营企业则在企业标准中规定，采用截面面积不小于 40 mm × 4 mm 的铜材。环形接地汇集线应多点就近与地网连通，站内设备由环形接地汇集线就近接地，连接方法如图 9-10 所示。

2. 采用星形接地结构

当移动通信基站机房内的等电位连接采用星形接地结构时，设置总接地汇流排，应采用不小于 400 mm × 100 mm × 5 mm 的铜排，并预留相应的螺孔以便连接。基站的总接地汇流排宜沿墙体直接与接地引入线连接，接地引入线应与地网的接地体单点连接。

总接地汇流排应设在交流配电箱和电源第一级浪涌保护器（SPD）附近，开关电源以及其他设备的接地排母线均由总接地汇流排引接。如设备机架与总汇流排相距较远，可以采用两级汇流排，连接方法如图 9-11 所示。二级接地汇流排宜采用截面面积不小于 100 mm × 5 mm 的铜排，并应采用截面面积不小于 70 mm^2 的多股铜缆与总接地汇流排直接连接。

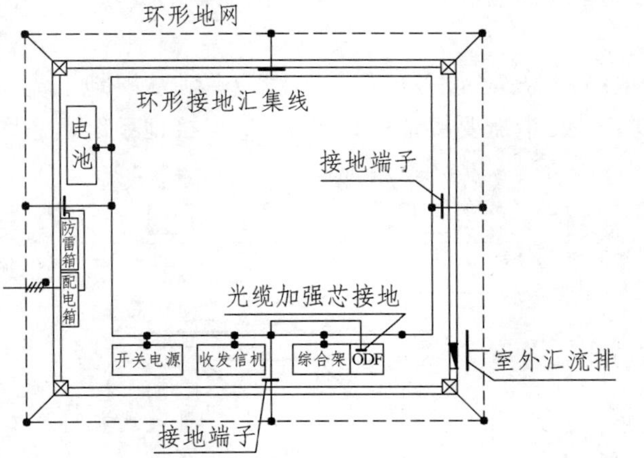

图 9-10　基站环形接地汇集线与设备及地网连接示意图

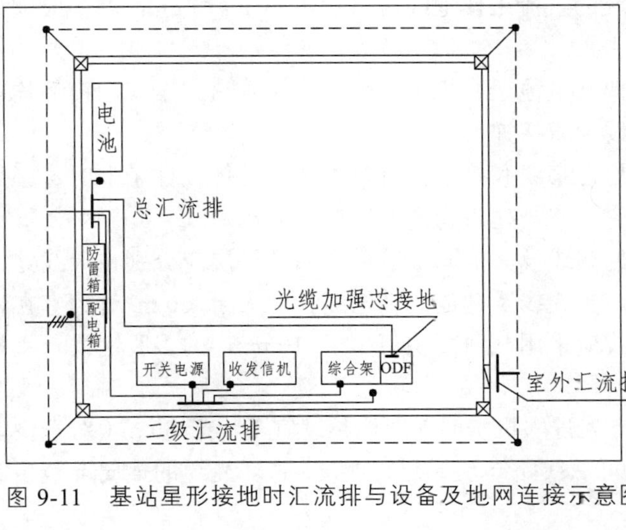

图 9-11　基站星形接地时汇流排与设备及地网连接示意图

机房采用星形接地方式，并使用两级接地汇流排时，第一级电源防雷箱、交流配电箱及光缆加强芯和金属护层的接地线应从总接地汇流排接地；站内其他设备从第二级汇流排接地。

目前，我国移动通信基站室内接地系统的等电位连接大多采用星形接地结构。

9. 馈线接地排

移动通信基站宜在机房馈线口的室外侧设置馈线接地排，作为馈线的接地点，此即室外汇流排。馈线接地排应采用截面积不小于 40 mm × 40 mm 的铜排，并采用 40 mm × 4 mm 的镀锌扁钢或不小于 95 mm^2 的多股铜导线就近与机房地网作可靠连接，其引接点不宜在铁塔一角。

9.3.4 基站的接地线与接地处理

移动通信基站的接地线，应满足 9.1.1 中对接地线的要求。此外，接地线和接地处理还应符合下列要求。

（1）采用星形接地结构时，各设备的保护地线应单独从接地汇流排上引入，严禁复接（即严禁在一个接地线中串接几个需要接地的设备）。机房接地系统示意图如图 9-12 所示。

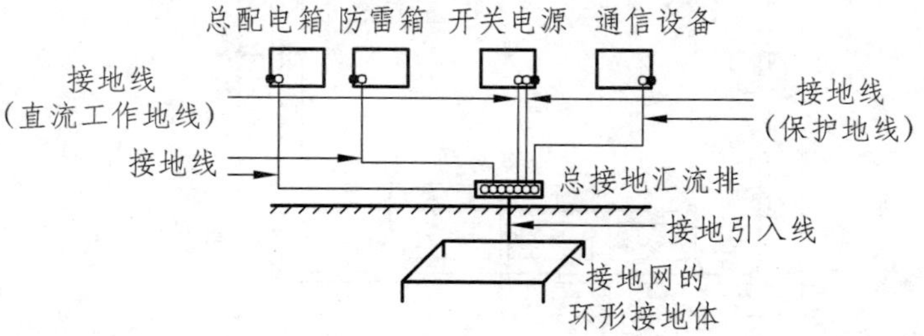

图 9-12　采用星形接地结构时机房接地系统示意图

（2）开关电源系统的直流工作地线应采用不小于 70 mm^2 的多股铜导线，单独从接地汇集线或接地汇流排上引入。

（3）机房内走线架、电池架、机架、金属通风管道、金属门窗等均应作接地处理。室内走线架不得与室外馈线架直接连通。

（4）走线架、接地汇集线和接地汇流排固定在墙体或柱子上时，必须牢固、可靠，当采用星形接地结构时，它们应与建筑物内的钢筋绝缘。

（5）铁塔上架设的馈线及其他同轴电缆金属外护层应分别在天线处、离塔处，以及机房入口处外侧就近接地；当馈线及其他同轴电缆长度大于 60 m 时，宜在铁塔中部增加一个接地连接点。接地连接线应采用截面面积不小于 10 mm^2 的多股铜线。室外走线架始末两端均应接地。

（6）光缆以地埋方式进入机房时，埋地长度宜不小于 50 m（对于少雷区和雷暴强度较弱的地区可减小），一般可从线路终端杆开始埋设，直埋光缆的金属屏蔽层或钢管两端应就近可靠接地。

9.4　接地电阻

9.4.1　通信局（站）的接地电阻要求

修订后的我国通信行业标准《通信局（站）电源系统总技术要求》（YD/T 1051—2010）没有对通信局（站）的接地电阻提出要求（已废止的 YD/T 1051—2000 中列有暂定各类通信局站的接地电阻值）。通信局（站）的接地电阻或地网面积应符合《通信局（站）防雷与接地工程设计规范》（YD 5098—2005）的要求。

在 YD 5098—2005 中没有对综合通信大楼的接地电阻提出明确要求，但按照该标准设计的联合地网的接地电阻值基本上已经是该局可以获得的最低接地电阻。这个标准对综合通信楼不提出地网接地电阻值要求，而是以实际最大有效地网面积来代替对接地电阻值的要求，其主要理由如下。

（1）从目前通信局（站）地网的检测情况看，绝大多数综合楼的接地电阻值都小于原规定的 1 Ω。

（2）由于城市环境所限，很多局（站）无法严格按照规定的测试方法进行接地电阻的测量，因此测得的接地电阻值偏差较大。

（3）原标准交换设备允许的接地电阻值是沿用苏联的标准。根据资料介绍，苏联对交换设备接地电阻值的规定是按照局间中继线的要求计算出来的，计算中又有很多未定因素和人为取值。随着通信技术的发展，模拟技术的交换系统已经被数字交换系统代替，原有局间金属实线连接已经被光缆连接代替，因此由接地电阻大小引起的问题已经不突出了。

（4）早在 1972 年，原国际电报电话咨询委员会 CCTTT（国际电信联盟 ITU 的前身）的接地手册中，已经对多国交换局的允许接地电阻值进行了统计分析，当时统计的 8 个西方国家接地电阻允许值为 0.5 ~ 10 Ω。

在 YD 5098—2005 中对移动通信基站的接地电阻要求，由原来的 5 Ω放宽到 10 Ω；对少数大地电阻率很高（大于 700 Ω · m）的基站不限制工频接地电阻值，而要求地网的等效半径达到雷电最大有效冲击半径（20 m），并在地网 4 角敷设 20 ~ 30 m 的辐射形水平接地体，同时提高电源第一级过电压保护和设备端口的保护水平。这样规定的主要理由如下。

① 随着移动通信服务区不断向边远地区及山区延伸，基站所处地理环境越来越恶劣。山区基站的土质较差，很多是碎石土壤、风化岩或花岗岩石，有些地方表面土壤仅十几至几十厘米厚，甚至是光秃秃的岩石，土壤电阻率很高，在这种条件下要使基站地网接地电阻小极为困难。

② 防雷确需良好接地，但大量统计数据表明，并非接地电阻越小，遭雷害的概率就越小。基站雷害同接地电阻值并不是必然对应的关系。目前基站设备雷击损坏的主要原因是机房等电位连接不好和没有适当的雷电过电压保护措施。

③ 中讯邮电咨询设计院和广东移动通信公司合作，曾采用“优化地网面积”“机房均压等电位连接”和“有效过电压保护”的综合防雷方案，对约 300 个雷害频繁的移动通信基站（大部分是山顶站）进行了试点改造，经过两年以上的实际运行，防雷效果良好，所有完成改

造的基站均未出现新的雷害故障。实践证明，YD 5098—2005 中的规定完全可以满足移动通信基站防雷和设备正常运行的需要。

对微波站的接地电阻要求与移动通信基站基本相同。

小型有线通信局（站）的接地电阻一般不宜大于 10 Ω。

9.4.2 接地电阻的定义

接地装置的接地电阻是接地体周围的土壤电阻、土镶和接地体之间的接触电阻、接地体本身的电阻，以及接地引入线、接地汇集线、接地线电阻的总和。在这些电阻中，起决定性作用的是接地体周围的土壤电阻，其他各部分的电阻都比它小得多，在接地体与其周围的土壤接触紧密、接地系统中各部分连接可靠的条件下，接地体周围土壤电阻以外的各部分电阻通常都可以忽略不计。

一般来说，接地电阻是指工频接地电阻。工频接地电阻的定义：工频电流流过接地装置时，接地体与远方大地之间的电阻。其数值（R_0）等于接地装置相对远方大地（零电位点）的电压（U_0）与通过接地体流入地中电流（I_d）的比值。用公式表示为

$$R_0 = \frac{U_0}{I_d} \tag{9-2}$$

当冲击电流（雷电流）通过接地体向大地散流时，不采用工频接地电阻而是用冲击接地阻抗来衡量接地体与远方大地之间的阻抗大小。冲击接地阻抗定义：冲击电流流过接地装置时，接地装置对地电压的峰值与流入大地电流峰值的比值。

由于冲击电流可在土壤中形成强烈放电，使土壤的等效电阻率大为降低，因此冲击接地阻抗一般小于工频接地电阻。但冲击电流的频率比工频高得多，对于长距离的伸长接地体来说，由于其电感效应，冲击接地阻抗可能大于工频接地电阻。

9.4.3 工频接地电阻的测量方法

1. 三极测量法

采用 DER2571 型数字地阻仪、ZC-8 型接地电阻测试仪或 K-7 型地阻仪等测量接地电阻均属三极测量法。测量原理如图 9-13 所示。在测量时都要埋设两个辅助接地极：一个用来测量被测接地体或接地网（G）与零电位间的电压，称为电压极（P）；另一个用来构成流过被测接地体的电流回路，称为电流极（C）。

被测接地体或接地网和两个辅助接地极之间的相互位置与距离对测量结果有很大影响。常用的辅助接地极布极法是直线布极法。

1）直线布极法

直线布极法就是地网边缘的中间位置与电压极和电流极在一条直线上，如图 9-14 所示。

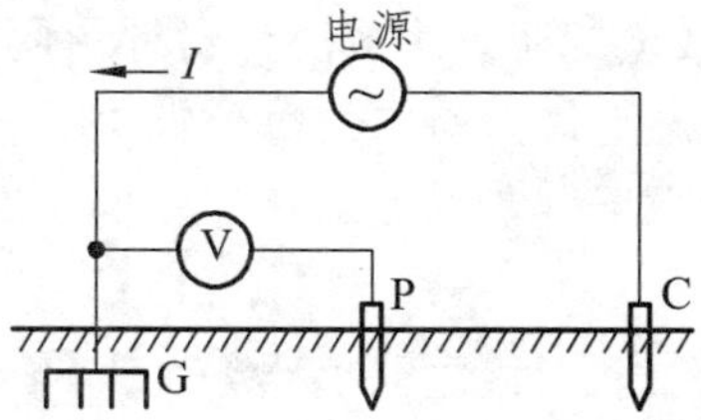

图 9-13　三极测量法原理图

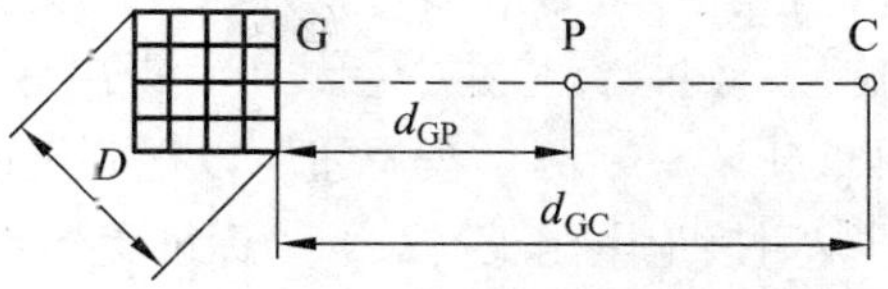

9-14　直线三极法测接地电阻

电流极 C 与接地网 G 边缘之间的距离 d_{GC} 一般取接地网最大对角线长度 D 的 4～5 倍。电压极 P 到接地网边缘的距离 d_{GP} 约为电流极到接地网边缘距离 d_{GC} 的 50%～60%。测量时，沿接地网和电流极的连线移动 3 次，每次移动距离为 d_{GC} 的 5%左右，三次测得值接近即可。

若 d_{GC} 取值 $4D \sim 5D$ 有困难，在土壤电阻率较均匀的地区，d_{GC} 可取值 $2D$，d_{GP} 取值 D；在土壤电阻率不均匀的地区或城区，d_{GC} 可取值 $3D$，d_{GP} 取值 $1.7D$。

此外，假如被测接地体 G、电压极 P 和电流极 C 均为单极且 G、P、C 这 3 点在一条直线上，则 GP 间最小距离为 20 m，GC 间最小距离为 40 m。

当向单极接地体注入电流时，其电流以半球形从接地体向周围土壤中扩散，由于半球形的球面积在离接地体越近的地方越小，越远的地方越大，因此离接地体越远的地方电阻越小，相应地电压降越小。实验证明，在离单极接地体 20 m 远的地方，电位已趋于零。这个电位为零的地方，称为电气地。GP 间用于测量被测接地体与零电位之间的电压，电压极 P 在土壤中应处于零电位，故 GP 间最小距离应有 20 m。

2）用 ZC-8 型接地电阻测试仪测量接地电阻

ZC-8 型接地电阻测试仪又称接地电阻摇表，其俯视图及测量地网接地电阻的接线图如图 9-15 所示。图中，调整旋钮：用于在检流计指针调零测量前把检流计指针调到与中心线重合；倍率盘：显示测试倍率（×0.1、×1、×10）；标度盘：标示所测接地电阻读数；测量盘旋钮：测试时调节这个旋钮使检流计指针指于中心线；倍率盘旋钮：调节测试倍率；发电机摇把：手摇发电，为接地电阻测试仪提供交流测试电源；端钮 C_2 和 P_2：在测量接地电阻时用金属连接片可靠接通。该地阻仪还附带辅助接地极棒 2 支、绝缘导线 3 根。

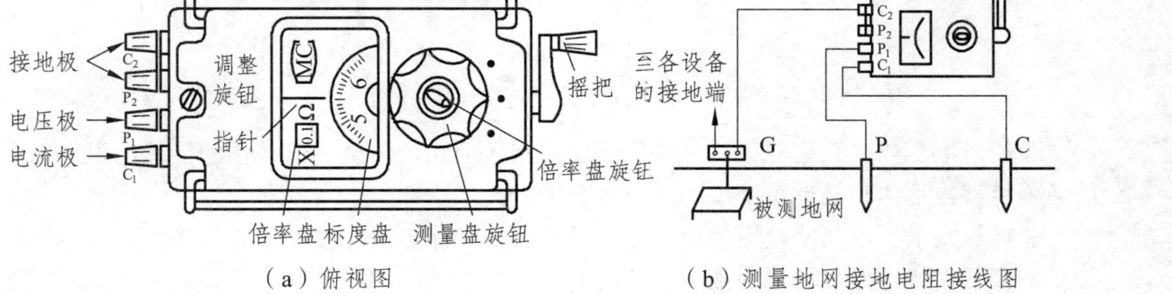

（a）俯视图　　（b）测量地网接地电阻接线图

图 9-15　ZC-8 型接地电阻测试仪

用 ZC8 型地阻仪测量地网接地电阻的操作方法如下。

（1）把地阻仪置于被测地网近旁平整的地方，按前面讲述的布极要求，在地网外的适当位置把钢质电流接地极和电压接地极打入地中 40 cm，接好测试线。

（2）选择最大倍率，慢慢转动摇把，同时旋动“测量盘旋钮”使检流计指针指向中心线。当检流计的指针接近中心线时，加快发电机摇把的转速，使其为均匀的每分钟 120 转，调整“测量盘旋钮”使指针指在中心线上，得出标度盘读数。当标度盘的读数小于 1 时，选择较小倍率，再重新调整“测量盘旋钮”以得到正确的测量结果。

（3）被测接地电阻值（Ω）= 标度盘读数 × 倍率。例如，标度盘的读数为 5，倍率是 1，则被测接地电阻为 5 Ω。

2. 非接触测量法

采用钳形接地电阻测试仪测量接地电阻，属于非接触测量法，又称在线测量法。其测量原理如图 9-16 所示。图中 R_X 为被测接地电阻。测量时也需要辅助接地极，其接地电阻为 R_Z，辅助接地极用以构成测量时电流的闭合回路。测试仪通过电压钳口在接地连接线上产生特定频率的感应电压，电流钳口感应接地连接线上与电压钳口同频率的电流，自动计算被测接地回路的总电阻值。当 $R_Z << R_X$ 时，可近似认为回路总电阻就是被测接地电阻。电压钳口与电流钳口应平行。

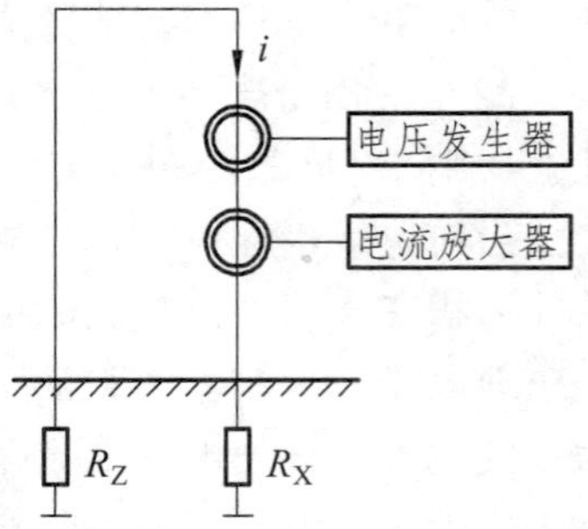

图 9-16　非接触法测量原理图

非接触测量法可以非常方便地测量多点接地系统中某一接地体的接地电阻。多点接地系统如高低压架空避雷线接地、通信电缆接地，由于它们通过架空地线或通信电缆的屏蔽层连接，因此不需要另接辅助接地极，所有其他电杆的接地电阻并联后的等效电阻为 R_Z，从工程角度有理由认为 $R_Z \approx 0$。这样，所测的回路电阻就是被测电杆接地体的接地电阻 R_X（见图 9-17）。

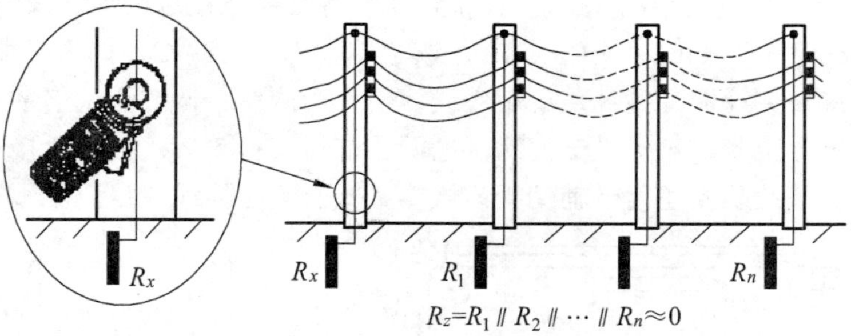

图 9-17　用钳形地阻仪测多点接地系统（架空避雷线接地）中某一接地体的接地电阻

顺便指出，如果采用三极测量法来测量多点接地系统中某一接地体的接地电阻，则测量前必须将该接地体与接地系统中的其他部分断开。

非接触测量法由其测量原理所决定，只能测量回路电阻，对于单独的接地体或接地网，如果不接辅助接地极，就无法测出接地电阻。但对接地网而言，又很难找到一个接地电阻值比地网接地电阻还小得多的辅助接地极。这时若被测接地系统附近有两个独立的接地系统，则可利用它们来进行测试。

如图 9-18 所示，所要测量的是接地系统 A 的接地电阻 R_A，如果能找到另外两个独立接地系统 B 和 C（例如两个建筑物，其地网的接地电阻分别是未知的 R_B 和 R_C），那么，第一步，可将 A 和 B 用一根导线连接起来，用钳形接地电阻测试仪测得第一个读数 R_1。

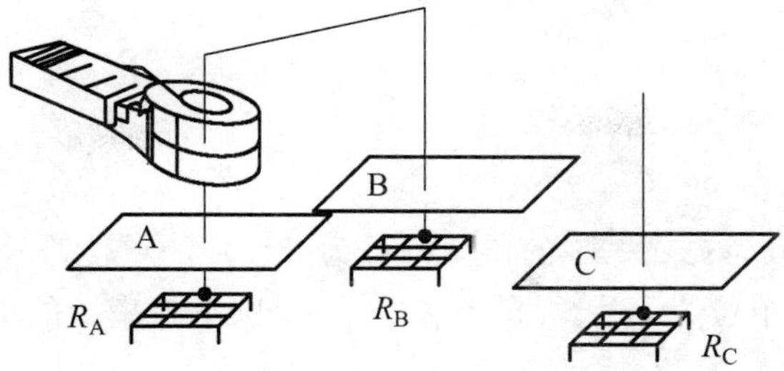

图 9-18　利用附近接地系统测接地电阻示意图

第二步，将B和C用导线连接起来（撤去A、B间的连线），再用钳形接地电阻测试仪在B处或C处测得第二个读数R_2。

第三步，将C和A用导线连接起来（撤去B、C间的连线），再用钳形接地电阻测试仪在A处测得第三个读数R_3。

上面每一步所测得的读数都是两个接地电阻的串联值。这样，就可以很容易地计算出每一个接地装置的接地电阻。

由于

$$R_1 = R_A + R_B$$
$$R_2 = R_B + R_C$$
$$R_3 = R_C + R_A$$

因此接地体 A 的接地电阻值为

$$R_\mathrm{A} = \frac{R_1 + R_3 - R_2}{2} \tag{9-3}$$

同时也可以计算出另外两个参照接地系统的接地电阻值：

$$R_\mathrm{B} = R_1 - R_\mathrm{A}$$
$$R_\mathrm{C} = R_3 - R_\mathrm{A}$$

每年应定期对通信局（站）的工频接地电阻值进行测试，并做记录，主要考察接地电阻值的变化情况。移动通信基站宜在干季、雷雨季各测一次。接地电阻不宜在雨天或雨后测量，以免测量结果不准确。

9.4.4　土壤电阻率的测量

1. 土壤电阻率的含义及参考值

实验证明，导体电阻 R 的大小与其长度 l 成正比，与其横截面积 S 成反比，用公式表示为

$$R = \rho \frac{l}{S}$$

故电阻率

$$\rho = R\frac{S}{l}$$

式中，电阻 R 的单位符号为Ω，若 S 的单位符号为 m^2，l 的单位符号为 m，则电阻率 ρ 的单位符号为Ω · m；若 S 的单位为 cm^2，l 的单位为 cm，则电阻率 ρ 的单位为Ω · m。1 Ω · m = 100 Ω · cm。

土壤电阻率是表征土壤导电性能的参数，它的值等于体积为 1 m^3 的正方体土壤相对两面之间的电阻，常用单位是Ω · m。

土壤电阻率的影响因素有土壤类型、含水量、含盐量、温度、土壤紧密程度等土壤的化学性质和物理性质。土壤含水量高、含盐量高，且比较紧密时，土壤电阻率低。

2. 土填电阻率的测量方法

土壤电阻率的测量方法有多种，通信局（站）常用 4 点法，如图 9-19 所示。

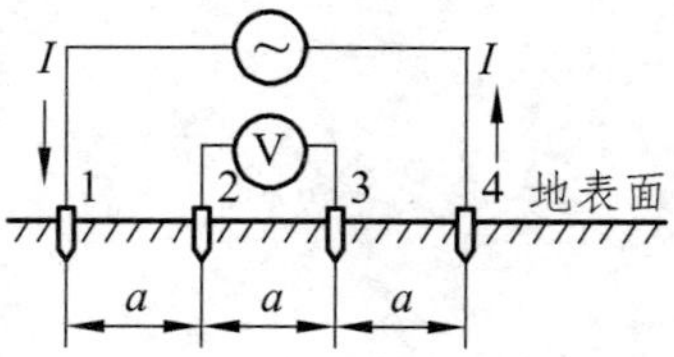

图 9-19　4 点法测土壤电阻率

将测试电极 1、2、3、4 埋入被测土壤呈一字排列，埋入深度均为 b，直线间隔均为 a。外侧的 1、4 极为电流极（如 ZC-8 型接地电阻测试仪的 C_2、C_1 极），用于通过入地的测试电流 I；内侧的 2、3 极为电压极（如 ZC-8 型接地电阻测试仪的 P_2，P_1 极），用于测量两极间的电位差 V。从测试仪器上可读出被测土壤电阻 R，所测土壤电阻率为

$$\rho = 4\pi aR \Bigg/ \left(1 + \frac{2a}{\sqrt{a^2 + 4b^2}} - \frac{a}{\sqrt{a^2 + b^2}}\right)$$

式中，R 为所测电阻；a 为电极间距；b 为电极入地深度。

当测试电极入地深度 b 不超过 0.1 a 时，可假定 $b = 0$，则所测土壤电阻率的计算公式可简化为

$$\rho_0 = 2\pi aR \tag{9-4}$$

土壤电阻率的测量应在干燥季节或天气晴朗多日后进行。土壤电阻率会随季节气候而变化，为了保证工频接地电阻在任何季节里都能符合要求，作为接地装置设计、施工和维护管理重要依据的土壤电阻率数据，应当是通信局（站）所在地土壤电阻率的最大值。因此，最终确定的土壤电阻率 ρ 应按下式进行季节修正：

$$\rho = \psi\rho_0 \tag{9-5}$$

式中，ρ_0 为所测土壤电阻率；ψ 为季节修正系数，见表 9-1。

表 9-1　根据土壤性质决定的季节修正系数

土壤性质	深度/m	ψ_1	ψ_2	ψ_3
黏　土	0.5 ~ 0.8	3	2	1.5
黏　土	0.8 ~ 3	2	1.5	1.4
陶　土	0 ~ 2	2.4	1.36	1.2
砂砾盖以陶土	0 ~ 2	1.8	1.2	1.1
园　地	0 ~ 3		1.32	1.2
黄　沙	0 ~ 2	2.4	1.56	1.2
杂以黄沙的砂砾	0 ~ 2	1.5	1.3	1.2
泥　炭	0 ~ 2	1.4	1.1	1.0
石灰石	0 ~ 2	2.5	1.51	1.2

注：ψ_1——在测量前数天下过较长时间的雨时选用；

ψ_2——在测量时土壤具有中等含水量时选用；

ψ_3——在测量时可能为全年最高电阻，即土壤干燥或测量前降雨不大时选用。

采用 4 点法测量土壤电阻率时，应注意以下事项。

（1）测试电极应选用钢质接地棒，且不应使用螺纹杆。在多岩石的土壤地带，宜将接地棒按与铅垂方向成一定角度斜向打入，倾斜的接地棒应躲开石头的顶部。

（2）为避免地下埋设的金属物对测量造成干扰，在了解地下金属物位置的情况下，可将接地棒排列方向与地下金属物（管道）走向呈垂直状态。

（3）不要在雨后土壤较湿时进行测量。

9.5　通信局（站）防雷基本知识

9.5.1　雷电危害的来源

雷云对大地及地面物体的放电现象称为雷击。雷击的危害主要有 3 方面：直击雷、感应雷和雷电过电压侵入。

1. 直击雷

直击雷是直接击在建筑物或防雷装置上的闪电。

大气中带电的雷云直接对没有防雷设施的建筑物或其他物体放电时，强大的雷电流通过这些物体入地，会产生破坏性很大的热效应和机械效应，可导致建筑物或其他物体损坏和人畜死亡。

通信局（站）的建筑物遭受直击雷时，雷电流通过接闪器、雷电引下线和接地体入地泄放，导致地电位升高，如果没有良好的等电位连接等防护措施，可能产生地电位反击损坏设备的现象。

移动通信基站等宜尽量增大机房接地引入线与雷电引下线在地网上引接点的距离，就是为了减轻地电位反击对机房内设备的影响。

2. 感应雷

感应雷是雷云放电时对电气线路或设备产生静电感应或电磁感应所引起的感应雷电流与过电压。

通信局（站）大部分的雷击为感应雷击。在导线中产生的感应雷电流比直击雷电流小很多，一般幅值在 20 kA 以内。

3. 雷电过电压侵入

因特定的雷电放电，在系统中一定位置上出现的瞬态过电压，称为雷电过电压。

通信系统的外引线在距离通信局（站）稍远的地方遭到雷击，部分雷电过电压将沿这些外引线进入机房设备中，形成雷电过电压侵入。

9.5.2 描述雷电的参数

1. 模拟雷电冲击电流波

雷电流一般指雷电流脉冲的幅值，它决定雷灾的危害程度。雷电流幅值的变化范围很大，其典型值为 18 kA，变化范围为 2 ~ 300 kA。

模拟雷电冲击电流波如图 9-20 所示。视在原点 O_1 是指通过波前上 C 点（电流峰值的 10%处）和 B 点（电流峰值的 90%处）做一直线与横轴相交的点；时间 T 指电流波上 C 、B 两点间的时间间隔；波前时间 T_1 指由视在原点 O_1 到 E 点（1.25T）的时间间隔；半峰值时间 T_2 指由视在原点 O_1 到电流峰值，然后再下降到峰值一半处的时间间隔。

根据国际电工委员会（IEC）标准，采用模拟雷电冲击电流波的“波前时间 T_1/半峰值时间T_2”来表示雷电流的特性，10/350 μs 电流波形作为直击雷的模拟雷电流波形，8/20 μs 电流波形作为感应雷的模拟雷电流波形。10/350 μs 波形的电荷量约为 8/20 μs 波形电荷量的 20 倍。

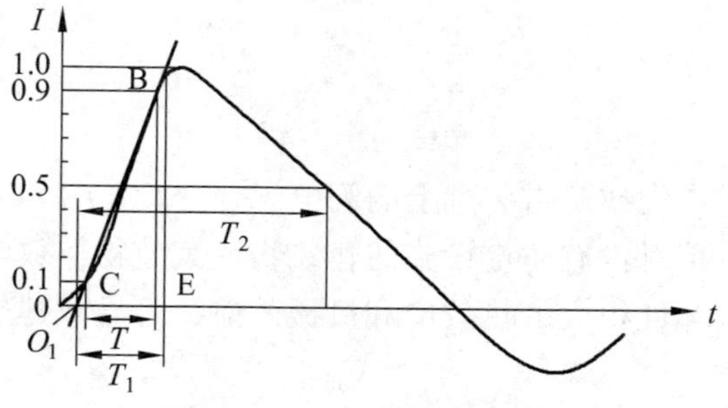

图 9-20　模拟雷电冲击电流波

2. 模拟雷电冲击电压波

模拟雷电冲击电压波如图 9-21 所示。视在原点 O_1 是指通过波前上 A 点（电压峰值的 30% 处）和 B 点（电压峰值的 90%处）做一直线与横轴相交的点；时间 T 指电压波上 A 、B 两点间的时间间隔；波前时间 T_1 指由视在原点 O_1 到 D 点（1.67 T ）的时间间隔；半峰值时间 T_2 指由视在原点 O_1 到电压峰值，然后再下降到峰值一半处的时间间隔。

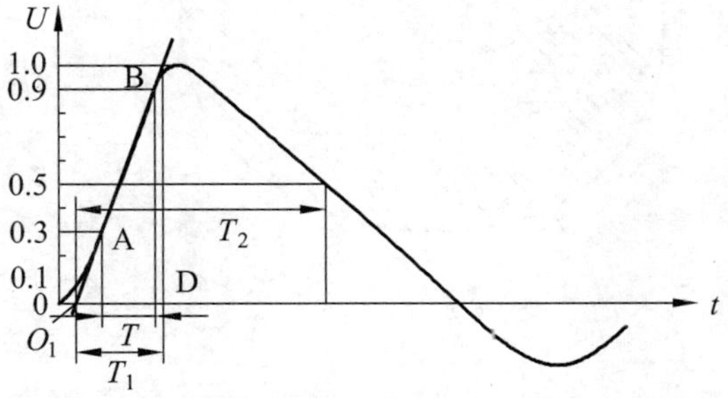

图 9-21　模拟雷电冲击电压波

根据 IEC 标准，采用模拟雷电冲击电压波的“波前时间 T_1 / 半峰值时间 T_2”，来表示雷电压的特性。一般采用 1.2/50 μs 或 10/700 μs 模拟雷击电压波形。

3. 雷暴日

年平均雷暴日是衡量一个地区雷电活动频繁程度的一个参数。在一天中可以听到一次或一次以上雷声，就称为一个雷暴日。雷暴日通常用“d”表示。在不同年份观测到的雷暴日变化较大，一般取多年的平均值，即为年平均雷暴日。

4. 雷电活动区

根据年平均雷暴日的多少，雷电活动区分为少雷区、中雷区、多雷区和强雷区。年平均雷暴日不超过 25 天的地区称为少雷区，26 ~ 40 天的地区称为中雷区，41 ~ 90 天的地区称为多雷区，超过 90 天的地区称为强雷区。

9.5.3　防雷区的划分

通信电源系统的防雷保护采用分区保护和多级保护措施。

根据国际电工委员会（IEC）标准《雷电电磁脉冲的防护》（TEC 1312—1）第一部分的一般原则，应将一个易遭雷击的区域按照通信局（站）建筑物内外，通信机房及被保护设备所处环境的不同，由外到内把被保护区域划分为不同的防雷区（LPZ），以确定各部分空间区域不同的雷电电磁脉冲严重程度和相应的防护对策。防雷区划分的一般原则如图 9-22 所示。

$LPZ0_A$ 区：本区内的各物体都可能遭受直接雷击和导走全部雷电流，本区的雷电电磁场没有衰减。

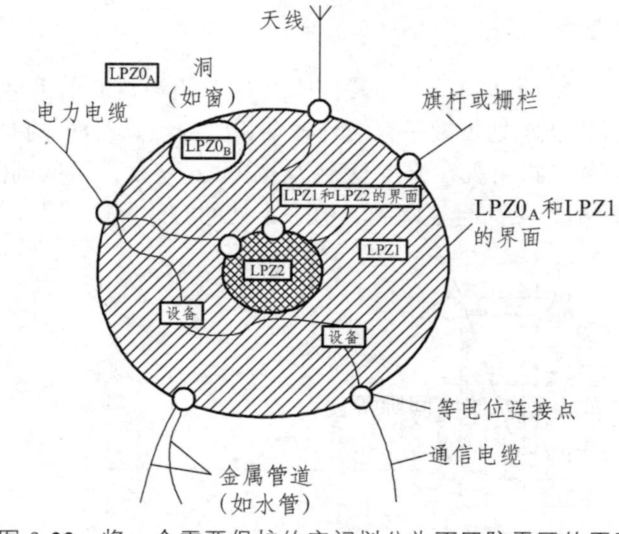

图 9-22　将一个需要保护的空间划分为不同防雷区的原则

$LPZ0_B$ 区：本区内的各物体在接闪器保护范围内，不可能遭受直接雷击，但本区内的雷电电磁场的量级与 $LPZ0_A$ 区一样。

LPZ1 区：本区内的各物体因在建筑物内，不可能遭受直接雷击，流经各导体的雷电流比 $LPZ0_B$ 区更小，本区内的雷电电磁场可能衰减，这取决于屏蔽措施。

后续防雷区 LPZ2 等：当需要进一步减小雷电流和雷电电磁场时，应引入后续防雷区，并按照需要保护的系统所要求的环境选择后续防雷区的要求条件。

通信局（站）划分防雷区，确定了浪涌保护器（SPD）多级保护的原则。建筑物外的设备为 A 级保护，0 区与 1 区的交界处为 B 级保护，1 区与 2 区的交界处为 C 级保护，2 区内重要设备前端为 D 级保护。综合通信局（站）电源系统防雷与接地示意图如图 9-23 所示。图中 A、B、C、D 为交流电源浪涌保护器，E 为直流电源浪涌保护器。

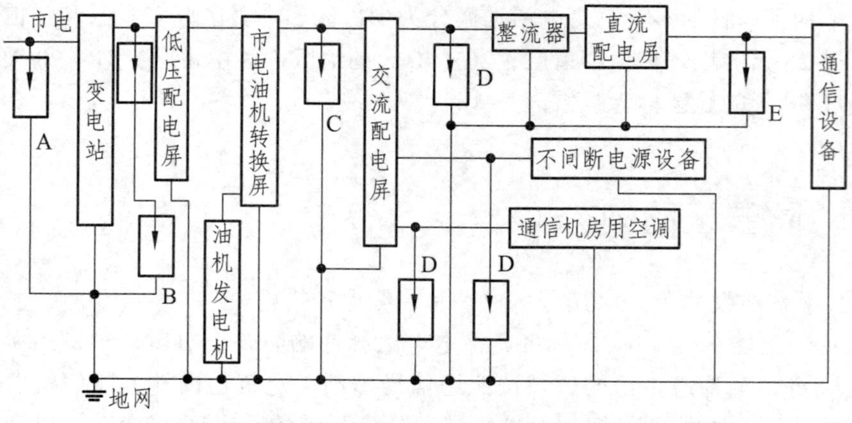

图 9-23　综合通信局（站）电源系统防雷与接地示意图

安装在建筑物外的电源用 SPD，应能疏导 10/350 μs 的模拟雷电冲击电流；安装在建筑物内的电源用 SPD，应能疏导 8/20 μs 的模拟雷电冲击电流。

IEC 的防雷理念是系统的综合防雷——联合接地、等电位连接、屏蔽、合理布线、直击雷防护，以及协同配合的多级 SPD 保护。

9.5.4　浪涌保护器

浪涌保护器（Surge Protective Devices，SPD）又称为电涌保护器，是通过抑制瞬态过电压及旁路浪涌电流来保护设备的装置，它至少含有一个非线性元件。

在通信局（站），SPD 用于各类通信系统对雷电和操作过电压的防护。

1. SPD 分类

1）开关型（间隙型）浪涌保护器

开关型（间隙型）浪涌保护器是无浪涌时呈高阻状态，对浪涌响应时突变为低阻的一种 SPD。常用器件有气体放电管、放电间隙等。

气体放电管的结构是在陶瓷或玻璃（多为陶瓷）管内安装电极，电极之间充有惰性气体，如氩或氖。器件平时阻抗很高，当外加电压达到击穿电压时，气体放电，变为低阻，在弧光放电状态管压降可低至 10 ~ 30 V，浪涌电压消失后电弧熄灭。气体放电管的缺点：一是击穿电压值与浪涌电压的上升率有关；二是浪涌电压消失后，如果工作电压较大，可能存在后续电流。气体放电管常在低压三相交流电源防雷的“3+1”保护模式中用做零线（N）与保护地线（PE）间的 SPD。

2）限压型浪涌保护器

限压型浪涌保护器是无浪涌时呈高阻状态，但随着浪涌的增大，其阻抗不断降低的 SPD，常用器件有氧化锌压敏电阻、瞬态抑制二极管等。

压敏电阻（MOV）是一种以氧化锌（ZnO）为主要成分的金属氧化物半导体过电压抑制器件，是典型的限压型浪涌保护器。

压敏电阻的伏安特性正负对称，其图形符号与伏安特性曲线如图 9-24 所示。当压敏电阻两端的电压小于标称导通电压时，电流很小（μA 数量级），呈现近似开路状态；当所加电压大于标称导通电压时，压敏电阻击穿导通，呈低阻状态，它能泄放大量的雷电流，对过电压起到抑制作用。过电压消失后，压敏电阻立即恢复到原来的高阻状态。

压敏电阻具有非线性特性好、通流容量大、常态泄漏电流小、残压水平低、动作响应快（一般为几十纳秒）和无后续电流等诸多优点。氧化锌压敏电阻目前已被广泛应用于各类电路。如图 9-24（a）所示的图形符号为雷电防护器件，在通信电源设备中主要用于防 1 kA 雷电。其缺点是长期运行后会老化，使标称导通电压降低。

压敏电阻泄放雷电流时，虽然允许通过的电流脉冲幅值很大（kA 级），但持续时间很短（数十至数百微秒）。在电源设备中，假如并未遭受雷电侵袭而压敏电阻烧坏，可能是电网电压太高或存在尖峰电压，或者压敏电阻劣化，使得交流电压每周期中都有部分时间的瞬时值超过压敏电阻的标称导通电压，导致压敏电阻长期有电流通过而发热损坏。

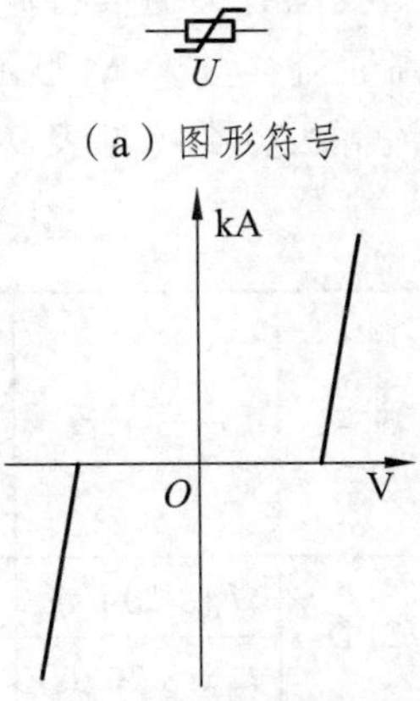

（a）图形符号

（b）伏安特性

图 9-24　压敏电阻的图形符号与伏安特性曲线

3）混合型浪涌保护器

混合型浪涌保护器是由开关型和限压型器件混合组成的 SPD。

2. SPD 的参数

1）标称导通电压

在施加恒定 1 mA 直流电流情况下，氧化锌压敏电阻的启动电压称为标称导通电压，又称为压敏电压，常用 U_n 或 U_{1mA} 来表示。

用于低压交流供电系统的限压型 SPD，其标称导通电压 U_n 宜按下式选取：

$$U_n = 2.2U \tag{9-6}$$

式中，U 为最大运行工作电压有效值。

相线对地（或视具体情况对零线）也可采用标称导通电压 600 V 的限压型 SPD。

2）标称放电电流 I_n

标称放电电流 I_n 是表明 SPD 通流能力的指标，对应于 8/20 μs 模拟雷电波的电流峰值。I_n 的优选值系列为 2、3、5、10、15、20、25、30、40、50、60、80，单位符号为 kA。

3）最大通流容量 I_{max}

最大通流容量（又称冲击通流容量）I_{max} 是 SPD 不发生实质性破坏，每线（或单模块）能通过规定次数、规定波形（8/20 μs）模拟雷电波的最大电流峰值。最大通流容量一般大于标称放电电流的 2.5 倍。

I_{max} 的优选值系列为 5、10、15、20、30、40、50、60、80、100、120、150、200，单位符号为 kA。

选择较大通流容量的 SPD 可以获得较长的使用寿命。例如，压敏电阻元件在同样的 10 kA 模拟雷电流（8/20 μs）下测试，通流容量为 135 kA 的元件，其寿命为 1000 ~ 2000 次；而通流容量为 40 kA 的元件，寿命仅为 50 次左右。

根据我国有关通信行业标准，SPD 按冲击测试电流等级分类，分为 T 型（特高通流容量）、H 型（高通流容量）、M 型（中等通流容量）和 L 型（低通流容量）。限压型电源用 SPD 冲击测试电流等级分类（见表 9-2）。

表 9-2　限压型电源用 SPD 冲击测试电流等级分类

<table>
<tr><th rowspan="2">使用端口</th><th rowspan="2">冲击电流</th><th colspan="5">SPD 类型</th></tr>
<tr><th>T 型（特高）/kA</th><th>H 型（高）/kA</th><th colspan="2">M 型（中）/kA</th><th>L 型（低）/kA</th></tr>
<tr><td rowspan="2">交流 SPD</td><td>I_n(8/20 μs)</td><td>≥60</td><td>≥40</td><td>≥25</td><td>≥15</td><td>≥5</td></tr>
<tr><td>I_{max}(8/20 μs)</td><td>≥150</td><td>≥100</td><td>≥60</td><td>≥40</td><td>≥15</td></tr>
<tr><td rowspan="2">直流 SPD</td><td>I_n(8/20 μs)</td><td>—</td><td>≥5</td><td colspan="2">—</td><td>≥2</td></tr>
<tr><td>I_{max}(8/20 μs)</td><td>—</td><td>≥15</td><td colspan="2">—</td><td>≥5</td></tr>
</table>

4）SPD 残压 U_{res}

残压 U_{res} 是雷电电流通过 SPD 时，其端子间呈现的电压峰值。

5）限制电压

限制电压是施加规定波形、幅值和次数的冲击时，在 SPD 端子间测得的残压的最大值。

电源用限压型 SPD 的限制电压，B 级防雷 SPD 宜不大于 2 kV，C 级防雷 SPD 宜不大于 1.3 kV，D 级防雷 SPD 宜不大于 1 kV。

虽然 SPD 的残压量值可观，但它加在设备上的时间很短，因此一般不会造成设备损坏。IEC 标准对不同设备的耐受脉冲电压要求与可以实现的 SPD 残压比较，如图 9-25 所示。

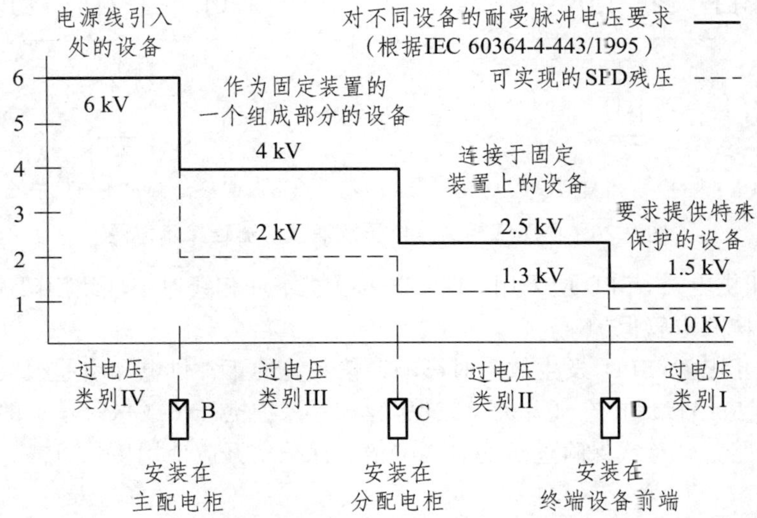

图 9-25　对不同设备的耐受脉冲电压要求与可以实现的 SPD 残压比较

6）最大持续运行电压 U_c

最大持续运行电压 U_c 是 SPD 在运行中能持久耐受的最大直流电压或工频电压有效值。

U_c 的优选值系列为 45、52、75、85、150、175、275、320、385、420、460、510、600，单位符号为 V。

3. SPD 的使用要求

（1）通信局（站）内使用的浪涌保护器应经防雷产品质量检测部门测试合格。

（2）通信局（站）的通信电源系统应采取适当、有效的雷电过电压分级保护措施。在使用分级保护时，各级浪涌保护器之间应保持必要的退耦距离或增设退耦器件，以确保各级浪涌保护器协调工作。氧化锌 SPD 与氧化锌 SPD 之间的退耦距离（电缆长度）应不小于 5 m 前后两级 SIPD 之间如果导线长度太短，则导线的分布电感很小，当遇到雷击时，由于两级 SPD 间的导线对雷电流的阻抗（感抗）太小，有可能前级通流容量较大的 SPD 未发挥应有的泄放雷电流作用，而后级通流容量较小的 SPD 被烧坏。

（3）通信局（站）站低压三相交流电源 SPD 的连接方式：当采用 TN-S 供电系统时，既可使用四线对地连接方式，又称“4+0”保护模式，即相线和零线分别对地用限压型 SPD 保护，也可使用“3-1”连接方式，又称“3+1”保护模式，即三相分别对零线用限压型 SPD 保护，零线对地用气体放电管保护；当采用 TT 供电系统时，应使用“3+1”保护模式。两种保护模式 SPD 的连接如图 9-26 所示。

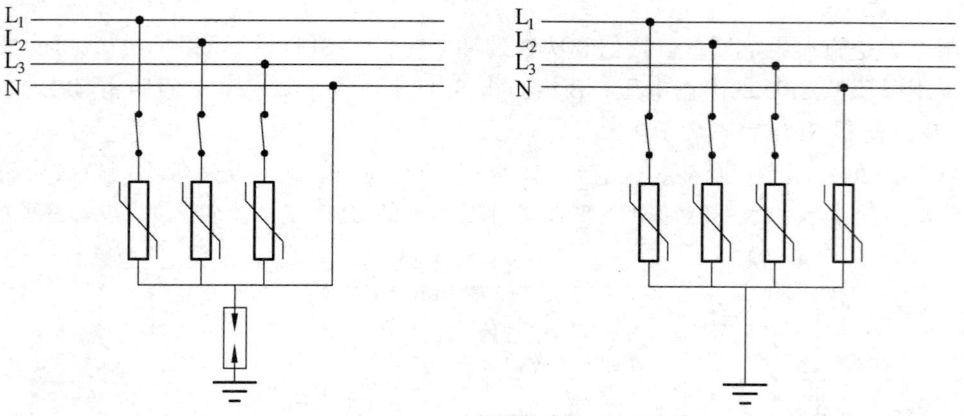

（a）“3+1”连接方式　　（b）四线对地“4+0”连接方式

图 9-26　低压三相交流电源浪涌保护器连接示意图

TT 系统单相供电时，SPD 应采用“1-1”连接方式，即相线对中性线用限压型 SPD 保护，中性线对地用气体放电管保护。

（4）为了防止电源 SPD 发生故障时影响通信系统的正常供电和引起火灾事故，在电源 SPD 的引接线上应串接保护空气开关（或保险丝）。保护空开（或保险丝）的标称电流不应大于前级供电线路空开（或保险丝）的 1/1.6 倍。保护空开应使用质量可靠、符合防雷要求的产品。

（5）电源第一级（B 级）使用的箱式 SPD 应具有劣化指示、损坏告警、热熔保护、过流保护、保险跳闸告警、遥信等功能，并可根据实际需要选择雷电记数功能

（6）电源第一级（B 级）使用的模块式 SPD 应具有劣化指示、损坏告警、热熔保护、过流保护、遥信等功能，并可根据实际需要选择雷电记数功能。

模块式限压型 SPD 正常时显示窗为绿色；若显示窗变为红色，则说明已失效，应及时更换。

电源 SPD 串接的保护空开在通过较大雷电流后，可能会产生跳闸现象。虽然空气开关的跳闸不影响浪涌保护器对本次雷击的防护作用（雷电脉冲的持续时间远小于开关的动作时间），但开关跳闸后使 SPD 从供电线路中脱离，造成系统对后续雷击失去保护。这个问题对处于雷电活动较强地区的无人值守局（站）影响较大。因为无人值守，空开跳闸后不能立即发现和恢复。因此，多雷地区的无人值守局（站）第一级交流浪涌保护器应具有遥信功能，并通过动力环境监控系统将其工作状态传回监控中心。值班人员发现 SPD 串接的空开跳闸后应及时通知维护人员前往恢复。

（7）严禁将 C 级 40 kA 模型 SPD 进行并联组合作为 80 kA 或 120 kA 的 SPD 使用。其理由：一是并联的各 SPD 模块启动电压难以完全一致，工作时将造成全部雷电流集中在先启动的模块上，引起器件损坏；二是模块式 SPD 的过流、过热保护机构不能并联使用。

（8）选用限压型 SPD 时，要关注 SPD 的标称导通电压、标称放电电流、最大通流容量、

残压、限制电压等多个参数，进行合理选择。

（9）YD 5098—2005 等标准规定：间隙型或间隙组合型浪涌保护器不得在通信局（站）使用。

4. 电源 SPD 的安装

（1）根据 YD/T 1429—2006，电源用 SPD 的引接线及接地线截面面积应符合表 9-3 的要求。材料为多股铜芯绝缘线。

表 9-3　电源 SPD 引接线和接地线选择表

类型	铜线截面面积 S/mm^2		
配电电源线	≤35	50	≥70
SPD 引接线	10	16	25
SPD 接地线	≥16	25	≥35

（2）箱式 SPD 应安装在被保护设备附近的墙上或靠近被保护设备的其他地方，其电源引线和接地线长度均应<1.5 m。

（3）模块式 SPD 应尽量安装在被保护设备内，若无法在设备内安装，可将 SPD 安装在箱内。模块式 SPD 的电源引接线长度应<1 m，接地线长度应<1.5 m。模块式 SPD 和空气开关一般固定在宽 35 mm 的标准导轨上，再将导轨固定在设备内。

（4）交流电源 SPD 必须安装在设备的交流输入端。宜采用凯文接线方式连接。凯文接线法与传统接线法的示意图如图 9-27 所示。

（5）电源 SPD 的引接线和接地线应布放整齐，绑扎固定且松紧适中；走线应短直，不得盘绕，避免出现 V 形和 U 形弯，弯曲角度不得小于 90°。

（6）SPD 的引接线和接地线必须通过接线端子或铜鼻连接牢固，防止雷电流通过时产生的线芯收缩造成连接松动。铜鼻和缆芯连接时，应使用液压钳紧固或浸锡处理。

（7）SPD 安装好后，应检查空开或熔断器与 SPD 的接线是否可靠，用手扯动确认接线可靠后将空开合上或接入熔丝。对箱式 SPD 还应查看其指示灯是否显示正常。

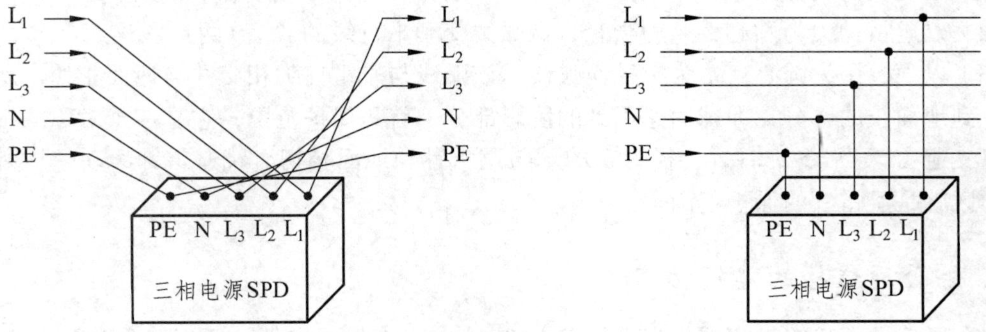

（a）凯文接法　　（b）传统接法

图 9-27　凯文接法与传统接法示意图

9.6　通信局（站）的防雷措施

通信局（站）应采用系统的综合防雷措施，包括直击雷防护、联合接地、等电位连接、电磁屏蔽、雷电分流和雷电过电压保护等，并且符合 YD 5098—2005、YD/T 1429—2006 和 YD/T 5175—2009 等标准的要求。

通信局（站）的防雷装置包括外部防雷装置和内部防雷装置。外部防雷装置由接闪器（包括避雷针、避雷带、避雷网，以及用作接闪的金属屋面和金属构件等）、雷电引下线（又称雷电流引下线）和接地装置组成，主要用于直击雷的防护。内部防雷装置由等电位连接系统按地系统、屏蔽系统、浪涌保护器等组成，主要用于减小和防止雷电流产生的电磁危害。

9.6.1　直击需防护

通信局（站）首先要防止直击雷的危害。到目前为止，世界上还没有一种方法或装置能阻止雷电的产生。采用金属材料接闪，引下雷电流并导入大地，是目前唯一有效的外部防雷方法。通信局（站）的天线、建筑物等都应在接闪器的保护范围之内。

1. 接闪器的保护范围

关于接闪器的保护范围，我国防雷规范已与国际接轨，采用 IEC 推荐的滚球法来确定。

滚球法是以 h_r 为半径的一个假想球体，沿需要防直击雷的部位滚动，当球体只触及接闪器（包括被利用作为接闪器的金属物），或只触及接闪器和地面（包括与大地接触并能承受雷击的金属物），而不触及需要保护的部位时，则该部分就得到接闪器的保护。根据不同的防雷类别，滚球半径 h_r 分别为 30 m、45 m、60 m。

以单支避雷针为例，其保护范围如图 9-28 所示，h 为避雷针高度，h_r 为滚球半径，图中所示为 $h < h_r$ 的情形。当 $h \leqslant h_r$ 时，用滚球法确定单支避雷针保护范围的方法如下。

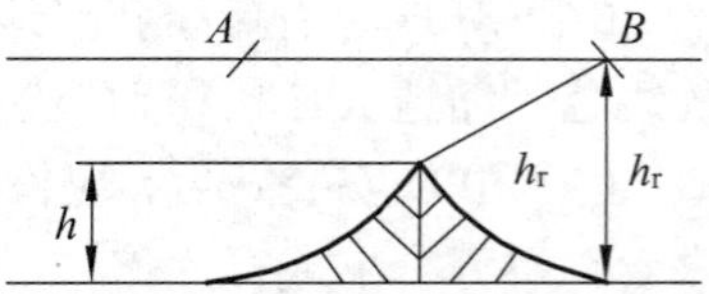

图 9-28　单支避雷针的保护范围

（1）距地面 h_r 处做一平行于地面的平行线。

（2）以避雷针尖为圆心，h_r 为半径，做弧线交于平行线的 A，B 两点。

（3）以 A、B 为圆心，h_r 为半径作弧线，该弧线与避雷针尖相交并与地面相切。从此弧线起，到地面止的部分（即球面达不到的阴影部分）就是保护范围，它是一个对称的锥体。

单支避雷针当 $h > h_r$ 时，半径为 h_r 的球与避雷针和地面相切，绕避雷针滚动一周所形成的阴影区就是避雷针的保护范围。

2. 综合通信楼的建筑防雷

综合通信楼的建筑物防雷除应满足 GB 50057—2010 的规定外，还应符合以下要求。

（1）建筑物防雷装置中的雷电流引下线宜利用机房外围各房柱内的外侧主钢筋（不小于 2 根）。钢筋自身上、下连接点应采用搭接焊，其上端与楼顶避雷装置、下端与地网、中间与各楼层均压网焊接连通，形成法拉第笼式结构。楼顶设有塔楼或铁塔时，塔楼柱子和铁塔塔脚亦应按以上要求设雷电流引下线。

（2）楼高超过 30 m 时，楼顶宜设暗装避雷网，房顶女儿墙应设避雷带，塔楼顶应设避雷针，且三者间应相互多点焊接连通。

（3）暗装避雷网、各均压网（含基础底层）可利用该层梁或楼板内的两根主钢筋按网格尺寸不大于 10 m×10 m 相互焊接成周边为封闭式的环形带。网格交叉点及钢筋自身连接处均应焊接牢靠。

9. 移动通信基站的直击雷防护

（1）移动通信基站天线安装在建筑物房顶时，如天线在建筑物避雷针保护范围内，不宜另外架设独立的避雷针。

（2）安装在建筑物房顶的基站天线，如不在建筑物避雷针保护范围内，应在抱杆（或增高架、铁塔）上安装避雷针，抱杆（或增高架、铁塔）应与楼顶避雷带或避雷网焊接连通。

（3）移动通信铁塔的避雷针应将移动通信机房和塔上通信设备置于保护范围内，可使用塔身做接地导体。当塔身金属构件电气连续性不可靠时，应使用 40 mm×4 mm 的热镀锌扁钢设置专门的铁塔避雷针雷电引下线。

（4）铁塔位于机房屋顶时，铁塔 4 脚应利用建筑物柱内的钢筋做雷电引下线，或与楼（房）顶避雷带就近不少于两处焊接连通。建筑物无钢筋结构做雷电引下线时，铁塔 4 脚应专设雷电引下线，并与环形接地体焊接连通。

（5）移动通信基站建在办公楼或大型公用建筑上时，铁塔（或增高架、抱杆）应与楼顶避雷带、避雷网或楼顶预留的接地端多点连接。机房的接地引入线可以从机房楼柱钠筋、楼顶避雷带或邻近的预留接地端引接。

（6）使用活动机房的移动通信基站，机房的金属框架必须就近做接地处理。

9.6.2 供电线路与电力变压器的防雷

高压电力电缆进入通信局（站），埋地长度应大于 200 m；低压电力电缆进入通信局（站），埋地长度应大于 15 m（高压电力电缆已做埋地处理时，低压电缆的埋地长度可不作限制）。当埋地引入有困难时，应适当增加电源系统第一级过电压保护设备的防护等级。

具有金属护套的电缆进入局（站）时，应将金属护套接地。无金属外护套的电缆宜穿制管埋地引入，钢管两端应做好接地处理。

由于地形原因，微波站和移动通信基站无法埋地敷设高压电力电缆时，宜在架空高压电力线路的上方架设避雷线（即架空地线），长度为 300 ~ 500 m。电力线应在避雷线的 25°保护范围内。避雷线（除终端杆外）宜每杆做一次接地。为确保安全，宜在避雷线终端杆的前一杆上加装一组氧化锌避雷器。

山区经常遭受直击雷侵入的低压架空电力线，可在架空电力线上方 1 m 处同杆架设避雷线，避雷线宜使用直径 8 mm 以上的钢绞线，其垂度应与电力线一致。避雷线除终端杆处外，应每杆（当线路较长时，可每隔 3 ~ 5 杆）做一次接地，其接地体宜设计成辐射形或环形电力变压器高压侧的 3 根相线应分别就近对地加装交流无间隙氧化锌避雷器；电力变压器低压侧的 3 根相线应分别对地加装限压型浪涌保护器（根据不同情况，每线 SPD 的最大通流容量为 60 ~ 120 kA）；变压器的机壳、低压侧交流中性线，以及与变压器连接的电缆金属铠装层，应就近接地与变压器地网可靠连接，如图 9-29 所示（图中低压侧采用 TN-S 系统）。当变压器或高压避雷器频繁受到雷击损坏时，可要求电力部门将变压器高压侧的 5 kA 配电避雷器更换为强雷电负载避雷器。

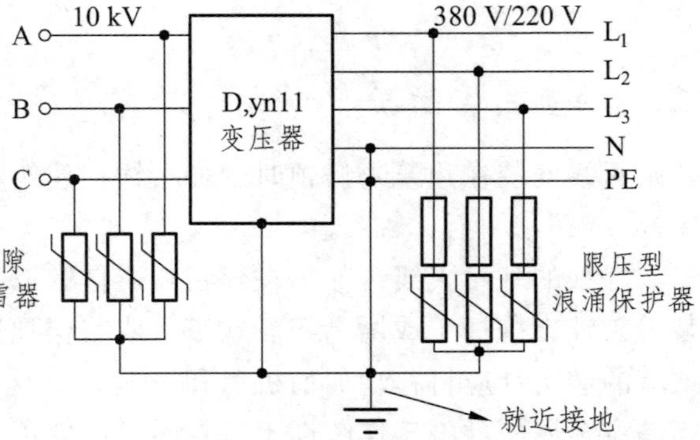

图 9-29　电力变压器防雷

9.6.3　低压供电系统的防雷

通信电源系统的防雷必须采用分级保护。

通信局（站）低压交流供电系统的第一级防雷为 B 级防雷，其 SPD 设置在总配电屏或总配电箱等输入端处，用以泄放雷电的大部分能量；第二级（次级）防雷为 C 级防雷，其 SPD 设置在楼层配电箱或开关电源系统交流配电部分等输入端处，用以泄放雷电的剩余能量；第三级（精细）防雷为 D 级防雷，其 SPD 设置在开关整流器以及 UPS 等输入端处，用以泄放雷电剩余的较小能量。直流供电的 SPD 设置在开关电源系统直流配电部分的输出侧或通信设备的直流电源输入端。

220 V/380 V 低压交流供电系统中相线对地或相线对零线的限压型 SPD，最大持续运行电压 U_c 通常选取 385 V（或 320 V），– 48 V 直流电源 SPD 的标称导通电压应在 65 ~ 90 V 之间。

以综合通信大楼的电源雷电过电压保护为例：

（1）综合通信大楼交流供电系统的第一级 SPD（Ⅰ/B 级），可根据实际情况选择在变压器低压侧或低压配电室电源入口处安装。

（2）交流次级保护 SPD（Ⅱ/C 级），可以选择在后级配电室、楼层配电箱、机房交流配电柜或开关电源入口处安装。

（3）交流精细保护 SPD（Ⅲ/D 级），可选择在控制、数据、网络机架的配电箱内安装或使用拖板式防雷插座。

（4）直流保护 SPD 可选择在直流配电柜、列头柜或用电设备端口处安装。

（5）直流集中供电或 UPS 集中供电的通信综合楼，在远端机房的第一级直流配电屏或

UPS 交流配电箱（柜）内，应分别安装 SPD，集中供电的输出端也需安装 SPD。

（6）向系统外供电的端口，以及从外系统引入的电源端口必须安装 SPD。

（7）综合通信大楼电源 SPD 的最大通流容量的选取按标准执行。

移动通信基站的电源雪电过电压保护、微波站的电源雷电过压保护等都应该遵循规定执行。

市区内卫星地球站电源 SPD 的最大通流容量应参照综合通信楼选取；位于郊外的卫星地球站则应参照微波站选取。

为了避免雷害、防止火灾、减少电磁干扰和便于维护，通信局（站）在室内工程施工时，交流电源线、直流电源线、射频线、地线、传输电缆、控制线等应分开敷设，严禁互相缠绕或捆扎在同一线束内；同时，所有的接地线缆应避免与电源线、光缆等其他线缆近距离并排敷设。

9.7　通信局（站）防雷与接地系统的维护

9.7.1　防雷与接地系统的日常维护

维护人员应通过集中监控系统监视 SPD 的告警状态；对于 SPD 没有纳入集中监控系统中的局（站），宜每月对 SPD（包括设备本身配置的 SPD）状态进行一次巡视。当发现 SPD 已失效时，应及时更换，同时注意合上 SPD 的保护空开。

每年雷雨季节前，应对室内、外接地装置（包括接地线、接地汇集线、馈线接地排、接地引入线、雷电流专用引下线、接闪器等）及它们的连接状况进行巡检，发现脱焊、松动、严重锈蚀等情况进行修复性处理；同时对浪涌保护器系统（包括 SPD、保护空开或熔断器及相关连接线、接地线等）进行全面检查，发现异常及时进行修复、处理。

每年应定期对通信局（站）的工频接地电阻值进行测试，对测试时的天气情况、使用仪表和有关测试状况应作详细的记录；当接地电阻值与往年相比出现大幅度变化时，应查找原因。

通信局（站）每一次遭受雷击造成设备和设施损坏的情况均应做详细记录，并对雷害原因进行分析，提出针对性整改措施并组织实施。严重的雷害事故应按规定上报。

通信局（站）的防雷与接地系统维护周期表应按各通信企业的维护规程执行。

9.7.2　限压型浪涌保护器的检测

为及时发现性能严重下降、但尚未显示失效的限压型 SPD，可采用压敏电阻测试仪对其做直流参数检测。

1. 测试项目

（1）标称导通电压：是指通以直流电流 1 mA，施加在压敏电阻两端的电压，用 U_{1mA} 表示，单位符号为 V。

（2）漏电流：是指在压敏电阻两端施加 $0.75U_{1mA}$ 直流电压时，流过压敏电阻的电流，单位符号为μA。

2. 测试周期

每年测试一次，宜安排在雷雨季节前进行。测试结果用“浪涌保护器直流参数测试表”记录，表格可设为 3 列：测试日期、标称导通电压值、漏电流值。

除作专门的记录外，可将测试表贴在浪涌保护器上，以便对比。

3. 判断标准

（1）测得的标称导通电压值（U_{1mA}）应与氧化锌压敏电阻（MOV）标明的数值基本相符，使用一段时间后，其变化率不大于 10%为合格。

（2）按有关标准，漏电流不得大于 30 μA；使用一段时间后，其变化率不大于 200%为合格。

上述两条标准中，若有一条未达到，浪涌保护器就不能继续使用，应及时更换。

参考文献

[1] 杨贵恒，卢明伦，李龙. 通信电源设备使用与维护[M]. 北京：中国电力出版社，2016.
[2] 聂金铜. 开关电源设计入门与实例剖析[M]. 北京：化学工业出版社，2016.
[3] 杨贵恒，向成宣，龙江涛. 内燃发电机组技术手册[M]. 北京：化学工业出版社，2015.
[4] 杨贵恒，张海呈，张颖超. 太阳能光伏发电系统及其应用[M]. 2 版. 北京：化学工业出版社，2015.
[5] 强生泽，杨贵恒，贺明智. 电工实用技能[M]. 北京：中国电力出版社，2015.
[6] 崔志东，赵艳. 高频开关通信电源系统的组成及维护与故障处理[J]. 通信电源技术，2008（5）.
[7] 张少立. 通信电源系统的日常维护和一般故障处理[J]. 电力安全技术，2006（5）
[8] 方舟. 通信高频开关电源的现状反展望[J]. 电源世界 2005（10）.
[9] 夏南军,雷卫清. 影响阀控电池使用寿命的因素及维护建议[J]. 江苏通信技术,2006(1).
[10] 李红娟，刘勇. 阀控式铝酸畜电池的使用和维护[J]. 西北水力发电，2005（2）.
[11] 王家庆,等. 智能型高频开关电源系统的原理使用与维护. 北京:人民邮电出版社,2000.
[12] 陈兆海. 应急通系统[M]. 北京：电子工业出版社，2012.
[13] 杨贵恒、龙江涛、龚伟. 常用电源元器件及其应用[M]. 北京：中国电力出版社，2012.
[14] 张颖超，杨贵恒，常思浩. UPS 原理与维修[M]. 北京：化学工业出版社，2011.
[15] 龚利红，刘晓军. 机械设计公式及应用实例[M]. 北京：化学工业出版社，2011.
[16] 冯卫东. 通信电源网络的优化和实践[J]. 电信技术，2008（9）.
[17] 王军. 确保 3G 网络稳定运作的几大要素[J]. 电源世界，2007（3）.
[18] 李京生. 浅谈通信电源的发展和管理[J]. 科技情报开发与经济，2005（8）.
[19] 当前我国通信电源市场发展趋势分析[J]. 电源世界，2005（12）.
[20] 浅析通信电源市场的发展趋势[J]. 电子元器件应用，2005（12）.
[21] 漆逢吉. 通信电源[M]. 4 版. 北京：北京邮电大学出版社，2015.
[22] 刘宝庆. 现代通信电源技术及应用[M]. 北京：人民邮电出版社，2012.
[23] 何明山. 空调器原理与检修[M]. 北京：高等教育出版社，2003.
[24] 贾继伟，蔡仁治，杜珉. 通信电源的科学管理与集中监控[M]. 北京：人民邮电出版社，2004.
[25] 钱希森. 小型 UPS 原理及应用[M]. 北京：科学出版社，2000.
[26] 桂长清. 阀控密封铅蓄电池常见故障原因和对策. 通信电源技术，2006，23（4）：76-79.
[27] 裴云庆，杨旭，王兆安. 开关稳压电源的设计和应用[M]. 北京：机械工业出版社，2010.

[28] 钟炎平. 电力电子电路设计[M]. 武汉：华中科技大学出版社，2010.
[29] 周洁敏. 开关电源磁性元件理论及设计[M]. 北京：北京航空航天大学出版社，2014.
[30] [美]马尼克塔拉. 精通开关电源设计[M]. 2 版. 王健强，等译. 北京：人民邮电出版社，2015.
[31] 陈坚. 电力电子学—电力电子变换和控制技术[M]. 北京：高等教育出版社，2011.
[32] 付丹. 电源管理总线数字式电源控制工具电子[J]. 电子技术，2006（1）.
[33] 陈祝清. 电池电量计的原理与计算[J]. 今日电子，2008（1）.
[34] 石为涛，孙研，高健. 安全、节能的蓄电池容量测试新技术[J]. 电信工程技术与标准化，2007（6）.
[35] 邱大强，胡兵，李丹丹，唐海英. 以太网供电在嵌入式系统中的应用[J]. 西华大学学报，2008（5）.
[36] 陈丽娟. UPS 电源的使用及维护[J]. 卫星电视与宽带多媒体，2007（10）.
[37] 杨旭，裴云庆，王兆安. 开关电源技术[M]. 北京：机械工业出版社，2004.
[38] 杨旭，赵志伟，王兆安. 移动全桥型零电压软开关电路谐振过程的研究[J]. 电力电子技术，1998（3）：36-39.
[39] 盛专成. 一种新颖的 PS—ZVZCS PWM 全桥变换器[J]. 电力电子技术，2011（5）：22-24.